钻井液技术员读本

王中华　主编

中国石化出版社

内容提要

本书共分十三章，内容包括钻井液基础，钻井液材料，水基钻井液体系，油基钻井液，气体型和气体混合型钻井流体，特殊工艺井钻井液，复杂情况预防与处理，钻井液污染的预防与处理，固相控制，保护储存的钻井液技术，废弃钻井液处理、钻井液常用计算以及国外钻井液技术进展。全书以基本知识为主，兼顾新产品新技术，突出有关复杂预防与处理技巧，内容针对性强、与现场结合密切、简短实用。

本书适用于钻井液岗位操作人员培训以及现场钻井液技术人员阅读，也可以作为职业技术院校石油工程类专业教学参考书。

图书在版编目(CIP)数据

钻井液技术员读本/王中华主编.—北京：中国石化出版社，2017.7(2023.8重印)
ISBN 978-7-5114-4581-0

Ⅰ.①钻… Ⅱ.①王… Ⅲ.①钻井液-基本知识 Ⅳ.①TE254

中国版本图书馆CIP数据核字(2017)第175334号

中国石化出版社出版发行

地址:北京市朝阳区吉市口路9号
邮编:100020 电话:(010)59964500
发行部电话:(010)59964526
http://www.sinopec-press.com
E-mail:press@sinopec.com
北京捷迅佳彩印刷有限公司印刷
全国各地新华书店经销

*

787×1092毫米16开本14.25印张303千字
2017年8月第1版 2023年8月第2次印刷
定价:50.00元

《钻井液技术员读本》
编委会

序

技术是企业发展的根基，创新是企业繁荣的希望。中原石油工程公司要打造世界一流石油工程技术服务公司品牌，就必须牢固树立“人才是第一资源”的理念，以市场为导向，持续加强人才队伍建设，大力培养技术骨干，不断推进技术创新，实现人才培养与公司发展良性互动。时下，国际石油工程技术服务市场竞争日趋激烈，面对新形势，我们必须夯实技术基础，打造一支具有良好石油工程技术服务能力的“铁军”。

钻井液技术人员是钻井生产一线的技术尖兵，是保证安全、顺利、快速钻进的生力军。日常生产中，他们要面对各种各样的施工难题。如何才能具备解决各种疑难杂症的能力，掌握化解各种风险的手段？只有坚持学习，在实践中总结，在总结中提高，不断推动钻井液技术的传承、赓续和发展。通过持续学习，树立事前处理意识，做好现场钻井液防塌、防漏、保证井壁稳定等工作，做到防患于未然，在安全施工中不断擦亮中原钻井液技术品牌。

针对钻井液人才短缺及一线钻井液技术人员年轻化、差异化问题，为强化一线技术人员培养，中原石油工程公司组织实践经验丰富、理论功底扎实的技术专家，在充分征求现场技术人员意见基础上，编写了这本针对性、实用性、操作性较强的《钻井液技术员读本》。希望大家学好用好这个读本，做到熟练掌握有关知识和技能，规范操作，将书本知识转化为实战能力，形成创新、创业、创效手段，推动公司持续健康发展，为打造世界一流公司贡献自己的力量。

衷心感谢所有付出辛勤劳动的编写人员，相信你们的智慧一定会化作公司技术进步的阶梯，促进中原石油工程公司钻井液技术迈向一个新的更高的台阶。

杜广义

前　言

钻井液是钻井中使用的作业流体，在钻井过程中，钻井液起着重要的作用，人们常常把钻井液比喻为“钻井的血液”，它是保证安全快速高效钻井的关键，是钻井工程的重要部分。为便于现场钻井液技术人员对钻井液知识的学习，提高钻井液维护处理及解决复杂问题的能力，满足钻井液技术员培训的需要，中原石油工程公司技术发展处和中原石油勘探局培训中心组织编写了《钻井液技术员读本》。

本书由长期从事钻井液技术工作的专业技术人员、管理人员和科研人员编写，以钻井队钻井液技术人员为主要读者对象，以基本知识为主，兼顾新产品新技术，突出有关复杂预防与处理技巧，具有针对性强、与现场结合密切、简短实用等特点，适用于钻井液技术人员入门培训和自学。

本书共分十三章，第一章钻井液基础，由刘俊章、王家勇、高小芃编写，主要介绍钻井液技术员应掌握的基础知识；第二章钻井液材料，由王旭、谢建宇、冉兴秀编写，主要介绍了常用钻井液处理剂及其性能、应用；第三章水基钻井液体系，由王玉海、梁兵、王丽编写，重点介绍了国内及公司常用的基本钻井液体系；第四章油基钻井液，由刘明华、李元化、赵永华编写，重点介绍油基钻井液的基本知识和几种重要的钻井液体系；第五章气体型和气体混合型钻井流体，由孙举、马文英编写，主要介绍了空气或天然气钻井流体、雾状钻井流体、泡沫钻井流体和微泡钻井液等流体；第六章特殊工艺井钻井液，由王玉海、王辉、赵成霞编写，介绍了水平井、大位移井、欠平衡井、分支井钻井、长裸眼段钻井和小井眼钻井等钻井液技术等；第七章复杂情况预防与处理，由徐建勋、毛世发、祝换磊编写，重点介绍了井塌、井漏、卡钻和井涌等复杂情况的预防与处理；第八章钻井液污染的预防与处理，由徐建勋、代磊、刘晓燕编写，重点介绍了黏土、盐/钙、油气、硫化氢和碳酸根、碳酸氢根污染的预防与处理；第九章固相控制，由边继祖、胡春梅、耿玉乾编写，重点介绍了固相控制的装备和方法；第十章保护油气层的钻井液技术，由张麒麟、贾启高、杨建军编写，介绍了造成储层伤害的原因及储层保护的钻井液；第十一章废弃钻井液处理，由单海霞、何焕杰、简彩霞编写，介绍了不同的处理方法；第十二章钻井液常用计算，由刘俊章、朱晓明、孙德宇编写；第十三章国外钻井液技术进展，由王中华编写，介绍了国外应用的一些典型钻井液体系。全书由王家勇、付长春、孟令红组织拟定大纲，由王家勇、刘俊章、马文英负责统稿，由王中华审定。

由于本书涵盖的内容多，并力求简短实用，编写中定会有处理不当之处，加之编写时间紧，书中难免有疏漏之处，恳请广大读者在使用中，提出宝贵意见，以便及时改正。

目　录

第一章　钻井液基础 …………………………………………………… (1)
　第一节　钻井液的发展历程……………………………………………… (1)
　第二节　钻井液的功用…………………………………………………… (2)
　第三节　黏土矿物………………………………………………………… (2)
　第四节　钻井液的类型及组成…………………………………………… (10)
　第五节　钻井液性能及其作用…………………………………………… (12)
　第六节　钻井液标准与规范……………………………………………… (27)
第二章　钻井液材料 …………………………………………………… (31)
　第一节　钻井液基础材料………………………………………………… (31)
　第二节　无机处理剂……………………………………………………… (33)
　第三节　有机处理剂……………………………………………………… (40)
第三章　水基钻井液 …………………………………………………… (58)
　第一节　膨润土钻井液…………………………………………………… (58)
　第二节　三磺钻井液……………………………………………………… (59)
　第三节　钙处理钻井液…………………………………………………… (61)
　第四节　盐水钻井液……………………………………………………… (65)
　第五节　聚合物钻井液…………………………………………………… (69)
　第六节　氯化钾聚合物钻井液…………………………………………… (75)
　第七节　聚磺钻井液……………………………………………………… (79)
　第八节　抗高温水基钻井液……………………………………………… (81)
　第九节　高密度钻井液…………………………………………………… (83)
　第十节　正电胶钻井液…………………………………………………… (86)
第四章　油基钻井液 …………………………………………………… (88)
　第一节　概述……………………………………………………………… (88)
　第二节　矿物油油基钻井液……………………………………………… (92)
　第三节　植物油油基钻井液……………………………………………… (97)
　第四节　合成基钻井液…………………………………………………… (99)
第五章　气体型和气液混合型钻井流体 ……………………………… (101)
　第一节　空气或天然气钻井流体………………………………………… (101)
　第二节　雾状钻井流体…………………………………………………… (103)
　第三节　泡沫钻井流体…………………………………………………… (104)
　第四节　充气钻井液……………………………………………………… (106)

第五节　微泡钻井液……………………………………………………………（108）
第六章　特殊工艺井钻井液 ……………………………………………………（111）
第一节　水平井、大位移井钻井液技术……………………………………………（111）
第二节　欠平衡钻井的钻井液技术……………………………………………（115）
第三节　分支井钻井液技术……………………………………………………（117）
第四节　长裸眼段井钻井液技术………………………………………………（119）
第五节　小井眼钻井液技术……………………………………………………（122）
第七章　复杂情况预防与处理 …………………………………………………（127）
第一节　井壁坍塌的预防与处理………………………………………………（127）
第二节　井漏的预防与处理……………………………………………………（132）
第三节　卡钻预防与处理………………………………………………………（140）
第四节　井涌的预防与处理……………………………………………………（149）
第八章　钻井液污染的预防与处理 ……………………………………………（154）
第一节　黏土污染的预防与处理………………………………………………（154）
第二节　盐/钙污染的预防与处理 ……………………………………………（155）
第三节　油、天然气污染的预防与处理…………………………………………（158）
第四节　硫化氢污染的预防与处理……………………………………………（159）
第五节　碳酸根/碳酸氢根污染的预防与处理 ………………………………（160）
第九章　固相控制 ……………………………………………………………（162）
第一节　钻井液中的固相物质…………………………………………………（162）
第二节　固相控制设备…………………………………………………………（165）
第三节　固相控制的方法………………………………………………………（170）
第十章　保护油气层的钻井液技术 ……………………………………………（176）
第一节　概述……………………………………………………………………（176）
第二节　钻井过程损害油气层机理……………………………………………（180）
第三节　保护油气层钻井液……………………………………………………（183）
第十一章　废弃钻井液处理 ……………………………………………………（186）
第一节　废弃水基钻井液的处理方法…………………………………………（186）
第二节　废弃油基钻井液的处理方法…………………………………………（190）
第三节　其他方法………………………………………………………………（191）
第十二章　钻井液常用计算 ……………………………………………………（193）
第一节　容积、体积计算………………………………………………………（193）
第二节　钻井液流量、流速计算………………………………………………（194）
第三节　钻井液组分计算………………………………………………………（196）
第四节　钻井液配制和维护处理的有关计算…………………………………（198）
第五节　处理复杂情况的钻井液计算…………………………………………（200）
第十三章　国外钻井液技术进展………………………………………………（208）
第一节　水基钻井液……………………………………………………………（208）
第二节　油基和合成基钻井液…………………………………………………（212）
参考文献 ………………………………………………………………………（217）

第一章　钻井液基础

钻井液技术，是钻井工程技术的重要组成部分，钻井液是保证安全、优质、快速、高效钻井的关键。作为掌握钻井液技术的基础，本章主要介绍钻井液发展历程、功用、黏土矿物、组成、性能以及钻井液相关标准等基础内容。

第一节　钻井液的发展历程

钻井液在钻井工艺中是一个很重要的组成部分。它一方面关系着能否快速、优质、安全地钻进，同时对保护油气层、解放油气层有着直接的影响。所以我们通常形象地说："钻井液是钻井的血液"。

从钻井液的发展来看，大约经历了五个阶段。自从有了旋转钻井（1901 年）的方法后，一开始用"清水"作为钻井液。通过实践、认识、再实践、再认识的反复过程，经历了 13 年（1914 年）才认识到在钻井过程中，混入黏土而形成的浑水浆有利于钻进。这一阶段可称为"自然泥浆（钻井液）"阶段，这时还不知道用化学的方法进行处理，也不知道用仪器进行测量性能。随着钻井工艺的发展，又认识到应人为地来稳定浑水浆中的黏土颗粒。于是制造了测量仪器（1930 年），并开始向钻井液中加入烧碱、丹宁一类的分散处理剂。这一阶段称为"细分散钻井液"阶段。加入化学处理剂的目的是为了使黏土颗粒变小、变细，达到胶体颗粒的范围，进而达到钻井液性能的稳定。但是随着钻井工艺的进一步发展，井的深度日益增加，发现这种黏土颗粒分散得很细的钻井液不耐石膏、盐类等地层的污染。但如能保持黏土颗粒"适度絮凝"状态时，则比细分散体系有更高的抗石膏、盐类的能力，并能抗高温。这一阶段可称为"粗分散钻井液"阶段。到了 20 世纪 60 年代，随着喷射式钻头的出现，对钻井液提出了更高的要求，才逐步有了"不分散体系"的低固相钻井液。到了 70 年代，为了彻底消除钻井液中固相含量对钻井液的影响，又发展了"无固相钻井液"。80 年代末 90 年代初至今，先后出现：正电胶、硅酸盐、甲酸盐、多元醇、烷基糖苷、聚醚胺、生物降解型等钻井液体系，并得到广泛应用。但都没有形成主流，不能完全取代聚合物钻井液体系。

与此同时，20 世纪 40 年代开始使用的油基钻井液也在不断发展，在柴油为基油的油基钻井液基础上，于 70 年代发展了低胶质油包水乳化钻井液，80 年代发展了低毒油包水乳化钻井液。即从开始用原油发展为柴油，到矿物油；从全油基发展为油包水乳化钻井液；从有毒污染的油基发展为低毒无毒的油基钻井液。

第二节　钻井液的功用

钻井液是指钻井过程中以其携带和悬浮钻屑、稳定井壁和平衡地层压力、冷却和润滑钻头与钻具以及传递水动力等多种功能，满足钻井需要的各种循环流体的总称。

钻井液最基本的功用如下。

(1) 携带和悬浮岩屑；

(2) 稳定井壁和平衡地层压力；

(3) 冷却和润滑钻头、钻具；

(4) 传递水动力；

(5) 保护油气层；

(6) 形成滤饼封堵地层孔隙和裂缝；

(7) 采集钻屑、岩心、测井等信息。

钻井实践表明，作为一种优质的钻井液，除具有上述功用外，还必须具有：

(1) 满足国家和地方环境保护要求；

(2) 合理的钻井液成本；

(3) 适应调整井、注采井等油气生产井的环境；

(4) 减缓对钻井设备的腐蚀。

一般情况下，钻井液成本约占钻井总成本的10%，优质的钻井液往往可以明显地提高钻井速度，有利于降低钻井总成本，带来可观的经济效益与社会效益。

第三节　黏土矿物

黏土是大多数钻井液的基本成分。水基钻井液就是黏土在水中分散成细小颗粒而形成的分散体系；油基钻井液也使用黏土，只是把亲水黏土用表面活性剂处理成亲油黏土而已。无固相钻井液或气液混合流体，在钻井过程中，也不可避免地混入部分以岩屑形式存在的黏土。泥质地层的岩屑混入到钻井液里，严重地改变着钻井液的性能。

钻井过程中，总是不可避免钻遇大量的黏土岩、泥岩、泥页岩。有些岩石在钻井液滤液的浸泡下会发生吸水膨胀；而另一些岩石会剥蚀掉块，甚至坍塌。钻井液中的黏土颗粒也会进入油、气层，堵塞油气流动的孔隙和通道，使油层的渗透率降低，直接影响到油、气井的采收率。由此可见，黏土伴随着钻井过程的始终，有时要特意把黏土加到钻井液里，以改善钻井液的性能；有时要千方百计地把它从钻井液里排除掉，采取各种措施，消除黏土带来的不良后果。

了解各种黏土的化学成分、晶体构造和物理化学性质，有利于提高现场钻井液处理的

准确性。

一、黏土造浆率

造浆率是指每吨黏土所能配制的表观黏度为15mPa·s时的钻井液体积（m^3）数。造浆率是衡量黏土质量的标准，黏土质量不同，造浆率也不同。优质黏土的造浆率可达15~17m^3/t，而普通黏土只有2~3m^3/t。

为了提高或保持黏土的造浆率，常常采用化学方法处理。当黏土加入到含有盐分的配浆水中时，其造浆率会受到影响。为了提高造浆率，可以先将黏土在淡水中预水化，然后再将黏土浆加入到盐水中。

二、黏土的组成和分类

1. 黏土的组成

黏土是岩石经过水、空气、阳光、风和冷热变化的多种作用，经过较长时间的变迁而形成的。黏土的粒径大多数在2μm（1μm=0.001mm）以下。黏土的矿物成分相当复杂，多数黏土中常含有非晶质的胶体矿物，如蛋白石、氢氧化铁、氢氧化铝等，有些黏土中还有不定量的石英、长石等非黏土矿物。组成黏土的化学元素主要是铝（Al）、硅（Si）、氧（O）、氢（H），另外还有少量的镁（Mg）、铁（Fe）、钠（Na）、钾（K）等。

黏土的化学成分主要是二氧化硅（SiO_2）、三氧化二铝（Al_2O_3）和水（H_2O），其次还有氧化铁（Fe_2O_3）、氧化钠（Na_2O）、氧化钾（K_2O）、氧化镁（MgO）和氧化钙（CaO）等。黏土本身都含有化合水（化学结合水或晶格水），化合水是黏土矿物形成过程中吸附的水，所以它是黏土晶体构造的一部分。当温度升至1300℃以上时，化合水将失去，随之黏土的晶体即被破坏。

2. 黏土的分类

黏土由多种黏土矿物组成，根据黏土矿物的主要成分，可大致分为三类。

（1）高岭石黏土　主要由高岭石矿物组成，其含量有时可达90%以上。其次还有多水高岭石、水云母等黏土矿物及杂质，颜色多为白色、浅灰色、浅黄色等。其化学组成为$2(Al_2O_3)\cdot 4(SiO_2)\cdot(4H_2O)$。

（2）蒙脱石黏土　又叫微晶高岭石、膨润土、高岭石，主要由微晶高岭石组成。颜色多为粉红色、白色、淡黄色、浅灰色等。其化学组成为$2(Al_2O_3)\cdot 8(SiO_2)\cdot[(2+x)H_2O]$。

（3）伊利石黏土　主要由水云母组成，其次含有其他黏土矿物，其颜色以黄、灰、红为主。其化学组成为$K_{0.75}Al_2[(Si,Al)_4O_{10}][OH]_2\cdot nH_2O$

三、几种主要黏土矿物的晶体构造

1. 蒙脱石

叶蜡石与滑石是典型蒙脱石族。蒙脱石晶层上、下面皆为氧原子，各晶层直接以分子间力连接，连接力弱，水分子易进入晶层间，引起晶格膨胀。此外，由于晶格取代，蒙脱石带有较多的负电荷，能吸附等电量的阳离子。水化的阳离子进入晶层之间，致使 c 轴方向上间距增加。基于此，蒙脱石是膨胀型黏土矿物，这就大大增加了它的胶体活性。所有晶片表面，不仅是外表面，都可以水化及阳离子交换，如图 1-1 所示。

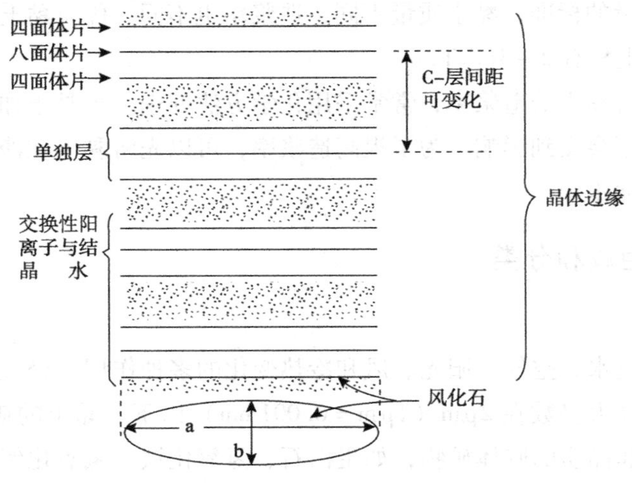

图 1-1　三层膨胀黏土晶体

蒙脱石的各品种与典型矿物的主要成分是有区别的。在八面体与四面体薄层内的相对替换量及取代原子的种类不同。表 1-1 是蒙脱石族的主要品种。

表 1-1　蒙脱石

取代方式	三八面体矿物	二八面体矿物
没有取代	滑石（Mg_3Si_4）	叶蜡石 Al_2Si_4
全部八面体	锂蒙脱石（$Mg_{3-x}Li$）（Si_4）	蒙脱石（Al_2Mg_x）（Si_4）
八面体占主要的	（$Mg_{3-x}Al_x$）（$Si_{4-y}Al$）	（AlCr）$_2$（$Si_{4-y}Al_y$）
四面体占主要的	蛭石（$Mg_{3-x}Fe_x$）（Si_3Al）	（Al_1Fe）$_2$（$Si_{4-y}Al_y$）

假定叶蜡石是典型的蒙脱石矿物，可以用下式表示：

$$2[Al_2(Si_4O_{10})(OH)_2]$$

如果在二八面体薄片内 4 个铝原子的 1 个铝原子被 1 个镁原子所取代以及在四面体薄片内 8 个硅原子的 1 个硅原子被 1 个铝原子所取代，用下式表示：

$$2[(Al_{1.67}Mg_{0.33})(Si_{3.5}Al_{0.5})O_{10}(OH)_2]$$

蒙脱石是蒙脱石族的主要矿物。由于它分布较广及其经济上的重要性，对它已进行了广泛的研究。膨润土是钻井液的主要成分，在比较年轻的地层里钻井时它是造成膨胀与坍塌问题的活跃成分。

蒙脱石带有很多负电荷。最大的差额大约是 0.6，而平均差额为 0.4，比表面积可以高达 $800m^2/g$。

蒙脱石由于其晶体膨胀而具有高膨胀性。层间距的增加取决于可交换的阳离子。某些

阳离子（如钠），膨胀压力很强，以至各晶片分开成较小的聚集体甚至分成单晶。由于片晶、单薄、形状不规则以及尺寸范围很大，因此很难确定蒙脱石的尺寸大小。

由于蒙脱石晶层上下两个外表面皆为氧原子层，所以蒙脱石晶层与晶层之间没有氢键，以分子间力相结合。由于晶层与晶层之间吸力小，联结力弱，晶层之间距离较大，水分子容易进入两个晶层之间发生膨胀。蒙脱石完全脱水时晶层间距为9.6Å，吸水后可达21Å。此种矿物有较强的晶格取代现象，使晶体带负电，且带电性强，并能吸附较多的阳离子，有较强的离子交换能力。由于上述特点，蒙脱石水化分散性能好，造浆能力强，是配制钻井液的理想材料。

2. *伊利石*

伊利石即水云母，其典型矿物是白云母（二八面体云母）及黑云母（三八面体云母）。它们是三层型黏土，与蒙脱石结构相似，其不同点为在四面体晶片内硅被铝取代。在许多情况下4个硅中的一个可被取代。在八面体晶片里取代同样可发生，典型的是 Mg^{2+} 与 Fe^{2+} 取代 Al^{3+}。平均的负电荷（0.69）高于蒙脱石的（0.41），而用来平衡阳离子的是钾。

伊利石与蒙脱石不同点是它没有晶格膨胀，水不能进入晶格内的层间，这是由于负电荷较高所致。电荷产生在四面体，离晶层表面很近，K^+ 的尺寸刚好适合氧网络里的空穴，因此层间联接紧密，从而在相邻的层间形成配位键。这样，通常钾是固定的，不能进行交换。但是在每一个黏土颗粒的外表面上可以进行离子交换。由于水化仅限于外表面，因此水化膨胀时体积要比蒙脱石水化的体积小得多。

有些伊利石以降解形式出现，导致发生了钾从晶层之间浸出。这种变化造成了层间的水化以及晶格的膨胀，但决不会达到蒙脱土水化膨胀的程度。

3. *高岭石*

高岭石是双层型的黏土，其结构如图1-2所示。由一个四面体晶片与一个八面体晶片联结构成，晶层面上的铝氧八面体与下一晶层面的硅氧四面体共用氧原子。在各晶层之间以氢键紧密联结，阻止晶格的膨胀，几乎无晶格取代，并且只有很少的阳离子被吸附在底层表面上。

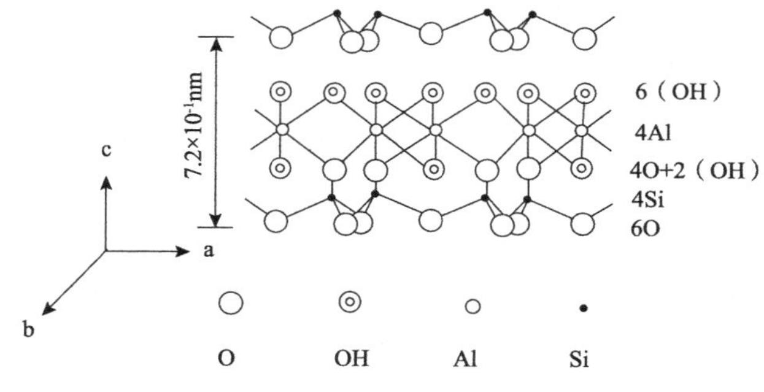

图1-2　高岭石晶体结构示意图

多数的高岭石是排列好的晶体，不容易在水中分散。晶体的宽度范围是0.3～4μm，厚度是0.5～2μm。

4. 绿泥石

绿泥石是一族黏土矿物，且结构特点是水镁石的晶片与三层型叶蜡石型晶片交错地构成，如图1-3所示。水镁石内有一些Mg^{2+}被Al^{3+}取代因而带有正电荷，这些正电荷与上述负电荷平衡，这样整个网络的电荷非常低。负电荷是由四面体晶片内的Al^{3+}取代Si^{4+}得到的。其通式为：

$$2[(Si,Al)_4(Mg,Fe)_3O_{10}(OH)_2](Mg,Al)_6(OH)_{12}$$

绿泥石族产物的不同点是在两晶层内取代原子数与种类不同以及在各晶层的方向与重叠上不同。正常情况没有层间水，但在某些降解的绿泥石里，部分水镁石晶层被清除，因而造成一定程度的层间水化与晶格膨胀。

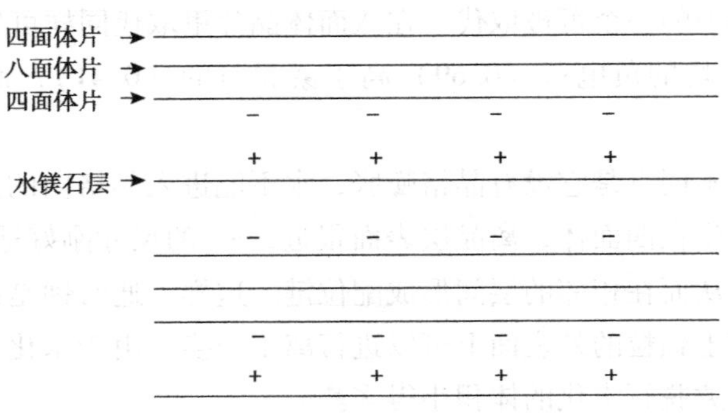

图1-3 绿泥石示意图

绿泥石无论是宏观或微观都是晶体。对于微观晶体它们总是与其他矿物构成混合物，因此其尺寸与形状难以确定。宏观的层间间距为14Å，这反映了水镁石晶层的存在。

5. 绿坡缕石

绿坡缕石颗粒与云母型矿物在结构及形状上完全不同。它们是由一束束的棒状颗粒构成。与水强力搅拌混合时就分成单个棒状颗粒。

绿坡缕石颗粒的结构内，原子取代极少，所以颗粒表面的电荷小。同样它们的比表面积也低。因此，绿坡缕石在盐水里具有极好的悬浮性。

海泡石是一种与绿坡缕石类似的黏土矿物，在其结构内有不同原子取代，并且其棒状颗粒要比绿坡缕石宽一些。海泡石基的钻井液具有良好的抗温能力，推荐在深井中使用。

6. 混晶型黏土

有时不同黏土矿物的晶层能叠合在同一晶格内。最常见的是伊利石与蒙脱石的混合层以及绿泥石与蛭石的混合层。通常排列是任意的，但有时也有规律地重复相同的排列。通常，混晶型黏土比单一的矿物容易分散，特别是当一种成分属于膨胀型时，更是如此。

7. 有机膨润土

有机膨润土（也称亲油膨润土或活性有机膨润土）是用不同结构的阳离子表面活性剂

与膨润土进行离子交换反应制成的。

采用十二烷基三甲基溴化铵将钠膨润土改造为有机膨润土的反应式。

$$\boxed{膨润土}^{-}Na^{+} + \left[C_{12}H_{25}—\overset{\overset{\displaystyle CH_3}{|}}{\underset{\underset{\displaystyle CH_3}{|}}{N}}—CH_3 \right]^{+}Br^{-} \rightleftharpoons \boxed{膨润土}^{-}\left[C_{12}H_{25}—\overset{\overset{\displaystyle CH_3}{|}}{\underset{\underset{\displaystyle CH_3}{|}}{N}}—CH_3 \right]^{+} + NaBr \tag{1-1}$$

从式（1－1）可以看出，膨润土与十二烷基三甲基溴化铵阳离子中的氮原子间形成离子键，比较牢固地吸附在黏土表面上，而它又有长链的烃基，吸附在黏土表面上后就能使黏土颗粒表面由亲水表面变为亲油表面。

由于阳离子吸附使黏土变成亲油物质而可以分散于油体系中，有机膨润土的悬浮性取决于含氮化合物的选择。能与黏土反应的含氮化合物有脂肪族的、环状的、芳香族的和杂环胺盐，而其中最好的是季铵盐类。

有机土主要用作油基钻井液、油包水乳化钻井液的配浆材料和油基解卡剂的基本组分，能够很好地在油中分散，以提高油基钻井液的悬浮能力。

8. 凹凸棒石

是一种具有纤维状到针状结构的黏土矿物。因这种黏土矿物的结构是一种仅沿一维方向发育的结构，因此，使晶体内部具有许多孔道（又叫沸石孔道），具有极大的晶体内部表面。在这些孔道中充填有“沸石水”。化学代表式为：$Si_8Mg_5O_{20}(OH)_2(OH)_4 \cdot 4H_2O$；钻井液用凹凸棒石是将凹凸棒石矿经特殊的机械加工成细度适宜的粉沫，外观为灰白色或灰绿色的粒状物。在淡水、咸水、海水、饱和盐水中都能分散，耐温性强。用作咸水和饱和盐水钻井液的配浆材料。它能改善水基钻井液在环空中的流型，提高携带钻屑能力。凹凸棒石晶体结构见图1－4。

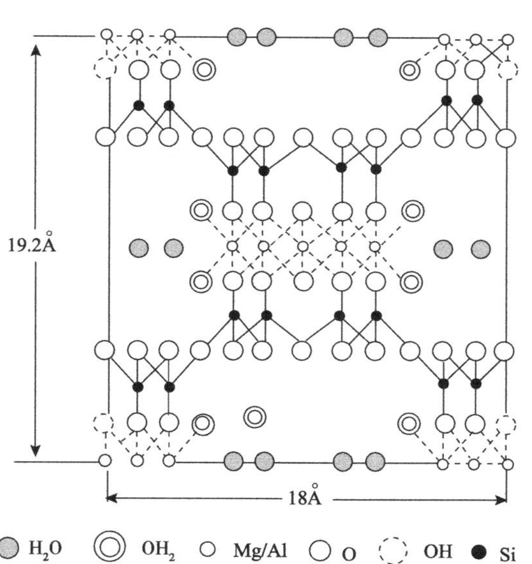

图1－4　凹凸棒石晶体结构

四、黏土的水化作用

黏土遇水后，由于黏土通常带负电，因而能够吸附各种正电离子。又由于水分子是极性分子，水分子的正极一端吸附在黏土表面负离子的周围；水分子的负极一端吸附在黏土表面正离子的周围，形成了一层水分子吸附层，称之为水化膜。黏土颗粒周围吸附水分子之后，水分子又不断进入黏土结构层间，黏土颗粒的体积便开始膨胀变大，这种作用就是黏土的水化作用。黏土的水化作用分为两个阶段，第一阶段是被黏土吸附的交换性阳离子的水化，第二阶段是黏土矿物晶体层间的水化。水化作用是可逆的，即除去水后，黏土又恢复原体积。在水化作用中，吸附在黏土颗粒表面的水称为吸附水（或叫束缚水），这种水失去自由运动的能力，同黏土颗粒一起运动。

黏土的造浆能力与黏土的水化作用有关，水化作用强的，造浆性能好。影响黏土水化作用的主要因素如下。

1. 不同交换性阳离子对黏土水化的影响

由于各种不同的阳离子水化能力不一样，故黏土颗粒吸附不同的阳离子，就有不同的水化膜厚度。例如，钠蒙脱石的水化作用较强，钙蒙脱石的水化作用较弱。这主要是因为 Na^+ 与 Ca^{2+} 离子的半径相近（Na^+ 离子的半径为 0.98Å，Ca^{2+} 离子的半径为 1.06Å），两者的水化作用也相差不多，而 Ca^{2+} 离子所带电荷数比 Na^+ 离子多一倍，所以，在黏土表面带电相近时，Na^+ 离子的数目比 Ca^{2+} 离子的数目多一倍，故钠蒙脱石的水化膜较厚。钙蒙脱石水化时的晶胞距离最大为 17Å，而钠蒙脱石水化时的晶胞距离可达 17～40Å（图 1-5、图 1-6）。

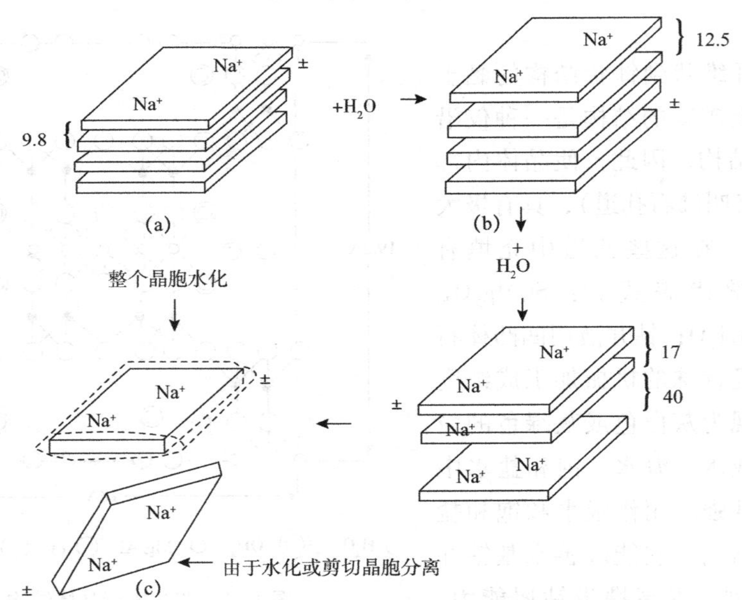

（a）—在空气中（晶胞间距为9.8Å）；（b）—在湿空气中（晶胞间距为12.5Å）；（c）—水的悬浮体

图 1-5 钠蒙脱土的水化作用

2. 黏土矿物本性对水化的影响

不同的黏土矿物因其晶体构造不同，水化作用也有很大差异。

蒙脱石在其片状晶体构造中，上下两层都是氧层，晶层之间由较弱的分子间力联结，水和其他极性分子较易沿硅氧层面进入结构中，使相邻的片状体分开，层间距离增加（晶

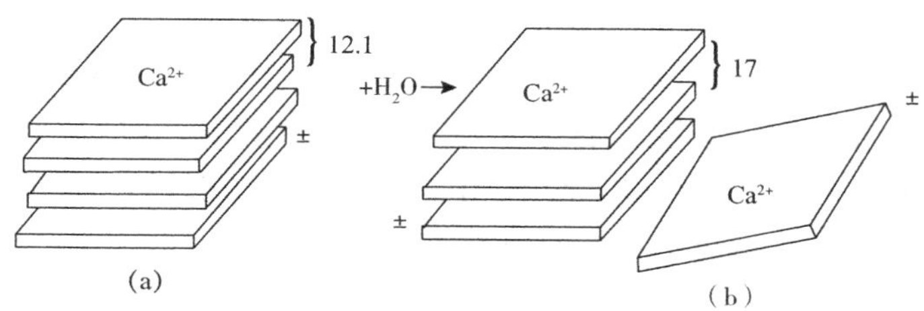

（a）—在干空气中；（b）—在湿空气中或水的悬浮体（由于水化，晶胞间距大17Å）

图 1-6　钙蒙脱土的水化作用

格的其他方向不变），从而引起黏土体积膨胀。蒙脱石在完全脱水时，其晶格间距为 9.6Å，而吸水后晶格层间距可增至 21.4Å。这种作用可使钠蒙脱石的体积比干燥时的体积增加 8~10 倍。

五、黏土—水界面双电层

胶体悬浮体中的颗粒表面都带有电荷，它吸引电荷相等的反离子，总体上就形成带有静电的双层。一些反离子并不是牢牢地吸附在黏土表面上，而有扩散的倾向，这样在颗粒的周围就形成一个扩散的离子层。颗粒表面电荷除了吸引相反符号的电荷外，还与相同符号的电荷相斥。这样正负电荷的最终分布结果就是双电层。黏土表层电荷是负的，可交换等量的阳离子。

扩散双电层的电荷在黏土表面有最大值，随着扩散的距离增大，电荷变成零，其电位如图 1-7 所示。

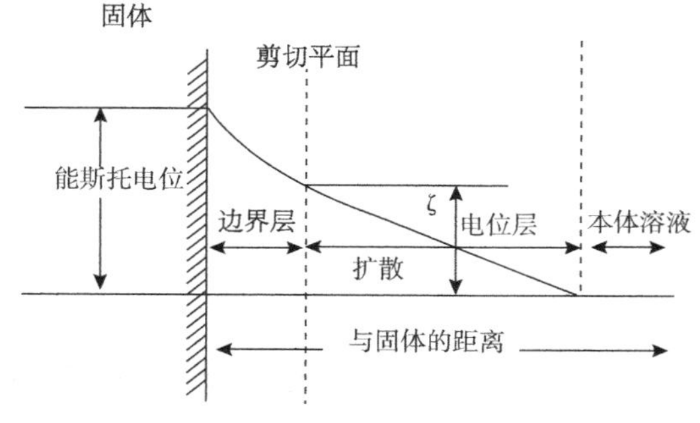

图 1-7　ζ 电位示意图

紧挨颗粒表面的是一层阳离子层，称为吸附溶剂化层。吸附溶剂化层随黏土颗粒的运动而运动，扩散的离子能独立运动。因此，在电泳仪里，黏土颗粒、吸附层及扩散离子向阴极移动。从滑动面到分散相溶液的电位称为电动电位（ζ 电位），这是一个控制颗粒表面特性的主要物理量。

当溶液是纯水时，ζ 电位最大，且扩散层扩至最大。当把电解质添加到黏土悬浮体中时会压缩扩散双电层，从而降低 ζ 电位。随着电解质阳离子价位的增加，ζ 电位降低得更快，特别是低价的离子被高价的离子取代时更是如此。一价、二价和三价的阳离子电位比大约是 1∶10∶500。

颗粒表面与均匀液相之间的电位差称为热力学电位。在黏土悬浮体内这个电位与溶液内的电解质无关，而只与固相层面的总电荷有关。

大多数离子吸附在晶层平面上，同样可吸附在晶体的端面上，并产生双电层。晶体在端部被断开。端面上的电荷要比层面的电荷少，而且在很大程度上取决于 pH 值的大小，有可能是负的或正的。例如高岭石用 HCl 处理，它就带正电荷；而用 NaOH 处理，它就带负电荷。这主要是由于在端面上的铝原子与 HCl 反应生成 $AlCl_3$，它能分离成 $Al^{3+}+3Cl^-$ 的强电解质；而与 NaOH 反应时就生成不溶的 $Al(OH)_3$。对于高岭石，离子几乎完全吸附在端面上，因此颗粒上的电荷取决于端面上的电荷。

六、黏土颗粒的链接状态

黏土颗粒由于其尺寸特别小而能长时间地悬浮在溶液中。只有它们聚集成较大尺寸的颗粒时，才会有一定的沉降速率。它们在纯水里不能聚集，这是因为双电层有高的扩散性，添加电解质使双电层被压缩。当电解质浓度足够高时，颗粒彼此接近，发生颗粒聚集，这种现象叫聚沉。发生这种现象的电解质临界浓度叫做聚沉值。

在含有强带电（高电动电势 ζ）和强水化性能的黏土颗粒流体中，黏土颗粒间的相互斥力对相互引力占绝对优势地位，使黏土颗粒处于一定的分散状态。任何会改变黏土颗粒的电动电势或水化状态因素都会改变黏土颗粒之间的相互链接状态，改变方向能进一步分散或减弱其分散。带有水化膜的颗粒以不同的聚结方式聚结在一起，如图 1-8 所示，黏土在水溶液中黏土颗粒间的连接方式有以下四种类型，即：

（1）面—面相互吸引：吸引连接，聚结；

（2）面—面相互排斥：排斥，分散；

（3）边—面相互吸引：吸引连接，絮凝；

（4）边—边相互吸引：吸引连接，絮凝。

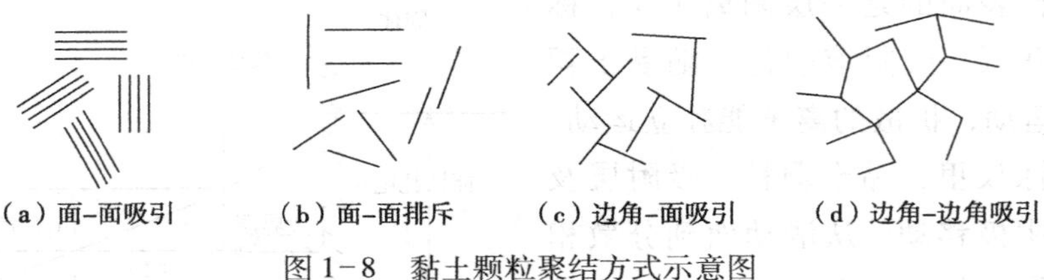

图 1-8　黏土颗粒聚结方式示意图

第四节　钻井液的类型及组成

一、钻井液的类型

钻井液由黏土、水（油）、处理剂及加重材料等物质组成。钻井液类型主要有水基钻井液、油基钻井液和气体类钻井流体。钻井液的概略分类如图 1-9 所示。

在实际应用中，选择钻井液类型时应考虑如下主要因素：①所钻岩层类型；②地层温度、强度和渗透率，以及地层压力；③水源与水质；④测录井要求；⑤钻井工程要求；⑥油气层保护；⑦环境保护。

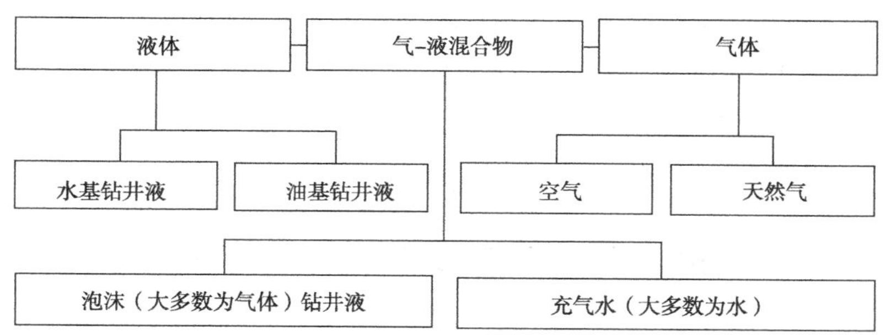

图 1-9　钻井液的概略分类

二、钻井液的组成

1. 水基钻井液

是指以水为连续相（可以是淡水、海水、硬水、软水等）的钻井液，其固相有黏土（包括所钻地层进入的能水化的黏土和页岩，这些固相受化学处理后可以控制洗井液的性能）和惰性固相颗粒（如惰性的钻屑，石灰岩、白云岩、砂岩、加重剂）。水基钻井液常又分为：淡水钻井液、盐水钻井液、海水钻井液、咸水钻井液、饱和盐水钻井液、钙处理钻井液、聚合物钻井液、低固相钻井液和混油钻井液等。

2. 油基钻井液

连续相由液态烃组成的钻井液称为油基钻井液，通常用柴油、白油、原油、合成基液等作为连续相。油基钻井液主要组成有：有机土、氧化沥青、乳化剂、润湿剂、降滤失剂、加重剂等。

油基钻井液常见的用途：

（1）钻探高温地层；

（2）钻盐、硬石膏、光卤石、钾或活性页岩层或 H_2S 或 CO_2 的岩层；

（3）用水基钻井液钻进易发生伤害的产层；

（4）钻定向井或小井眼会出现高扭矩问题时；

（5）防卡或解卡；

（6）钻孔隙压力异常低的低压层。

3. 气体类钻井流体

常用的气体类钻井流体中，以气体为连续相流体属于气基流体，如空气、氮气和天然气等；以气体为连续相，以液体为分散相的循环流体，如雾化液也属于气基流体。而充气流体和泡沫均为气泡分散在液体中，是以气体为分散相，以液体为连续相的气液混合流体。气体类钻井流体包括如图 1-10 所示的不同类型。

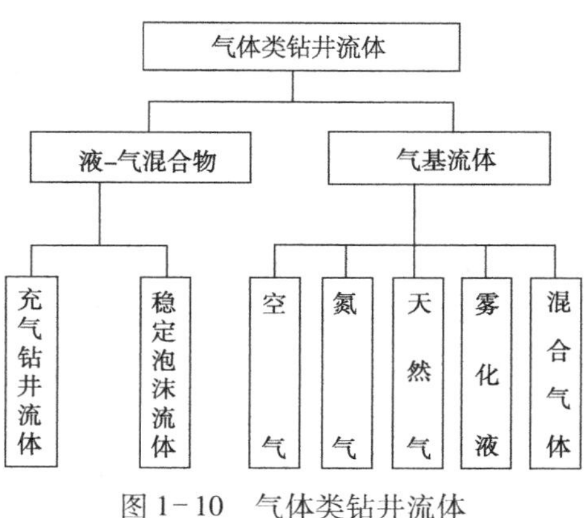

图 1-10　气体类钻井流体

气体钻井流体的特点是：①环空返速及洗井和携带钻屑能力是油和水的10倍；②液柱压力极低；③对各种无机盐类有较好的适应性，污染轻，性能变化小；④岩屑清晰，利于分析；⑤能较好地保护产层，减轻损害；⑥密度可在0.06～0.9g/cm³ 范围内调节；⑦可作各类油气储集层的完井液。

第五节　钻井液性能及其作用

一、钻井液密度

1. 定义

钻井液密度是指单位体积钻井液的质量。密度一般用符号 ρ 或 γ 表示，常用单位是g/cm³或kg/m³。公式表达为：

$$\rho = \frac{m}{V} \tag{1-2}$$

式中 ρ——钻井液的密度，g/cm³；

m——钻井液的质量，g；

V——钻井液的体积，cm³。

2. 仪器

（1）密度计：感量为0.01g/cm³，如图1-11所示，主要部件包括带刻度臂梁、刀口、样品杯、杯盖、平衡圆柱、游码、底座、刀垫等；

（2）温度计：量程为0～100℃，分度值为1℃；

（3）量杯：1000mL。

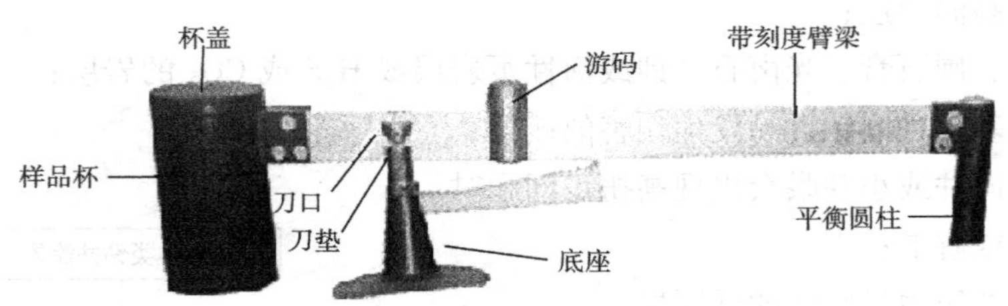

图1-11　钻井液密度计

3. 试验步骤

（1）将密度计底座放置在水平面上。

（2）用量杯取钻井液或被测液体，测量并记录钻井液或被测液体的温度。

（3）在密度计的样品杯中注满钻井液或被测液体，盖上杯盖，慢慢拧紧，使过量的被测液体从杯盖的小孔中流出。

（4）用手指压住杯盖小孔，用清水冲洗并擦干样品杯外部。

（5）把密度计的刀口放在底座的刀垫上，移动游码，直到平衡（水平泡位于中央）。

（6）记录读值。

（7）倒掉被测液，将仪器洗净，擦干以备用。

4. 密度计的校正

（1）校正 1.00g/cm^3。

①用清水校正。用淡水注满洁净、干燥的样品杯，盖上杯盖并擦干样品杯外部，把密度计的刀口放在刀垫上，将游码左侧边线对准刻度 1.00g/cm^3 处，观察密度计是否平衡（水平泡位于中央），如不平衡，在平衡圆柱上加上或取下一些铅粒，使之平衡。

②用铁砂（粒）校正。用天平称取 140.00g 铁砂，注入洁净、干燥的样品杯，并用模具捣平（禁止使用砝码），盖上杯盖，把密度计的刀口放在刀垫上，将游码左侧边线对准刻度 1.00g/cm^3 处，观察密度计是否平衡（水平泡位于中央），如不平衡，在平衡圆柱上加上或取下一些铅粒，使之平衡。

（2）校正 2.00g/cm^3。

准备好已校正过 1.0g/cm^3 的密度计，用天平称取 280.00g 铁砂，倾入洁净、干燥的样品杯，并用模具捣平（禁止使用砝码），盖上杯盖，把密度计的刀口放在刀垫上，将游码左侧边线对准刻度 2.00g/cm^3 处，观察密度计是否平衡（水平泡位于中央），如不平衡，打开游码底部的小螺钉加上或取下一些铅粒，使之平衡。

5. 钻井液的密度与钻井的关系

合理的钻井液密度可以平衡地层压力。通常在保证井下正常的前提下，钻井液的密度应尽量低，这样可有利于钻井液的稳定、提高机械钻速、保护油气产层。若密度过高，则往往黏度也高、流动性差，消耗循环设备功率，影响钻速，并损害油气产层。钻遇高压油气层时，钻井液密度应根据其压力大小适当提高，否则，其液柱压力不能和油气层压力保持平衡，油、气、水易侵入钻井液，从而引起井喷、井塌、卡钻等复杂故障。钻遇高压盐水层时，如无油气可采用高密度钻井液，使其液柱压力将盐水层压死；钻遇一般油气层时，钻井液密度应根据“压而不死、活而不喷”的原则确定；钻遇低压油气层时，钻井液密度应尽量低，尤其在探区钻井更应如此。所以，对钻井液密度的要求是不能忽视的。

6. 钻井液密度的调整方法

（1）提高钻井液密度的常用办法：

①利用惰性固体，如重晶石、石灰石等加重剂；

②利用可溶性盐类溶液，如 NaCl、$CaCl_2$、HCOOK 等。

（2）降低钻井液密度的常用办法：

①机械除砂；

②利用气体；

③利用化学处理剂，如加入一定的絮凝剂，使钻井液中的黏土颗粒聚沉，以降低其密度；

④清水稀释。

二、钻井液的流变参数

钻井过程中，流变参数关系到井眼清洁与井壁稳定，是钻井液的重要参数之一。

1. 常用钻井液流变参数的符号与单位

(1) 漏斗黏度：以 *FV* 表示，单位：秒 (s)。

(2) 表观黏度：以 *AV* 表示，单位：毫帕·秒 (mPa·s)。

(3) 塑性黏度：以 *PV* 表示，单位：毫帕·秒 (mPa·s)。

(4) 动切力：以 *YP* 表示，单位：帕 (Pa)。

(5) 静切力：以 $G_{10''}$ (10s 切力) 和 $G_{10'}$ (10min 切力) 表示，单位：帕 (Pa)。

(6) 流性指数：以 n 值表示，(无因次)。

(7) 稠度系数：以 K 值表示，单位：帕·秒^n (Pa·s^n)。

(8) 卡森水眼黏度：以 η_∞ 表示，单位：毫帕·秒 (mPa·s)。

(9) 卡森动切力：以 τ_C 表示，单位：帕 (Pa)。

(10) 剪切稀释常数：以 *Im* 表示，(无因次)。

2. 流变参数测定

(1) 六速旋转黏度计。

①仪器：

a. 六速旋转黏度计：范 (Fann) 35 型或同类产品 (图 1-12)；

图 1-12　六速旋转直度黏度计

b. 秒表：灵敏度为 0.1s。

c. 样品杯：350～500mL。

d. 温度计：量程为 0～100℃，分度值为 1℃。

②测量步骤：

a. 将样品注入到样品杯内至刻度线处 (350mL)，立即置于托盘上，上升托盘使杯内液面刚好达到转筒刻度线处。

b. 测量并记录钻井液的温度。

c. 使转筒在 600r/min 转速下旋转，待表盘上的读数值稳定（所需时间取决于钻井液的性能）后，读取并记录 600r/min 时表盘读值。按相同方法分别测定并记录 300r/min、200r/min、100r/min、6r/min、3r/min 时在表盘上的读值。

d. 将钻井液样品在 600r/min 下搅拌 10s。停止搅拌后将钻井液样品静置 10s，测定 3r/min 转速开始旋转后的最大读值，以 Pa 为单位计算初切力 (10s 切力)。

e. 将钻井液样品在 600r/min 下搅拌 10s，而后使其静置 10min，测定 3r/min 转速开始旋转后的最大读值，以 Pa 为单位计算终切力 (10min 切力)。

f. 测试完毕，关闭电源，松开托盘，移走样品杯。

g. 轻轻左旋卸下外转筒，逆时针方向旋转垂直向下用力取下内转筒（一般不用取下

内转筒，直接用清水毛刷清洗）。

h. 清洗仪器并擦干，上好内外转筒。

③数据计算：

$$n = 3.322\lg\frac{\theta_{600}}{\theta_{300}} \tag{1-3}$$

$$K = 0.4788\frac{\theta_{300}}{511^n} \tag{1-4}$$

$$\tau_c^{0.5} = 1.671[(2\theta_{300})^{0.5} - \theta_{600}^{0.5}]^2 \tag{1-5}$$

$$\tau_c^{0.5} = 0.9455[(2\theta_{200})^{0.5} - \theta_{600}^{0.5}]^2 \tag{1-6}$$

$$\tau_c^{0.5} = 0.4775[(6\theta_{100})^{0.5} - \theta_{600}^{0.5}]^2 \tag{1-7}$$

$$\tau_c^{0.5} = 3.080[(1.5\theta_{200})^{0.5} - \theta_{300}^{0.5}]^2 \tag{1-8}$$

$$\tau_c^{0.5} = 0.9455[(\theta_{100})^{0.5} - \theta_{300}^{0.5}]^2 \tag{1-9}$$

$$\tau_c^{0.5} = 1.671[(2\theta_{100})^{0.5} - \theta_{200}^{0.5}]^2 \tag{1-10}$$

$$\eta_\infty^{0.5} = 2.414(\theta_{600}^{0.5} - \theta_{300}^{0.5})^2 \tag{1-11}$$

$$\eta_\infty^{0.5} = 1.673(\theta_{600}^{0.5} - \theta_{200}^{0.5})^2 \tag{1-12}$$

$$\eta_\infty^{0.5} = 1.195(\theta_{600}^{0.5} - \theta_{100}^{0.5})^2 \tag{1-13}$$

$$\eta_\infty^{0.5} = 5.449(\theta_{300}^{0.5} - \theta_{200}^{0.5})^2 \tag{1-14}$$

$$\eta_\infty^{0.5} = 2.366(\theta_{300}^{0.5} - \theta_{100}^{0.5})^2 \tag{1-15}$$

$$\eta_\infty^{0.5} = 4.182(\theta_{200}^{0.5} - \theta_{100}^{0.5})^2 \tag{1-16}$$

（2）马氏漏斗黏度计。

①仪器：

a. 马氏漏斗黏度计（图1-13）：圆锥形漏斗长305mm，上口直径152mm，筛网下容积1500mL，金属或塑料制成；流出口长50.8mm，内径4.7mm；筛网孔径1.6mm，高度19.0mm；

b. 刻度杯：1000mL（API标准为946mL）；

c. 秒表：灵敏度为0.1s；

d. 温度计：量程为0～100℃，分度值为1℃。

图1-13 马氏漏斗黏度计

②测量步骤：

a. 用手指堵住流出口，把待测钻井液倒入洁净、干燥并垂直向上的漏斗中，直到刚好注满筛子底部（1500mL）为止，把刻度杯置于流出口下；

b. 移去手指同时计时，记录注满946mL刻度杯的时间（单位：s）；

c. 测量并记录钻井液温度。

（校正：按马氏漏斗黏度计测量步骤②测定淡水的马氏漏斗黏度，在24℃±3℃下应为26s±0.5s。）

3. 常用流变参数

(1) 表观黏度。

表观黏度也称为“视黏度”，是指在固定剪切速率下钻井液的黏度。表观黏度由塑性黏度和结构黏度两部分组成，是塑性黏度和动切力的函数。

表观黏度的计算：

某一剪切速率下的表观黏度可用下式表示：

$$\eta_a = \frac{0.511\theta_N}{1.73N} \times 1000 = \frac{300\theta_N}{N} \tag{1-17}$$

式中 N——转速，r/min；

θ_N——转速为 N 时刻度盘读数；

η_a——表观黏度，mPa·s。

θ_{600}、θ_{300}、θ_{200}、θ_{100}、θ_{600}、θ_6、θ_3 不同剪切速率下的表观黏度分别为：$\theta_{600} \times 0.5$、$\theta_{300} \times 1$、$\theta_{200} \times 1.5$、$\theta_{100} \times 3$、$\theta_6 \times 50$、$\theta_3 \times 100$。

(2) 塑性黏度。

塑性黏度是反映层流时流体中凝胶结构破坏与恢复呈动态平衡的状态下，钻井液中固相颗粒之间、固相颗粒与液体分子之间、液体分子之间内摩擦力的总和。它与钻井液中的固相含量、固相颗粒的形状、分散度和表面润滑性及液体本身的黏度等因素有关。

(3) 动切力。

动切力是钻井液在流动状态下结构力的度量，反映钻井液在流动时，黏土颗粒之间及高分子聚合物分子之间相互作用力的大小，即形成空间网架结构能力的强弱。

影响动切力的因素有钻井液中的固相含量及分散度、黏土颗粒的电动电势和水化程度、黏土颗粒吸附处理剂的情况及高分子聚合物的使用等。

(4) 流性指数。

流性指数是钻井液结构力的一种表示，也是钻井液触变性或剪切稀释性能强弱的表示。由幂律方程可知，当 $n=1$ 时，变为牛顿流体。n 值越大，剪切稀释能力越弱，液体的非牛顿性质越弱；反之，则剪切稀释能力越强。降低 n 值有利于携带岩屑，清洗井底。一般是加聚合物、无机盐类，或加入预水化的膨润土等。

(5) 稠度系数。

稠度系数表示流体的可泵性和直观流动性，反映钻井液的稀稠程度。它既受钻井液内摩擦力的影响，又受结构力的影响。K 值越大，黏度越高。

(6) 卡森动切力。

卡森动切力表示钻井液内可供拆散的网架结构强度，是流体开始流动时的极限动切力，其大小反映钻井液携带与悬浮钻屑的能力。

(7) 卡森水眼黏度。

卡森水眼黏度表示钻井液中内摩擦作用的强度，常用来近似表示钻井液在钻头喷嘴处紊流状态下的流动阻力。η_∞在数值上等于剪切速率为无穷大时的有效黏度。流体流动时，η_∞值的大小是流体中固相颗粒之间、固相颗粒与液相之间以及液相内部的内摩擦作用强度的综合体现。因此，固相类型及含量、分散度和液相黏度等都将对η_∞产生影响。降低η_∞有利于降低高剪切速率下的压力降，提高钻头水马力，也有利于从钻头切削面上及时地排除岩屑，从而提高机械钻速。

（8）剪切稀释常数。

剪切稀释常数表示钻井液剪切稀释性的相对强弱，可用下式求得：

$$I_m = [1 + (1 + 1000\frac{\tau_c}{\eta_\infty})^{0.5}]^2 \qquad (1-18)$$

式中　I_m——剪切稀释常数；

τ_c——卡森动切力；

η_∞——卡森水眼黏度。

I_m越大，则剪切稀释性越强。分散钻井液的I_m一般小于200，不分散聚合物钻井液和适度絮凝的抑制性钻井液的I_m值常在300～600之间，高者可达800以上。

4. 流变参数与钻井的关系

（1）黏度与钻井的关系。

钻井过程中，若钻井液黏度太高，则会造成流动性差、泵压高、排量低、钻速低，还会造成除气困难、易泥包钻头、起下钻时易发生抽吸或压力激动，以至引起喷、漏、塌、卡等复杂故障。

钻井液的黏度太低，则携带岩屑困难，且易漏地层不利于防漏。

因此，应根据地层和钻井具体情况，确定黏度的高低。在满足悬浮和携带岩屑条件的前提下，钻井液的黏度应尽量低。

（2）切力与钻井的关系。

切力是钻井液悬浮固相颗粒的能力。钻井过程中，切力太大易引起流动阻力大，造成泵压高，易憋漏地层；岩屑不易沉淀，影响固相净化效果；密度升高。若钻井液的切力太小，则携带和悬浮岩屑效果不好，停泵时易下沉，造成积砂。

通常在保证悬浮和携带岩屑能力良好的情况下，切力应尽量低。

5. 流变参数的调整方法

（1）提高黏度和切力。

常采用增加固相含量及固相分散度、加入增稠剂或降滤失剂等方法。

（2）降低黏度和切力。

常采用增加钻井液的自由水、减少固相含量、加入降黏剂等方法。

（3）应用处理剂通过离子交换、调节pH值、水化分散、絮凝沉淀、溶胶等作用，调节钻井液的黏度和切力。

（4）表面活性剂也能改善钻井液的流变性。

三、钻井液的滤失量

1. 定义

在压差作用下，钻井液向可渗透的地层渗透的现象叫滤失，其滤失的多少称滤失量。根据滤失的性质，分为瞬时滤失、静滤失和动滤失。

瞬时滤失：钻头破碎岩石的瞬间至滤饼开始形成产生的滤失。

动滤失：钻井液在钻进或循环（动态）过程中产生的滤失。

静滤失：钻井液在静止（停钻、起下钻）时产生的滤失。

动滤失与静滤失的不同点在于钻井液沿着井壁流动时会冲掉滤失过程中形成的滤饼，当形成速度大于冲掉速度时才慢慢形成。当滤饼达到固定厚度时，滤失速率便慢慢减小，成为常数。这与静滤失不同，在静滤失中滤饼随时间不断增厚，滤失速率便慢慢下降。在同样的一段时间里，静滤失的滤饼比动滤失的滤饼厚，而静滤失速率比动滤失的速率低。

2. 滤失量测定

（1）仪器（图1-14）。

滤器容积为300～400mL，直径76.2mm，高度大于64.0mm，过滤面积为$4580mm^2$±$60mm^2$，用耐腐蚀材料制成。

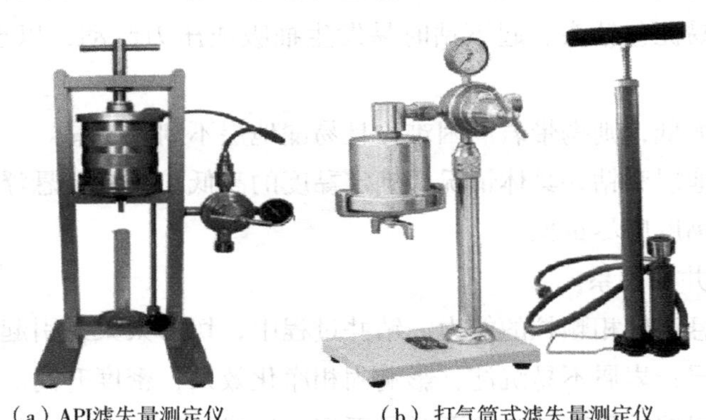

（a）API滤失量测定仪　　（b）打气筒式滤失量测定仪

图1-14　滤失量测定仪

（2）操作步骤［以图1-14（b）为例］：

①要确保钻井液杯内各部件，尤其是滤网清洁干燥，密封垫圈未变形或损坏。用手指堵住底部小孔，将钻井液样品注入钻井液杯中，使其液面在杯内刻线处，按顺序迅速放入“O”形圈、滤纸、滤网和钻井液杯盖，并按顺时针方向旋紧。

②将钻井液杯安装在支架上旋转90°卡紧，将干燥的量筒放在排出管下面用于接收滤液。关闭放压阀，开启压力，使压力达到690kPa±35kPa，放压入钻井液杯内，并保持压力稳定，钻井液杯加压的同时开始记时。

③当测量时间已到，随即取下量筒，切断中压气源。

④以 mL 为单位记录 API 滤失量。当测量时间在 7.5min 时的滤失量大于 8mL 时，则用 7.5min 的失水量 ×2，即为该钻井液的滤失量；当测量时间在 7.5min 时的滤失量小于 8mL 时，就继续测量至 30min，由量筒内直接读出该钻井液的滤失量。

⑤在确保内部压力全部被放掉的前提下，从支架上取下钻井液杯。小心仔细地拆开钻井液杯，倒掉钻井液并取下滤纸（不能损坏滤纸上的滤饼），用缓慢水流冲洗滤纸上的滤饼。

⑥以 mm 为单位，测量并记录滤饼的厚度（测量方法见图 1-15），精确到 0.1mm，注意 7.5min 测量的滤饼厚度 ×2。观察滤饼质量，用光滑、致密、韧、坚实进行描述。

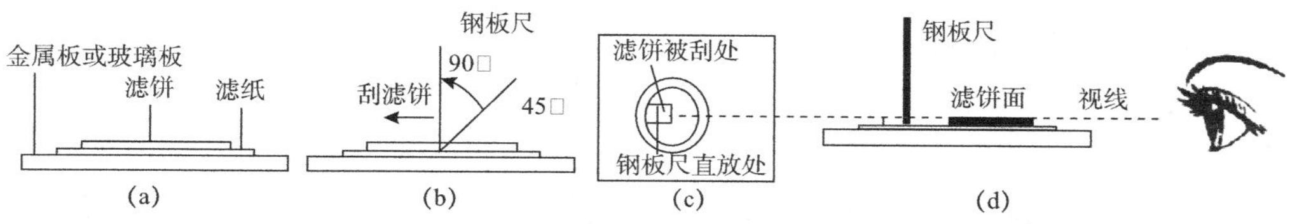

图 1-15　测量滤饼厚度示意图

⑦将量筒里滤液放好。取 pH 试纸在滤液中浸湿后取出。与标准色板比较，即得钻井液滤液的 pH 值。

⑧冲洗干净压滤器、底盖、密封圈，并擦干净装好，以备后用。

注：仪器生产厂家不同，其操作步骤有所差异，请阅读仪器操作说明书。

3. 高温高压滤失量测定

（1）仪器。

目前是测定三种温度（150℃、150～200℃、200～260℃）条件下，压差为 3450kPa 时的滤失量。高温高压滤失量测定仪见图 1-16。

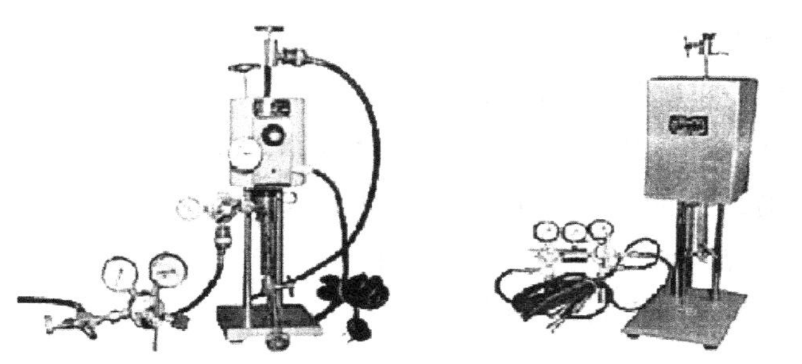

（a）42型高温高压滤失量测定仪　（b）71型高温高压滤失量测定仪

图 1-16　高温高压滤失量测定仪

①高温高压滤失仪主要组件有：一个承受 7092～10132kPa 压力的压滤器、一套加热系统、一个能承受 3546kPa 压力的滤液接收器，并备有压力源调压器等。

②过滤介质：当测试温度在200℃以下时用瓦特曼（Whatman）50型滤纸或同类产品；当测试温度在200℃以上，用戴纳劳依（Dynalloy）X-5型不锈钢多孔圆盘或同类产品。

③秒表：灵敏度为0.1s。

④金属温度计：量程0~250℃，两支。

⑤高速搅拌器：在负载情况下转速为11000r/min±300r/min，搅拌轴装有单个波形叶片，叶片直径为2.5cm，质量为5.5g；带有样品杯，其高18cm，上端直径9.7cm，下端直径7.0cm，用不锈钢或耐腐蚀材料制成。

⑥量筒：25或50mL。

⑦钢板尺：刻度值1mm。

（2）150℃滤失量的测定步骤：

①把温度计插入压滤器外加热套的温度计插孔中，接通电源，预热至略高于所需温度（高5~6℃）。

②将待测钻井液高速搅拌1min后，倒入压滤器中，使钻井液液面距顶部约13mm，放好滤纸，盖好杯盖，用螺丝固定。

③将上、下两个阀杆关紧，放进加热套中，把另一支温度计插入压滤器上部温度计的插孔中。

④连接气源管线，把顶部和底部压力调节至690kPa（6.81atm），打开顶部阀杆，继续加热至所需温度（样品加热时间不超过1小时）。

⑤待温度恒定后，将顶部压力调节至4140kPa（40.86atm），打开底部阀杆并记时，收集30min的滤出液。在试验过程中温度应在所需温度的±3℃之内。如滤液接收器内的压力超过690kPa（6.81atm），则小心放出一部分滤液以降低压力至690kPa（6.81atm）。记录30min收集的滤液体积（单位：mL）、压力（单位：kPa）、温度和时间。

⑥滤液体积应被校正成过滤面积为4589mm^{2}时的滤液体积。如果所用滤失仪的过滤面积为2258mm^2，则将所得结果乘以2即得高温高压滤失量。

⑦时间到，关紧底部和顶部阀杆，关闭气源、电源、取下压滤器，并使之保持直立的状态冷却至室温，放掉压滤器内的压力，小心取出滤纸，用水冲洗滤饼表面上的浮泥，测量并记录滤饼厚度（单位：mm）及质量好坏（硬、软、韧、松等）。洗净并擦干压滤器。

（3）150℃以上高温高压滤失量的测定步骤：

操作步骤与上述所述基本相同，不同点有：

①钻井液液面至压滤器顶部距离至少应为38mm。

②底部回压及顶部压力应根据所需温度选定（表1-2），顶部和底部压差为3540kPa（34.05atm）。

③测定温度在200℃以上时，滤纸下面垫上戴纳劳依（Dynalloy）X-5型不锈钢多孔圆盘或同类产品。

表 1-2　不同测试温度下的推荐回压值

测试温度/℃	水蒸气压/kPa（atm）	推荐最小回压/kPa（atm）
100	101（1.00）	690（6.81）
121	207（2.04）	690（6.81）
149	462（4.56）	690（6.81）
177	932（9.20）	1104（10.90）
204	1704（16.82）	1998（18.73）
232	2912（28.74）	3105（30.64）

注：测试条件不能超过所用仪器生产厂推荐的最高温度、压力和体积。

4. 滤失量的控制与钻井的关系

（1）滤失量的合理控制和所形成的优质滤饼，有利于安全钻进、井壁稳定和油气层保护等。

（2）不合适的滤失量和滤饼会造成缩径、阻卡、泥页岩膨胀、井塌及损害油气产层等。

5. 影响滤失量的主要因素

（1）时间。

在井壁内随着时间的增长，滤失量会慢慢的下降。时间与滤失量的关系式为：

$$Q_1 = Q_2\sqrt{\frac{T_1}{T_2}} \tag{1-19}$$

式中　Q_2——时间 T_2 的未知滤失量；

　　Q_1——时间 T_1 的已知滤失量。

（2）压差。

压差是影响滤失量的另一个因素。如果滤失介质恒定，滤失将随着压差的平方根成正比变化。实际钻井过程中可能会出现其他情况。由于滤饼易压缩，且物质不断沉积到滤饼上，孔隙度和渗透性会发生变化。

（3）温度。

钻井液的温度随着钻井深度的加深而上升。温度升高会导致液相的黏度降低，使滤失量增加。

（4）滤饼渗透性。

固相颗粒的大小、形状和压差下的变形能力都是影响滤饼渗透性的重要因素。小颗粒形成滤饼的渗透性比大颗粒形成滤饼的渗透性低。小于 1μm 的小颗粒作为滤失量的控制剂最好。薄而扁平的颗粒由于可以形成致密的滤饼而比球形、不规则的颗粒更有效。

（5）黏土颗粒的分散。

钻井液中的黏土颗粒适度分散有利于滤失量的控制。化学分散剂有助于形成坚韧的滤饼，从而有利于降低滤失量。

6. 滤失量的控制方法

通过离子交换、调节 pH 值、分散、絮凝、沉淀、络合、溶胶等都能控制钻井液的滤失量。一般控制滤失量的方法是控制滤饼的渗透性。

四、钻井液的 pH 值

1. pH 值的概念

钻井液的 pH 值表示钻井液中液相氢离子的浓度，即钻井液酸碱度。

$$pH = -\lg[H^+] \tag{1-20}$$

式中［H^+］为氢离子的浓度，以 mol/L 为单位。

对于纯水，［H^+］=［OH^-］$=1.0\times10^{-7}$，pH = 7。因为在任何水溶液中的［H^+］、［OH^-］总数保持不变，若［H^+］增加则［OH^-］相应减少。溶液中的［H^+］>［OH^-］时称之为酸性，溶液中的［OH^-］>［H^+］时称之为碱性，溶液中的［H^+］=［OH^-］时称之为中性。

钻井液的 pH 值必须大于 7。

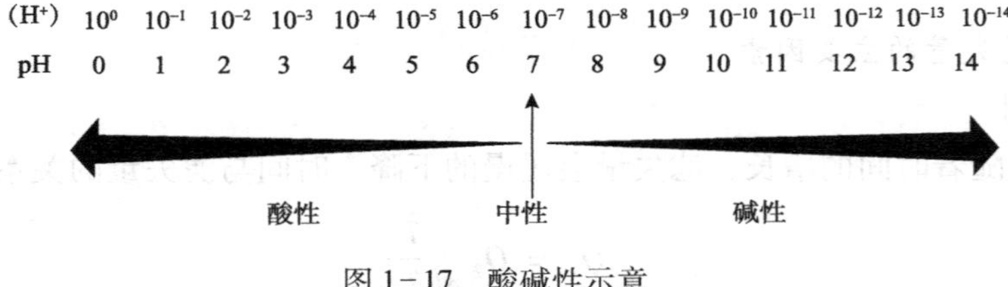

图 1-17　酸碱性示意

从图 1-17 中可以知道：酸性溶液的 pH 值小于 7，溶液的酸性越强，pH 值就越小，碱性溶液的 pH 值大于 7，溶液的碱性越强，pH 值就越大。纯水或中性的溶液，它们的 pH 值等于 7。

2. pH 值对钻井液的影响

钻井液的 pH 值对钻井液有多方面的影响，如黏土颗粒的亲水性和分散度，有机和无机处理剂的溶解度和处理剂的处理效果，井壁、泥岩和泥页岩、钻屑，水化膨胀和分散，钻井液对钻具的腐蚀性等。

无论哪种钻井液，都有各自所适应的 pH 值范围。但在使用过程中，钻井液的 pH 值由于种种侵污会发生变化。只要能改变 H^+ 或 OH^- 浓度的物质都能改变 pH 值。

3. pH 值的调节方法

调节 pH 值主要由酸和碱来实现，但不仅限于酸或碱，某些无机盐亦可起相同的作用，如烧碱、纯碱、多磷酸钠可提高 pH 值，氯化钠、氯化钙、氯化铝等可降低 pH 值。

4. pH 值的控制

由于各类钻井液都有其适应的 pH 值范围，许多处理剂在使用时也要求 pH 值在某一个范围内，因此将 pH 值控制在适当的范围内，则有利于钻井液的黏度、切力、滤失量等性能的稳定。

现场调整 pH 值有多种方法，单纯提高 pH 值可加入烧碱水、纯碱、氢氧化钾等处理

剂，也可与调整钻井液其他性能的方法结合起来，例如，为了提高 pH 值，不一定只单独加入烧碱水，可使用铁铬盐碱液、磺化单宁碱液、磺化褐煤碱液等，在提高了 pH 值的同时，也降低了黏度和切力，达到了调整钻井液性能的目的。如果 pH 值过高，现场一般采用加无机酸、弱酸性胶液（如，磺化单宁、铁铬盐等）的办法来降低 pH 值。

5. pH 值的测定

（1）酸度计。

①仪器：

a. 酸度计：pH 值范围为 0～14。

b. 缓冲液：pH 值分别为 4.0，7.0，10.0。

c. 蒸馏水或去离子水。

d. 温度计：量程 0～100℃，分度值为 1℃。

e. 软纱布。

②测量步骤：按所用仪器操作说明书进行。

（2）pH 试纸。

①将 pH 试纸缓慢地放在待测样品表面。

②使滤液充分浸透并变色（不超过 30s）。

③将变色后的试纸与色标进行对比，读取并记录 pH 值。

④如果试纸变色不好对比，则取较接近的精密 pH 试纸重复以上试验。

五、钻井液的含砂量

1. 定义

含砂量是指不能通过 200 目的分离筛，即直径大于 0.074mm 的固相颗粒所占钻井液的体积百分数。

2. 含砂量对钻井的影响

钻井液的含砂量不得超过 1%。钻井液的含砂量高易磨损钻具、造成沉砂卡钻；使钻井液密度升高、黏度升高、切力增大；还会造成滤饼质量差、降低钻速等。

3. 处理办法

①絮凝、溶胶、络合和胶凝作用的化学处理剂均能在钻井液中起到沉砂作用。

②机械除砂是最理想的办法。

4. 测定

（1）符号及单位。

含砂量以 C_S 表示，其值一般采用质量分数。

（2）仪器（图 1-18）。

①筛框：直径为 63.5mm，中间带有 200 目筛网，用金属制成。

②小漏斗：直径大的一端可套入筛框，直径小的一端可插入含砂管中，用金属或硬塑

料制成。

③含砂量管：刻有可直接读数0～20%含砂量的刻度和刻有“钻井液”、“水”标记，用玻璃制成。

图1-18　含砂量测定仪

(3) 测量步骤：

①将待测钻井液经过小漏斗注入含砂量管中至“钻井液”刻度线处（25mL），再注入水至“水”刻度线处，用手指堵住含砂量管口，剧烈晃动。

②将此混合物倾入洁净、润湿的筛网上，使小于200目的固相通过筛网而排除掉，必要时用手指振击筛网，用清水清洗筛网上的砂子，直到水变为清亮。

③将小漏斗套在有砂子的一端筛框上，并把漏斗排出口插入含砂量管内，缓慢倒置，用水把砂子全部冲入含砂量管内，静止使砂子完全下沉后，读取并记录含砂量值。

六、钻井液的固相含量

1. 定义

分散于钻井液中的固体颗粒称为钻井液中的固相。钻井液中所含固相物质的多少称为钻井液的固相含量，一般用体积来表示。例如，钻井液的固相含量8%，表示钻井液中固相物质的体积占钻井液总体积的8%。

钻井液中各种固相含量的数据（例如膨润土含量、钻屑含量、重晶石的含量）是固相控制的基础依据，因此，钻井液固相含量的测定是十分重要的。

2. 固相物质的分类

从固相物质的来源划分，分为配浆黏土、岩屑、加重物质和处理剂中的固相物质等。

从固相物质的密度划分，分为低密度固相和高密度固相（地质工作者通常把相对密度大于2.86的岩石颗粒称为高密度固相）。

3. 测定方法

采用蒸馏法来测定钻井液中油、水和固相的含量。

蒸馏法的主要过程是将钻井液样品置于专门设计的蒸馏器中，加热蒸发其中的液体，蒸汽通过冷凝器回收于量筒中，从而测出液相的体积。用减差法来确定固相（包括悬浮固相和非悬浮固相）的含量。

(1) 符号和单位。

含水量以 V_W 表示；含油量以 V_O 表示；固相含量以 V_S 表示，数值均以质量分数表示。

(2) 仪器与试剂。

①固相含量测定仪（图1-19）：

a. 量筒：容量等于固相含量测定仪所取钻井液体积的用量。

b. 消泡剂。

c. 润湿剂。

d. 耐高温硅酮润滑油。

②测定步骤:

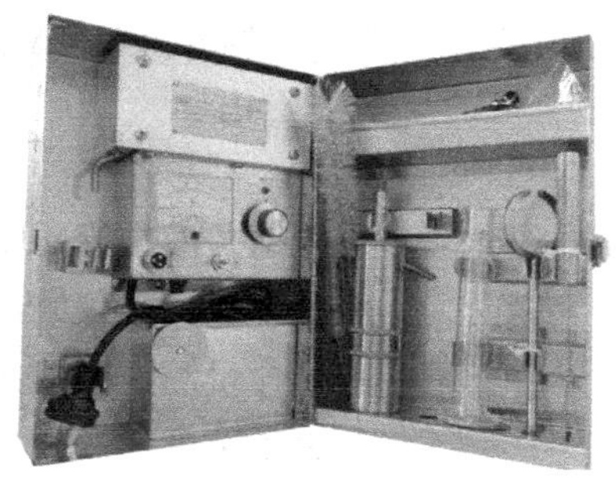
图 1-19 固相含量测定仪

a. 量取一定体积（20mL）的均匀钻井液注入蒸馏器，加 2~3 滴消泡剂，缓慢搅拌，除去可能混入样品中的空气。再拧紧加热棒，装在冷凝器的进口端。置一干净的玻璃量筒于冷凝器的出口端。加热蒸馏，直到量筒内的液面不再增加时，再继续加热 10min，在冷凝液中滴加 1~2 滴润湿剂使油、水分离，记录所收集的油、水的体积。

b. 根据油水体积和钻井液体积数据，计算钻井液中油、水和固相的体积百分数。

根据收集到的油、水体积和所用钻井液体积，按下式计算出钻井液中油和水的体积百分数:

$$V_W = \frac{V_{水}}{V_{样}} \times 100\% \tag{1-21}$$

$$V_O = \frac{V_{油}}{V_{样}} \times 100\% \tag{1-22}$$

$$V_S = [1 - (V_W - V_O)] \times 100\% \tag{1-23}$$

式中 V_O——含油量,%;

V_W——含水量,%;

V_S——固相含量,%;

$V_{样}$——样品体积，mL;

$V_{水}$——蒸馏得到的水体积，mL;

$V_{油}$——蒸馏得到的油体积，mL。

c. 由于溶解盐类在钻井液样品蒸干后仍然存留于蒸馏器中，因此，对于含可溶盐较多的钻井液应该进行计算值校正，以减少误差。

校正时，可以根据滤液的氯离子分析结果，用表 1-3 中盐的体积百分数来乘以钻井液中液相的体积含量。

表 1-3 钻井液水相中 NaCl 的体积（按 Cl^- 含量计算）

Cl^-/(mg/L)	NaCl 体积含量/%	滤液密度/(g/cm³)	Cl^-/(mg/L)	NaCl 体积含量/%	滤液密度/(g/cm³)
5000	0.3	1.004	100000	5.7	1.098
10000	0.6	1.010	120000	7.0	1.129
20000	1.2	1.021	140000	8.2	1.149
30000	1.8	1.032	160000	9.5	1.170
40000	2.3	1.043	180000	10.8	1.194
60000	3.4	1.065	188650	11.4	1.197
80000	4.5	1.082			

首先，需要进行钻井液的精确质量和氯化物浓度的计算。

$$V_{SC} = V_S - V_W\left(\frac{c_{Cl}}{1680000 - 1.21c_{Cl}}\right) \tag{1-24}$$

式中 V_{SC}——含盐钻井液中修正了的总固相体积含量（减去了盐的体积），%；

V_S——固相含量测定仪测出的固相体积含量，%；

V_W——固相含量测定仪测出的水体积含量，%；

c_{Cl}——氯离子浓度，mg/L。

低密度固相的体积含量 V_{lg}：

$$V_{lg} = V_S \frac{\rho_{wm} - \rho_S}{\rho_{wm} - \rho_{lg}} \tag{1-25}$$

式中 V_{lg}——低密度固相的体积含量；

V_S——固相含量测定仪测出的固相体积含量，%；

ρ_{wm}——加重材料密度，g/cm^3；

ρ_{lg}——低密度固相密度，g/cm^3；

ρ_S——钻井液中固相的平均密度，g/cm^3。

盐水钻井液中低密度固相体积含量 V_{lg}：

$$V_{lg} = \frac{1}{\rho_{wm} - \rho_{lg}}[100\rho_{wc} + V_{SC}(\rho_{wm} - \rho_{wc}) - 100_{\rho m} - Vo(\rho_{wc} - \rho_O)] \tag{1-26}$$

式中 V_{lg}——盐水钻井液中低密度固相体积含量，%；

V_{SC}——盐水钻井液中修正了的固相体积含量，%；

ρ_{wm}——加重材料密度，g/cm^3；

ρ_{lg}——低密度固相密度，g/cm^3；

ρ_{wc}——盐水钻井液滤液的密度，g/cm^3；

ρ_m——盐水钻井液的密度，g/cm^3；

V_O——固相含量测定仪测出油的体积含量，%；

ρ_O——油的密度，g/cm^3。

加重物质的体积分数（V_{wm}）计算如下：

$$V_{wm} = V_S - V_{lg} \tag{1-27}$$

式中 V_S——固相含量测定仪测出的固相体积含量，%；

V_{lg}——低密度固相的体积分数。

钻井液中固相的平均密度 ρ_S：

$$\rho_S = \frac{100\rho_m(V_W\rho_W + V_O\rho_O)}{V_S} \tag{1-28}$$

式中 ρ_S——钻井液中固相的平均密度，g/cm^3；

ρ_m——钻井液密度，g/cm^3；

V_W——固相含量测定仪测出的水体积含量,%;

ρ_W——水的密度，g/cm³;

V_O——由固相含量测定仪测得的钻井液中油的体积含量,%;

ρ_O——水的密度，g/cm³;

V_S——固相含量测定仪测出的固相体积含量,%。

盐水钻井液滤液的密度 ρ_{WC}:

$$\rho_{WC} = 1 + 0.00000109 \times c_{Cl} \tag{1-29}$$

式中 ρ_{WC}——盐水钻井液滤液的密度，g/cm³;

c_{Cl}——钻井液滤液分析得出的钻井液中的浓度，mg/L。

利用下表亦可粗略地确定悬浮固相中黏土与重晶石的关系，见表1-4。

表1-4 固相中黏土与重晶石的关系

固相密度/(g/cm³)	重晶石质量分数/%	黏土质量分数/%	固相密度/(g/cm³)	重晶石质量分数/%	黏土质量分数/%
2.6	0	100	3.6	71	29
2.8	18	82	3.8	81	19
3.0	34	66	4.0	89	11
3.2	48	52	4.3	100	0
3.4	60	40			

4. 固相含量与钻井的关系及固相含量控制方法

钻井液中的固相，主要来源于为满足钻井工艺的要求而人为加入和破碎岩石产生的钻屑。钻井液中的固相颗粒对钻井液的密度、黏度和切力有着明显的影响，而这些性能对钻井液的水力参数、钻井速度、钻井成本和井下情况有着直接的关系。钻井液中固相含量高时，在可渗透性地层形成厚的滤饼，容易引起压差卡钻和缩径；渗透率越高滤饼越厚，滤失量越大滤饼越厚，引起储层损害和井眼不稳定；造成钻头及钻柱的磨损严重，尤其是造成机械钻速降低。

常用的固相含量控制方法主要有，大池子沉淀、清水稀释、替换部分钻井液、化学絮凝、机械清除等。关于固相控制的具体内容第九章将详细介绍。

第六节 钻井液标准与规范

一、标准化的基本概念

1. “标准”的定义

GB/T 2000.1《标准化工作指南第1部分：标准化和相关活动的通用词汇》对“标准”进行了定义：“为了在一定范围内获得最佳秩序，经协商一致制定并由公认机构批准，共同使用和重复使用的一种规范性文件。”

上述定义所表述的“标准”的含义主要有以下几个方面：

（1）制定标准的目的是“获取最佳秩序”。所谓“最佳秩序”，是指通过制定和实施标准，使标准化对象的有序化程度达到最佳状态，使相关方的利益均衡，而不是仅仅追求某一方的利益，即追求总体利益最大化，这也是国际标准或国家标准所追求的目标。

（2）标准不应是局部的片面的经验，也不能仅仅反映局部的利益。这就需要有关方面充分协商一致，最后要从共同利益，即最佳经济效益或社会效益出发作出规定。这样制定的标准才能既体现出科学性，又体现出民主性和公正性。

（3）在生产和生活中经常会遇到同一类技术活动在不同地点、不同对象上同时或相继发生；或某一种概念、方法、符号被许多人反复应用。对重复事物制定标准的目的是总结以往的经验，选择最佳方案，作为今后实践的目标和依据。标准化的技术经济效果有相当一部分就是从这种重复活动中得到的。

（4）国际标准、区域性标准以及各国的国家标准是一种公共资源，是社会生活和经济技术活动的重要依据，是各相关方利益的体现，必须由能代表各方面利益，并为社会所公认的权威机构批准，方能为各方所接受。

2. “标准化”的定义

GB/T 2000. 1《标准化工作指南第 1 部分：标准化和相关活动的通用词汇》对“标准化”进行了定义：“为在一定范围内获得最佳秩序，对现实问题或潜在问题制定共同使用和重复使用的条款的活动。”

标准化活动包括标准的制定、实施、复审进而修订的过程。这个过程是一个不断循环、螺旋式上升的过程。每完成一个循环，标准的水平就提高一步。标准是标准化活动的产物，标准化的效果通过标准的实施得以体现。因此，标准化的“全部活动”中，实施标准是个不容忽视的环节。标准化活动所建立的规范具有共同使用和重复使用的特征。标准条款或规范不仅针对当前存在的问题，而且针对潜在的问题，这是现代标准化的一个显著特点。

3. 标准化活动

标准化活动的基本功能就是总结实践经验并将其规范化和普及化。

（1）标准的制修订过程。包括标准的立项阶段、起草阶段、报批阶段、发布实施和有效期几个环节。自标准实施之日起至标准复审重新确认、修订或废止的时间，称为标准的有效期，又称标龄。我国在《中华人民共和国标准化法实施条例》中规定国家标准实施 5 年内进行复审，即国家标准有效期一般为 5 年。根据《企业标准化管理办法》的规定，企业标准的有效期为 3 年。

（2）标准的维护过程。已经发布实施的现行标准，经过实施一定时期后，对其内容进行技术性审核，以确保其有效性、先进性和实用性的过程称为标准的复审。复审是标准维护和更新的重要手段。

国家标准或行业标准的复审由该领域的标准化技术委员会或技术归口单位组织进行，企业标准的复审由企业组织进行。标准复审的主要技术工作包括，对采用的国际标准、国内外先进标准及其他各个级别的标准进行查新，收集标准实施中的产品数据，分析出现的相关问题。经复审的标准要用书面形式作出复审结论，结论有确认有效、修订或废止三种。

4. 标准的分类

（1）根据标准制定的主体分类。分为国家标准、行业标准、地方标准、企业标准。

（2）按标准实施的约束力分类。分为强制性标准，我国强制性国家标准的代号为 GB；推荐性标准，推荐性标准是在标准字母代号后面加“/T”，如推荐性国家标准代号为“GB/T”。

（3）根据标准化对象的作用分类。分为基础标准、产品标准、试验方法标准、安全标准、卫生标准和环境保护标准。

（4）根据标准化对象的基本属性分类。分为技术标准、管理标准和工作标准。

二、钻井液专业标准概况

钻井液有关的国际标准和国外先进标准主要是由国际标准化组织发布的 ISO 标准及美国石油学会发布的 API 标准。国际标准化组织（ISO）是世界上最大的非政府性标准化专门机构，其主要工作是制修订与出版国际标准；美国石油学会（API）标准，是美国第一家国家级的商业协会，也是全世界范围内最早、最成功的制定标准的商会，主要涉及石油勘探与生产、石油计量、市场销售、管道输送、安全与防火、储罐、阀门、工业培训、健康与环境等领域，它所制定的石油化工和采油机械技术标准被许多国家采用。

随着钻井液技术的进步，我国在钻井液专业领域内标准及规范已经形成了一套系统的标准体系，包括钻井液处理剂、钻井液体系、测试方法、测试仪器、环境保护等系列，为指导和提高钻井液专业的技术进步起到了非常重要的作用。其中一部分标准是在学习和借鉴国际标准的基础上，制订了适合我国国情的标准，如 GB/T 5005—2010《钻井液材料规范》、GB/T 16783.1—2006《石油天然气工业钻井液现场测试》、GB/T 29170—2012《石油天然气工业钻井液实验室测试》等。

为了满足国内钻井液技术逐步走向国际市场的需要，提高和完善国内的钻井液专业技术水平，一方面我国的国家标准化委员会在逐步扩大国际先进标准转化的比例，另一方面通过科技创新积极的发展具有自主产权的国际领先技术，实现标准的先进性。目前国内钻井液相关标准主要有国家标准、石油天然气行业标准、一级企业标准（中国石化、中国石油和中国海油）及二级企业标准（集团公司下属各油田）。包括钻井液处理剂类标准、推荐的方法类标准、钻井液性能测试仪器类标准以及钻井液体系标准。通常来讲，国家标准多为指导性标准，行业标准以方法类居多，而企业标准主要以处理剂或钻井液体系标准为主，侧重于产品的质量控制。

企业标准是在国家标准和行业标准基础上，在技术方面有一定程度的提高和完善，或者是在某一技术方面填补国家标准和行业标准的空白。企业制订标准，能充分体现出企业的专业技术水平，并提高产品和技术的市场竞争力。企业标准成熟应用后，能够代表行业发展方向的往往升级为行业标准，成为本行业技术行为的规范性文件。一般情况下，标准的级别越低，其技术指标或要求就越高。

在钻井液技术发展的各个阶段，由于钻井液处理剂的生产由单一产品向复合、混合等多样化方向发展，使得钻井液处理剂产品标准的技术指标变得复杂多样。针对钻井液处理剂标准的现状，行业集团广泛开展了钻井液技术规范工作，旨在提高钻井液处理剂标准的规范。

三、标准查询

对于不同级别的标准以及标准的信息跟踪，可在相应的网站进行查询，如国家标准化管理委员会、中国标准化服务信息网、石油工业标准化信息网等。一级企业标准，在中国石油天然气集团公司、中国石油化工集团公司、中国海洋石油总公司等集团公司的局域网的标准化管理信息系统查询。二级企业标准在各油田的局域网的标准化管理信息系统查询。

第二章　钻井液材料

用于配制各种类型钻井液所用的物质统称为钻井液材料，它包括基础材料和处理剂。钻井液基础材料是指组成钻井液的基本组分，如黏土、加重剂等。处理剂是指用来调整和维护钻井液性能的化合物，它是构成钻井液的关键组分。整体来看，随着钻井液的进步，处理剂的品种日益增加，产品性能逐步提高。本章对钻井液材料进行简要介绍。

第一节　钻井液基础材料

钻井液基础材料主要包括黏土、加重材料，其中黏土主要包括：膨润土、抗盐土和有机土等；加重材料主要包括：重晶石、石灰石粉、铁矿粉、方铅矿粉等。

一、黏土

1. 膨润土

膨润土是水基钻井液的重要配浆材料，其主要作用是提高体系的塑性黏度、静切力和动切力，以增强钻井液对钻屑的悬浮和携带能力；同时降低滤失量，形成致密滤饼，增强造壁性。一般要求1t膨润土至少能够配制出黏度为15mPa·s的钻井液16m^3。钠膨润土的造浆率一般较高，而钙膨润土则需要加入纯碱使之转化为钠膨润土后方可使用。目前我国将配制钻井液所用的膨润土分为三个等级：一级符合API标准的钠膨润土；二级为改性土，经改性后符合OCMA标准要求；三级为较次的配浆土，仅用于性能要求不高的钻井液。

由于无机盐对膨润土的水化分散具有一定的抑制作用，因此膨润土在淡水和盐水中的造浆率不同。将膨润土先在淡水中预水化，然后再加入盐水中，可以提高其在盐水中的造浆率。

膨润土在淡水钻井液中具有以下作用：①增加黏度和切力，提高井眼净化能力；②形成低渗透率的致密滤饼，降低滤失量；③对于胶结不良地层，可改善井眼的稳定性；④防止井漏。

2. 抗盐土

海泡石、凹凸棒石和坡缕缟石是较典型的抗盐、耐高温的黏土矿物，主要用于配制盐水钻井液和饱和盐水钻井液。用抗盐土配制的钻井液一般形成的滤饼质量不好，滤失量较大。因此，必须配合使用降滤失剂。海泡石有很强的造浆能力，用它配制的钻井液具有较高的热稳定性。此外。海泡石还具有一定的酸溶性（在酸中可溶解60%左右），因此在保护油气层的钻井液中，还可用做酸溶性暂堵剂。

3. *有机土*

有机土是高度分散的亲水黏土与阳离子表面活性剂（季铵盐类）发生了离子交换吸附而制成的。由于季铵盐阳离子在黏土表面的吸附，使亲水的黏土变成亲油的有机膨润土，保证其在油基钻井液中能够很好分散，形成结构，其作用与水基钻井液中的膨润土类似。

二、加重材料

加重材料又称加重剂，由不溶于水的惰性物质经研磨加工制备而成。为了对付高压地层和稳定井壁，需将其添加到钻井液中以提高钻井液的密度。

1. *重晶石粉*

主要成分：硫酸钡。

分子式：$BaSO_4$，相对分子质量：233.4。

性状：纯品为白色粉末，含杂质制品带绿色或灰色，常温密度4.2~4.5g/cm^3。

重要作用：提高钻井液密度，是应用最广泛的钻井液加重材料，主要用于水基和油基钻井液。

2. *石灰石粉*

别名：青石粉、碳酸钙。分子式：$CaCO_3$。相对分子质量：100.1。

性状：纯品白色粉末，含杂质制品可呈灰色，灰白色，灰黑色，浅黄色或浅红色等，杂质中包括白云石，黏土等，常温密度2.7~2.93g/cm^3。

溶解性：不溶于水，溶于含CO_2的水，生成$Ca(HCO_3)_2$。

重要作用：适合密度1.68g/cm^{3}以下钻井液的加重，还可以用作桥堵剂。因其酸溶性可用作油层保护材料。

3. *铁矿粉和钛铁矿粉*

主要成分：四氧化三铁。

化学式：Fe_3O_4　$TiO_2 \cdot Fe_2O_3$。

性状：黑而微带蓝色，有强磁性。常温密度4.9~5.9g/cm^3。

溶解性：不溶于水、乙醇和乙醚，能溶于酸。

主要作用：它们的密度均大于重晶石，故可用于配制密度更高的钻井液。

4. *方铅矿粉*

主要成分：硫化铅。

分子式：PbS，相对分子质量：239.3。

性状：铅灰色，常温密度7.4~7.6g/cm^3。

溶解性：不溶于水和碱，溶于酸，油井酸化时可溶解。

重要作用：钻井液加重材料。

第二节　无机处理剂

无机处理剂主要是指用于钻井液的无机材料，主要包括碱类、碳酸盐、氯化物、硫酸盐、铬酸盐、硅酸盐等。

一、无机处理剂的作用

无机处理剂在钻井液中的主要作用机理大致可以归纳为下列十二种。

1. 离子交换作用

黏土表面吸附的离子不是固定不变的，而是可以和加入钻井液中的处理剂离子进行交换，称为离子交换作用。例如，当钻井液中 Na^+ 和 Ca^{2+} 的浓度因加入处理剂而发生改变时，可以按下式发生往右或往左的离子交换：

$$钙土 + 2Na^+ \rightleftharpoons 钠土 + Ca^{2+}$$

钻井液中能电离的无机处理剂，通过黏土表面离子交换起作用是它们的重要作用之一，因为黏土表面所吸附的离子的种类和比例不同，黏土的亲水性和颗粒大小都会发生变化。例如有实验证明，当膨润土上吸附的 Na^+ 与 Ca^{2+} 之比小于约 0.25 时，膨润土就表现出钙膨润土的性质（如亲水性较差、颗粒较粗等）。当膨润土吸附的 Na^+ 与 Ca^{2+} 之比约等于 1 或大于 1 时，膨润土就显出钠土的性质（如亲水性较强、颗粒较细等）。当膨润土上吸附的 Na^+ 与 Ca^{2+} 之比约在 0.25 到 1 之间时，它所显出的性质，约相当于两种膨润土的某种混合物的性质。

2. 调节 pH 作用

钻井液的 pH 值对钻井液有多方面的影响，例如黏土颗粒的亲水性和分散度，无机处理剂和有机处理剂的溶解度和处理效果，井壁泥岩和泥岩钻屑的水化膨胀和分散，钻井液对钻具的腐蚀性等等。

因此，无论哪种钻井液，都有其最合适的 pH 范围。但钻井液的 pH 值在钻井过程中由于种种浸污会发生变化，因为能改变 pH 值的物质并不限于酸和碱，而是凡能改变 H^+ 或 OH^- 浓度的物质都能改变它。例如钻井液受盐水侵或镁盐侵时 pH 值下降，受水泥侵时 pH 值上升等。

3. 分散作用

淡水钻井液钙侵或水泥侵后，由于黏土颗粒之间相互黏结成网状结构，切力和黏度上升，在钻井液稠化的同时，滤失量也增大。此时如加入烧碱水或纯碱，通过离子交换可增大黏土表面 Na^+ 与 Ca^{2+} 之比，从而增强黏土颗粒的水化，黏土颗粒之间的网状结构就被削弱或变得易拆散。这种分散作用改善了钻井液的流动性，降低了滤失量。

在用钙膨润土配浆时，加适量纯碱也可以增加黏土表面水化，加速黏土的分散，提高黏土的造浆率。

4. 控制絮凝作用

控制絮凝作用，指将钻井液中的黏土颗粒控制在适度絮凝状态，即黏土既不高度分散成细小的颗粒，又不高度絮凝成团块，而是絮凝成由细小颗粒黏结成的较粗颗粒。因此，控制絮凝实际上是有机高分子的降黏和保护作用与电解质的絮凝作用互相配合的结果。

石灰钻井液、石膏钻井液、氯化钙钻井液和盐水钻井液等所谓钝化型钻井液，其中无机絮凝剂石灰、石膏、氯化钙和氯化钠等都是在有机处理剂配合下共同起控制絮凝作用。它们的作用，一方面在于使黏土细小颗粒絮凝成较粗的颗粒，减少钻井液中的颗粒浓度或增大颗粒之间的的间隔，同时适当减小黏土颗粒表面的水化，因此，控制这种絮凝作用能大大提高单位体积钻井液的容土空间（即同样黏度的钻井液所能容纳的黏土量，比淡水钻井液大大增加），于是钻井液的流动性，在膨润土含量相同或相近的情况下，要比淡水钻井液好得多；另一方面，在于能抑制井壁泥岩和泥岩钻屑的水化、分散和膨胀，既能巩固井壁，阻止剥蚀掉块和坍塌，又能抑制造浆和黏土浸，防止钻井液稠化；此外，控制絮凝还提高了钻井液的抗侵污染性能。

无机处理剂的控制絮凝作用，也可以用于适当提高钻井液的黏度和切力，增大钻井液的悬浮和携带性能，保证井底净化。

5. 沉淀作用

无机处理剂可以与钻井液中的有害或过多的高价金属离子作用生成沉淀，例如钻井液中含过多的钙离子或镁离子时，可加纯碱或烧碱引起沉淀而降低其浓度：

$$Ca^{2+}+Na_2CO_3 \longrightarrow CaCO_3\downarrow +2Na^+$$

$$Ca^{2+}+2NaOH \rightleftharpoons Ca(OH)_2\downarrow +2Na^+$$

$$Mg^{2+}+2NaOH \longrightarrow Mg(OH)_2\downarrow +2Na^+$$

沉淀作用也可以用来使某些由于侵污而失去作用的有机处理剂恢复其作用。例如褐煤碱液和水解聚丙烯腈，因钻井液中钙离子浓度过大生成难溶的腐植酸钙和聚丙烯酸钙后，可加碱除去过多的钙离子，恢复这些处理剂的水溶性和作用。

6. 络合作用

简单地说，由分子与分子结合成的、在溶液中只能部分电离或基本上不电离的复杂化合物，叫做络合物。其中，离子与其他分子或离子结合成的复杂离子，叫做络离子。形成络合物或络离子的过程，叫做络合。例如在钻井液中加入足量的六偏磷酸钠$[(NaPO_3)_6]$，可以与钻井液中的Ca^{2+}离子进行络合（和Mg^+离子有同类反应）：

$$Ca^{2+}+(NaPO_3)_6 \rightarrow Na_2[(CaNaPO_3)_6]+2Na^+$$

上式中 $Na_2[(CaNaPO_3)_6]$ 是水溶性络合物，它在水中电离成 Na^+ 和络离子 $[(CaNaPO_3)_6]^{2-}$，很难进一步电离出Ca^{2+}，故Ca^{2+}离子浓度因络合作用而大大降低。应该指出，如果六偏磷酸钠的加量不足（即在当量上少于Ca^{2+}离子）就会形成难溶的六偏磷酸钙沉淀。

上述形成水溶性络离子的反应，也可用来溶解石灰、石灰石和石膏等。用这个方法，还可能溶解滤饼中和井壁上的石灰、石灰石、白云岩和石膏等。这种溶解作用通常叫做络溶。

利用络合作用还可以提高用褐煤碱液、木质素磺酸盐等所处理钻井液的抗温性能，解除钻井液老化问题。例如加少量重铬酸钠（$Na_2Cr_2O_7$）或铬酸钠（Na_2CrO_4）可以提高钻井液抗温性能，消除老化，其中主要作用是氧化和络合。络合能增大热分解产物的相对分子质量，抑制腐植酸盐和木质素磺酸盐的热分解。

7. 形成可溶性盐作用

凡是通过吸附而起作用的处理剂，必须先溶解才能吸附。丹宁、栲胶、褐煤等都是水溶性较差的有机酸类物质，黏土不易吸附。如果加适量烧碱和水先配成丹宁碱液、栲胶碱液和煤碱液，使它们先变成水溶性的丹宁酸钠和腐植酸钠，加入钻井液后，就可以迅速吸附到黏土颗粒表面上起降黏和降滤失作用。

8. 水解作用

为了把某些含有可以水解的极性基（如酯基、酰胺基等）的有机物变成水溶性的钻井液处理剂，常用无机处理剂作为催化剂和中和剂进行水解和中和反应，例如含有腈基（$-CN$）的聚丙烯腈，在水中不溶解，经过在烧碱水溶液中加热水解和中和后，生成水溶性的水解聚丙烯腈，水解聚丙烯腈可用作抗温降滤失剂。

9. 形成溶胶作用

某些无机处理剂能在钻井液中起化学反应，生成溶胶或黏稠性絮状沉淀，对钻井液中的钻屑和粗颗粒有促进沉淀作用（沉砂作用），并参与滤饼的形成，可降低滤失量，增加滤饼的强度和润滑性能。亲水性的溶胶颗粒吸附于黏土颗粒表面，还可以增加水化，提高絮凝稳定性。例如将 $FeCl_3$ 和 $Fe_2(SO_4)_3$ 加入水基钻井液中，可以反应生成亲水的 $Fe(OH)_3$ 溶胶或絮状沉淀；$AlCl_3$、$Al_2(SO_4)_3$、明矾在水基钻井液中，可以反应生成亲水性的 $Al(OH)_3$ 溶胶或絮状沉淀。

10. 抑制溶解作用

在钻遇岩盐、芒硝和石膏层等可溶性盐岩层时，为了防止由于溶解造成大肚子，可选用饱和盐水钻井液、芒硝钻井液和石膏钻井液等，其原理就是可溶盐对钻井液的预饱和，而保持井径规则。

11. 胶凝作用

某些无机盐在一定条件下起化学反应后，可以形成半固态的胶冻状物，叫做凝胶，这种变化叫做胶凝作用。

例如水玻璃可以配成 pH 值在 5 ~ 8.5 之间的各种混合物，这些混合物的胶凝时间可随 pH 值的不同而有很大的差别。此外，水玻璃和石灰，水玻璃和硫酸铝，也可以形成凝胶。凝胶难流动，可用于堵漏。

12. 调节密度作用

加重剂一般是密度大，使用条件下不易起化学反应，难溶于水的无机固体，如重晶石

($BaSO_4$)、方铅矿(PbS)、石灰石($CaCO_3$)和铁矿粉(Fe_3O_4)等。为了加入后能迅速均匀悬浮在钻井液中，一般研磨成细粉。钻低渗透率油层，应选用酸化时能溶解的加重剂。

以上介绍了无机处理剂的主要作用机理。这些作用机理往往是互相关联，而非孤立的，例如调节 pH、络合、沉淀、溶解、水解等作用都会改变离子浓度，都和离子交换是密切相关的。又如离子交换，既可以引起分散作用，也可以引起絮凝作用；各种作用还可以在一定条件下发生矛盾转化，例如腐植酸需要加烧碱才能转变成水溶性的腐植酸钠，过多的烧碱使得钠离子起絮凝作用，降低腐植酸钠的溶解度。因此实际应用时，对这些作用机理不能孤立地、表面地考虑，要辩证地全面加以分析。

二、常用的无机处理剂

1. 氢氧化钠

别名：烧碱、火碱、苛性钠。分子式：NaOH，相对分子质量：40.00。

性状：纯品无色透明晶体，工业品乳白色固体，常温密度 2.0～2.2g/cm^3，熔点 318℃。易吸潮，从空气中吸收 CO_2 变成 Na_2CO_3。强碱，对皮肤有强腐蚀性。

溶解性：氢氧化钠易溶于水，也溶于酒精和甘油，难溶于醚及烃类。

重要反应：

(1) 溶于水中完全电离，可提供高浓度 Na^+ 和 OH^-：

$$NaOH(固) \longrightarrow Na^+ + OH^-$$

(2) 可沉淀低溶度和难溶的氢氧化物，控制正离子浓度：

$$Ca^{2+} + 2OH^- \rightleftharpoons Ca(OH)_2 \downarrow$$

$$Mg^{2+} + 2OH^- \rightleftharpoons Mg(OH)_2 \downarrow$$

(3) 变难溶有机酸(RCOOH)为易溶于水的盐(如配制丹宁碱液、褐煤碱液等)：

$$RCOOH + NaOH \longrightarrow RCOONa + H_2O$$

(4) 将纤维素改性为碱纤维素。

2. 氢氧化钙

别名：熟石灰、消石灰。分子式：$Ca(OH)_2$，相对分子质量：74.10。

性状：白色粉末，常温密度 2.08～2.24g/cm^3。吸潮性强，在空气中能逐渐吸收 CO_2 变成碳酸钙。

碱性强，对皮肤、织物有腐蚀性。

溶解性：氢氧化钙在水中溶解度小，常与水配成浑浊的悬浮体，叫做石灰乳。浓度饱和而澄清的水溶液叫石灰水。

重要反应：

(1) 控制 Ca^{2+} 和 OH^- 浓度的反应：

$$Ca(OH)_2(固) \longrightarrow Ca^{2+} + 2OH^-$$

（2）遇纯碱生成 $CaCO_3$ 沉淀（除去 Ca^{2+}）

$$Ca(OH)_2 + Na_2CO_3 \longrightarrow CaCO_3\downarrow + 2NaOH$$

（3）变石灰为氯化钙的反应（提高钙离子浓度）：

$$Ca(OH)_2 + HCl \longrightarrow CaCl_2 + 2H_2O$$

来源：生石灰（CaO）加水而得（放热反应）：

$$CaO + H_2O \longrightarrow Ca(OH)_2$$

3. 碳酸钠

别名：纯碱、苏打。分子式：Na_2CO_3，相对分子质量：106.0。

性状：无水 Na_2CO_3 为白色粉末或细粒，常温密度 2.53g/cm^3 左右，熔点 852℃，吸潮后会结成硬块。$Na_2CO_3 \cdot 10H_2O$ 为无色透明的针状（单斜）结晶，在空气中易风化，形成白色粉末状的 $Na_2CO_3 \cdot 5H_2O$，热至 35.37℃ 即溶于它本身放出的结晶水内（犹如熔化）。

溶解性：易溶于水，水溶液呈强碱性（pH = 11.6），不溶于酒精和乙醚等。

重要反应：

（1）调节 pH 的水解反应（溶液 pH 值可达 11.6）

$$Na_2CO_3 + H_2O \rightleftharpoons NaHCO_3 + NaOH$$

（2）降低钙离子浓度的沉淀反应（处理石膏及水泥侵）：

$$CaSO_4 + Na_2CO_3 \longrightarrow CaCO_3 + Na_2SO_4$$

$$Ca(OH)_2 + Na_2CO_3 \longrightarrow CaCO_3\downarrow + 2NaOH$$

4. 碳酸氢钠

别名：小苏打、重碳酸钠、酸式碳酸钠、重碱。分子式：$NaHCO_3$，相对分子质量：84.01。

性状：白色针状（单斜））晶体，常温密度约 2.16g/cm^3。

在热空气中会慢慢失去部分 CO_2，270℃ 下全部失去 CO_2。

溶解性：碳酸氢钠易溶于水。

重要反应：

（1）调节 pH 的水解反应（溶液 pH 值可达 8.3）

$$Na_2CO_3 + H_2O \longrightarrow NaOH + H_2CO_3$$

（2）沉淀反应（用于处理水泥侵，pH 不易上升）：

$$Ca(OH)_2 + NaHCO_3 \longrightarrow CaCO_3\downarrow + NaOH + H_2O$$

5. 氯化钠

别名：食盐。分子式：NaCl，相对分子质量：55.45。

性状：白色立方晶体或细小结晶粉末，常温密度约 2.17g/cm^3，熔点 801℃。

纯品不潮解，含 $MgCl_2$、$CaCl_2$ 等吸湿性杂质易吸潮。

溶解性：溶于水和甘油，几乎不溶于酒精，在水中溶解度随温度变化小。

重要反应及作用：

（1）分析钻井液中 Cl^- 时标定 $AgNO_3$ 标准液的反应：

$$NaCl + AgNO_3 \longrightarrow AgCl + NaNO_3$$

（2）去水化或盐析作用：盐水钻井液可抑制井壁泥页岩水化膨胀或坍塌。

（3）抑制溶解作用：饱和盐水钻井液可防盐岩井段溶解成大肚子。

6. 氯化钙

分子式：$CaCl_2$（相对分子质量 111.00），$CaCl_2 \cdot 6H_2O$（相对分子质量 219.1）。

性状：无水氯化钙 $CaCl_2$，白色立方晶体，常温密度约 2.15g/cm³，熔点 772℃。一般作干燥剂用的无水氯化钙多制成白色多孔的大颗粒，具有强吸潮性，需要密封容器保存。六水氯化钙 $CaCl_2 \cdot 6H_2O$ 是无色大形斜方结晶，常温密度约 1.68g/cm³，味苦，易潮解，易溶于水，在 260℃以上解热变成无水氯化钙。

溶解性：易溶于水，也溶于酒精和丙酮。

重要反应：

（1）遇 Na_2CO_3 生成 $CaCO_3$ 沉淀：

$$CaCl_2 + Na_2CO_3 \longrightarrow CaCO_3 \downarrow + 2NaCl$$

（2）pH 高时与 OH^- 生成 $Ca(OH)_2$ 沉淀（氯化钙钻井液 pH 不宜过高）：

$$CaCl_2 + 2NaOH \rightleftharpoons Ca(OH)_2 \downarrow + 2NaCl$$

（3）将亲水的脂肪酸钠皂变成亲油的钙皂：

$$2C_{17}H_{33}COONa + CaCl_2 \longrightarrow (C_{17}H_{33}COO)_2Ca + 2NaCl$$

（4）使高分子羧酸钠盐变成不溶性钙盐的沉淀反应。

7. 氧化钙

别名：生石灰，分子式：CaO，相对分子质量：56。

性状：白色粉末，不纯者为灰白色，含有杂质时呈灰色或淡黄色，具有吸湿性，易从空气中吸收二氧化碳及水分。与水反应生成氢氧化钙并产生大量热。

溶解性：难溶于水，不溶于醇，溶于酸、甘油。

主要作用：石灰是油基、水基钻井液的碱度调节剂，有以下主要作用：

（1）提供的 Ca^{2+} 有利于二元金属皂的生成，从而保证所添加的乳化剂可充分发挥作用。

（2）维持油基钻井液的 pH 值在 8.5～10 范围内，利于防止钻具腐蚀。

（3）可有效防止地层中 CO_2 和 H_2S 等酸性气体对钻井液的污染，其反应式如下：

$$Ca(OH)_2 + H_2S = CaS + H_2O$$

$$Ca(OH)_2 + CO_2 = CaCO_3 + H_2O$$

8. 硫酸钠

别名：芒硝、皮硝、朴硝。

分子式：$Na_2SO_4 \cdot 10H_2O$，相对分子质量：322.2。

性状：含 10 个结晶水的硫酸钠或芒硝 $Na_2SO_4 \cdot 10H_2O$ 是无色无臭针状（单斜）晶体

或白色颗粒，常温密度约 1.46g/cm^3，熔点 32.4℃，有苦咸味。在空气中表面风化失去结晶水变成无水硫酸钠的白色粉末。芒硝在 100℃焙烧失去结晶水全变成白色无水硫酸钠粉末，有吸潮性，常温密度约 2.7g/cm^3，熔点 885℃。

溶解性：易溶于水，不溶于酒精。

重要反应：

（1）无水芒硝的水合结晶作用：

$$Na_2SO_4 + 10H_2O \longrightarrow Na_2SO_4 \cdot 10H_2O$$

（2）沉淀钙离子作用（可利用地层水中 Ca^{2+} 生成石膏堵漏）：

$$Ca^{2+} + Na_2SO_4 \longrightarrow CaSO_4 \downarrow + 2Na^+$$

（3）絮凝作用可提高钻井液的切力和黏度，而滤失量变化不大。

9. 硫酸钙

别名：石膏、生石膏、烧石膏、熟石膏、煅石膏。分子式：$CaSO_4 \cdot 2H_2O$，相对分子质量：172.2。

性状：石膏或生石膏（$CaSO_4 \cdot 2H_2O$）呈白色（有杂质时可为淡黄色，粉红色或灰色），属单斜单体，常成板状、纤维状或细粒块状，有玻璃光泽，性脆，常温密度 2.31～2.32g/cm^3。生石膏加热到 150℃，脱水变成烧石膏（$CaSO_4 \cdot 1/2H_2O$），也叫熟石膏或煅石膏，为白色粉末，常温密度 2.6～2.75g/cm^3，与水混合后有可塑性，但很快即硬化。

溶解性：硫酸钙在水中溶解度比氢氧化钙略高。40℃以内在水中的溶解度随温度上升而增大，40℃以上随温度上升而下降。

重要反应：

（1）用纯碱降低钙离子浓度的沉淀反应（处理石膏侵）：

$$CaSO_4 + Na_2CO_3 \longrightarrow CaCO_3 \downarrow + Na_2SO_4$$

（2）用碳酸钡同时降低 Ca^{2+} 和 SO_4^{2-} 的浓度：

$$CaSO_4 + BaCO_3 \longrightarrow CaCO_3 \downarrow + CaSO_4$$

10. 重铬酸钠

别名：红矾钠。分子式：$Na_2Cr_2O_7 \cdot 2H_2O$，相对分子质量：298.05。

性状：红至桔红色的针状（单斜）晶体，常温密度约 2.35g/cm^3，易潮解，有强氧化性，100℃时失去结晶水成无水物。

11. 重铬酸钾

别名：红矾钾。分子式：$K_2Cr_2O_7$，相对分子质量：294.22。

性状：橙红色三斜晶体或粉末，常温密度 2.676g/cm^3，熔点 398℃，不潮解，有强氧化性。

溶解性：溶于水，不溶于酒精，水溶液呈酸性。

重要反应：

（1）钠和钾的铬酸盐的水解反应（使溶液呈碱性）：

$$CrO_4^{2-} + H_2O \rightleftharpoons HCrO_4^- + OH^-$$

（2）钠和钾的重铬酸盐的水解反应（使溶液呈碱性）：

$$Cr_2O_7^{2-} + H_2O \rightleftharpoons 2CrO_4^{2-} + 2H^+$$

此反应也是重铬酸根和铬酸根的互变反应，由可逆的反应式可以看出：在酸性溶液中重铬酸根离子应较多；在碱性溶液中，铬酸根离子应较多。

（3）铬酸根生成三价铬化合物的氧化还原反应（碱性介质中）：

$$CrO_4^{2-} + 3Fe(OH)_2 + 4H_2O \longrightarrow 3Fe(OH)_3\downarrow + Cr(OH)_3\downarrow + 2OH^-$$

在钻井液中常与有机处理剂起复杂的氧化还原反应。

（4）铬酸盐起氧化作用生成的 Cr^{3+}，能强吸附于黏土上起钝化作用，又能与多官能团有机处理剂形成络合物，可用于配制铁铬木质素磺酸盐和铬腐植酸盐，解除钻井液老化，提高某些降滤失剂和降黏剂的热稳定性等。

第三节　有机处理剂

有机处理剂是多种多样的，包括低分子有机化合物，中等分子有机化合物和高分子有机化合物。

从来源说，有机处理剂可分为天然产品（如丹宁、栲胶、褐煤、纤维素等）及其改性产品和有机合成制品（如聚丙烯腈，聚丙烯酰胺，丙烯酸和丙烯酰胺的衍生物及其他单体共聚物，聚乙二醇等）。

从它们在钻井液中的主要作用来分，有机处理剂可以分成降滤失剂、降黏剂、乳化剂、絮凝剂、增黏剂、起泡剂、消泡剂、润滑剂、解卡剂等。

一、有机处理剂的作用机理

有机处理剂的主要作用机理，大致可概括为下列8种。

（一）降滤失作用

滤失量的大小，主要取决于滤饼的质量。后者又主要取决于钻井液中黏土颗粒的大小分布。保持颗粒的适当分布，依赖于钻井液中黏土颗粒的聚结稳定性。多官能团的有机高分子化合物通过下列两种方式可提高黏土颗粒的聚结稳定性，以保持黏土颗粒大小的适当分布。

1. 黏土颗粒表面形成吸附溶剂化层

有机处理剂分子中的吸附基团可以与黏土吸附，而水化基团则起水化作用。处理剂分子在黏土颗粒表面吸附的结果，使黏土颗粒表面产生吸附水化层。黏土表面吸附层中的有机处理剂分子，由于其他极性团之间或非极性链段之间相互吸引而形成二维结构，这种在吸附的处理剂分子横向之间有结构形成的吸附水化层，叫做结构性吸附水化层（广义为溶剂化层）。结构性吸附水化层在低速梯下的结构黏度，要比钻井液中自由水的黏度高许多

倍，因此该结构性吸附水化层具有很强的聚结稳定作用。实际上，对于浓的溶胶和悬浮体（如高黏土含量的钻井液，高密度钻井液等）来说，为了保持聚结稳定性，单靠颗粒表面的静电荷和离子双电层作用已不够，而是需要有结构性的机械阻力。结构性吸附溶剂化层能够提供这种机械阻力。

2. 高分子化合物的保护作用

线性高分子化合物对黏土细颗粒的保护作用，不是在它们表面形成吸附层，而是细分散的黏土颗粒黏附在长分子链的某些链节上。这种黏附能阻碍黏土细颗粒的运动，使它们不易互相接触而黏结，对钻井液起聚结稳定作用，但是这种黏附把许多颗粒连成一串，却易使颗粒沉降。因此，高分子保护作用还有进一步的机理：即当高分子物的浓度达到一定值之后，高分子化合物的每个分子链除与一些黏土细颗粒黏附外，还通过细黏土颗粒的桥接，形成布满整个体系的混合结构网。该混合结构网是高分子化合物保护作用的主要因素。

由于以上两种作用都使钻井液中细的黏土颗粒保持聚结稳定，因此钻井液中的黏土颗粒在循环中能保持适当的多分散性，足以形成致密而薄的滤饼，使钻井液的滤失量降低。同时，水溶性高分子化合物可略微提高钻井液液相的黏度，从而使钻井液的滤失量下降。

（二）降黏作用

钻井液的稠化主要表现为钻井液的切力和黏度的明显增大。引起稠化的主要原因是钻井液中固体颗粒含量高，内摩擦力大，结构力强，降低了钻井液流动性。

降黏剂的主要作用在于优先吸附于黏土颗粒边缘水化弱的地方，用亲水基的水化增加这些地方的水化层，从而削弱或拆散了黏土颗粒之间的网状结构，释放自由水，同时也减少了黏土颗粒之间对流动的摩擦阻力，从而降低钻井液的切力和黏度。

（三）乳化作用

水基钻井液混油和油基钻井液混水，都是形成乳状液的过程。乳化剂是形成稳定乳状液的必要条件。乳化剂的作用，在于能在油珠或水珠表面（即在油水界面上）形成足以阻止液滴互相接触而合并的溶剂化吸附层。界面张力的存在是乳状液不稳定的根本原因。加入乳化剂后，其在油/水界面的吸附使得界面张力明显降低，有利于体系的稳定。当乳化剂达到一定浓度后，油/水界面上吸附层中分子排列紧密，组成了定向排列的吸附单分子层，强度较高，防止了液珠之间的合并。乳化剂可以增加界面黏度，有利于乳状液的稳定。

配制水包油乳状液时，需加入水包油型乳化剂（如腐殖酸钠，丹宁酸钠，脂肪酸钠皂，烷基苯磺酸钠，吐温-80 等）；配制油包水乳状液时，需加油包水乳化剂（如脂肪酸的钙皂、镁皂、铅皂、司盘-80、高级醇等）。

（四）絮凝作用

钻井液中有害固相过多和使用低固相或无固相钻井液时，需要用絮凝剂加速有害固体的清除。

高分子絮凝剂的主要作用是一方面通过吸附把固体颗粒桥接在一起变大，同时降低固相颗粒的亲水性，促使它们互相连接变大。至于某些阳离子表面活性剂的絮凝作用，则主要在于通过吸附引起黏土表面憎水化而互相连结。

在低固相不分散钻井液中，则要求絮凝剂有选择性，这种絮凝剂（如聚醋酸乙烯酯-顺丁烯二酸酐共聚物）只絮凝造浆性低的黏土和钻屑，而不絮凝造浆性好的黏土（如膨润土）。絮凝作用也包括抑制造浆作用、稳固井壁作用。

（五）增黏作用

增黏剂一般用于低固相和无固相钻井液，以提高由于缺乏固相而降低了的悬浮力和携带力；其他钻井液悬浮力和携带力不足时也使用。高分子增黏剂由于其分子链长，分子可变形，分子间相互作用大，又能在长分子链之间形成网状结构，可大大提高钻井液黏度。

增黏剂的增黏作用主要与其聚合度、相对分子质量有关。当将增黏剂加入到钻井液中，通过吸附基团（如酰胺基、羟基等）吸附在黏土颗粒表面上，使黏土表面的溶剂化水膜增厚，Zeta（ζ）电位提高，絮凝稳定性提高。由于其相对分子质量较高，高分子链可同时吸附多个黏土颗粒形成胶团、葡萄状结构或网状结构，使黏土颗粒的絮凝稳定性进一步提高。网状结构的形成会束缚钻井液中的大量自由水，使钻井液中的自由水减少，胶粒间、黏土颗粒间、胶粒与黏土颗粒间以及颗粒与水分子之间的距离缩短，内摩擦阻力增加，故钻井液的黏度增大。

生物聚合物的增黏作用与合成聚合物不同。在淡水、海水和盐水中都具有优良的增黏能力，在增黏的同时还能降低钻井液的滤失量。这主要是由于生物聚合物具有双螺旋结构，故在低浓度时，其水溶液仍具有较高黏度。

（六）起泡作用

表面活性剂（如木质素磺酸钙、十二烷基磺酸钠、癸烷醇聚氧乙烯硫酸醋钠盐等）分子由亲水和憎水基团两部分组成。由于液相表面张力低，通过搅拌或空气压缩机将气体带入液相，从而形成泡沫。而发泡剂在泡沫形成过程中，在泡沫的液膜上形成定向排列。伸向气相的碳氢链段（憎水基团）之间相互吸引，使发泡剂分子形成相对稳定的膜；同时伸入液相的极性基团（亲水基团）由于水化作用，具有阻止液膜液体流失的作用，保证了泡沫的稳定性。

（七）消泡作用

作为消泡剂用的表面活性剂或油类是表面张力较低、易于在溶液表面铺展的液体。其在溶液表面铺展时，易于吸附在气液界面上，带走邻近表面的一层溶液，使液膜局部变薄，强度下降，导致液膜破裂，泡沫消失。消泡剂在溶液表面铺展越快，则使液膜变得越薄，消泡作用越强。一般用的消泡剂有辛醇-2、2-乙基己醇、硬脂酸、丙二醇聚氧丙烯聚氧乙烯醚、杂醇油等。

（八）润滑、解卡作用

OP-10、改性甘油三酯、聚氧乙烯蓖麻油等表面活性剂加入到钻井液中，可吸附于滤

饼及钻柱表面，形成一层润滑膜，减少钻柱与滤饼之间的摩擦，有利于界面润滑，防止或解除黏附卡钻。混入油类也可起到相同作用。

二、常用的有机处理剂

（一）增黏剂

增黏剂主要分为纤维素衍生物、合成聚合物和生物聚合物等。纤维素衍生物，如羧甲基纤维素钠、聚阴离子纤维素钠、羟乙基纤维素等；合成聚合物，如聚丙烯酰胺类（非水解聚丙烯酰胺、水解聚丙烯酰胺钠盐）、丙烯酰胺多元共聚物（阴离子型丙烯酰胺、丙烯酸等单体多元共聚物）；生物聚合物，如黄原胶。

1. 高黏度羧甲基纤维素钠

高黏度羧甲基纤维素钠是一种阴离子型聚电解质，由氯乙酸与碱纤维素反应制得，简称 HV-CMC。在 HV-CMC 的分子链中，羟基和醚氧基是吸附基团，羧基是水化基团。HV-CMC 的聚合度 n 是决定其水溶液黏度的主要因素，同样条件下（浓度、温度、电解质等）聚合度越高，黏度越大。HV-CMC 的醚化度是决定其水溶性和抗电解质性能的主要因素，醚化度小于 0.3 的不溶于水，小于 0.5 的难浓于水，超过 0.5 后，水溶性越来越好。

CMC 外观为白色或灰白色粉末，无毒，不溶于乙醇、甲醇、丙酮等有机溶剂，溶于水。水溶液为透明黏稠的胶体，化学稳定性好，不易腐蚀变质，对生理安全无害，具有悬浮作用和稳定的乳化作用。在各种类型的水基钻井液中主要用作增黏剂，兼有一定降滤失作用。

可用于淡水、盐水、饱和盐水钻井液。淡水钻井液中加量一般为 0.1% ~0.5%，盐水、饱和盐水钻井液中加量一般为 0.3% ~0.7%。

注意事项：抗温性能不高，一般在淡水钻井液中抗温为 120℃。

2. 聚阴离子纤维素

聚阴离子纤维素（PAC）是一种聚合度高、取代度高、取代基团分布均匀的阴离子型纤维素醚，具有与羧甲基纤维素（CMC）相同的分子结构。用作陆地和海洋石油钻井钻井液添加剂，与其他纤维素醚配合使用。

PAC 为白色纤维状粉末，水分≤7%，1% 水溶液黏度≥2000mPa·s（PAC-HV）、≥100mPa·s（PAC-LV），代度≥0.9。

用作钻井液处理剂具有比 CMC 更优良的提黏切、降滤失能力、防塌和耐盐、耐温特性，适用于淡水、盐水、饱和盐水和海水钻井液体系。

3. 黄原胶

黄原胶是一种水溶性的生物聚合物，代号：XC。是黄原菌类作用于碳水化合物生成的高分子链状多糖聚合物，相对分子质量可高达到 500×10^4。

性能特点：易溶于水，水溶液呈透明胶状。具有控制液体流变性质的能力，在热水和冷水中均可溶解，0.2% ~0.3% 即可形成高黏度溶液，有降滤失作用；抗盐钙能力突出，是配制饱和盐水钻井液的处理剂之一；具有良好的剪切稀释性能，提高动塑比，提高钻井液携带岩屑能力。

使用范围：在淡水、盐水、饱和盐水和海水钻井液中具有较好的增稠和流型调节作用，特别适用于配制无固相钻井液。加量一般在 0.5% 以下。

4. 聚丙烯酰胺及其衍生物

聚丙烯酰胺及其衍生物是一种阴离子型丙烯酸多元共聚物，是由丙烯酰胺、丙烯酸和其他功能性单体共聚而成，功能性单体（如 AMPS、MAOPS、AOBS 等）可以提高聚合物的抗温、抗盐性能。相对分子质量一般在 300×10^4 以上，产品种类较多，如：丙烯酸多元共聚物 PAC141、AMPS 多元共聚物 PAMS601 等。

性能特点：共聚物为白色粉末，可溶于水，水溶液呈弱碱性。主要用于低固相不分散水基钻井液的增黏剂，兼有降滤失作用，有较好的胶体稳定性，还有较好的包被、抑制和剪切稀释特性，抗温、抗盐和高价金属离子能力较强。

使用范围：普遍适用于淡水、海水、饱和盐水钻井液体系。淡水钻井液中加量一般为 0.1% ~0.5%，盐水、饱和盐水钻井液中加量一般为 0.3% ~0.7%。

（二）降滤失剂

降滤失剂在钻井液中可起到降滤失、增黏和改善滤饼质量等作用，是维护钻井液性能稳定、改善钻井液流变性、减少有害液体向地层滤失，以及稳定井壁、保证井径规则和保护油气层的重要化学处理剂。

降滤失剂主要分为天然或天然改性高分子材料（如：改性淀粉、纤维素改性等）、合成树脂类（如：磺甲基酚醛树脂、褐煤树脂等）、合成聚合物（如：水解聚丙烯腈钠盐、水解聚丙烯酰胺、阴离子型丙烯酰胺多元共聚物等）。

1. 淀粉类及其衍生物

淀粉属于碳水化合物，是最早使用的钻井液降滤失剂之一。淀粉从谷物或玉米中分离出来，它在 50℃以下不溶于水，温度超过 55℃以上开始溶胀，直至形成半透明凝胶或胶体溶液。加碱也能使它迅速而有效地溶胀。可以进行酯化、醚化、羧甲基化、接枝和交联反应，从而制得一系列改性产品。

（1）羧甲基淀粉。羧甲基淀粉（CMS）是一种阴离子型的淀粉醚。碱性条件下，淀粉与氯乙酸发生醚化反应即制得羧甲基淀粉。性能及用途与羧甲基纤维素相似，CMS 的黏度随取代度的提高而增加。

性能特点：盐水钻井液中能快速降滤失。对塑性黏度影响小，对动切力影响大，有利于携带钻屑。具有良好的抗盐性能，尤其是钻盐膏层时，可使钻井液性能稳定，滤失量低，并具有防塌作用。

使用范围：适于在盐水钻井液中使用。

（2）羟丙基淀粉。羟丙基淀粉（HPS）是一种非离子型的淀粉醚。碱性条件下，淀粉

与环氧乙烷或环氧丙烷发生醚化反应，制得羟乙基淀粉或羟丙基淀粉。

性能特点：取代度0.1以上可溶于冷水，水溶液为半透明黏稠状。由于其分子链节上引入羟基，其水溶性、增黏能力和抗微生物作用的能力都得到了显著的改善。羟丙基淀粉对高价阳离子不敏感，抗盐、抗钙能力强。

使用范围：适用于盐水钻井液。

2. 羧甲基纤维素钠

羧甲基纤维素钠（CMC）是一种阴离子型聚电解质，由氯乙酸与碱纤维素反应制得。

影响羧甲基纤维素钠性质和用途的因素主要有两个：一是聚合度，二是取代度。聚合度是决定其相对分子质量和水溶液黏度的主要因素，在相同浓度、温度等条件下，不同聚合度的CMC水溶液的黏度有很大差别。聚合度越高，其水溶液的黏度越大。工业上常根据其水溶液黏度大小，将CMC分为三个等级，高黏CMC：1%水溶液的黏度为400～500mPa·s，聚合度大于700。中黏CMC：2%水溶液的黏度为50～270mPa·s，聚合度600左右。低黏CMC：2%水溶液黏度小于50mPa·s，聚合度500左右。取代度是决定CMC的水溶性、抗盐和抗钙能力的主要因素。

性能特点：纯净的羧甲基纤维素为白色纤维状粉末，具有吸湿性，溶于水后形成透明黏稠的胶体，具有较好的耐盐性。

使用范围：普遍适用于淡水、盐水、饱和盐水钻井液，加量范围0.5%～2%。

3. 磺化酚醛树脂

磺化酚醛树脂（SMP-Ⅰ、SMP-Ⅱ）是阴离子型抗高温降滤失剂。磺化度不同，其产品性能不同，磺化度越高产品抗盐性能越突出。SMP-Ⅱ较SMP-Ⅰ磺化度高，其抗盐性能更好，浊点盐度更高。

性能特点：产品为棕红色粉末，易溶于水，水溶液呈弱碱性。具有良好耐温抗盐性。分子的主链中含有苯环和大量磺酸基，故热稳定性强，抗温可达180～200℃。

使用范围：普遍适用于淡水、盐水、饱和盐水钻井液。聚磺钻井液和聚磺饱和盐水钻井液是目前深井、超深井钻井广泛使用的钻井液体系，加量一般在3%～6%。

此外，在SMP基础上制备的两性离子磺甲基酚醛树脂（CSMP），与SMP相比抑制和吸附能力有了明显改善。

4. 磺化褐煤树脂

磺化褐煤树脂是褐煤中的某些官能团与酚醛树脂通过缩合反应所制得的产品。反应过程中，应用一些聚合物单体或无机盐进行接枝和微交联，以提高钻井液的抗盐、抗钙和抗温能力。该类降滤失剂中比较典型的产品是SPNH。

性能特点：SPNH具有良好的抗温、抗盐能力，发挥降滤失作用的同时还具有一定的降黏作用。

使用范围：普遍适用于淡水、盐水、饱和盐水钻井液。聚磺钻井液和聚磺饱和盐水钻井液是目前深井、超深井钻井广泛使用的钻井液体系，加量一般在2%～5%。

5. 水解聚丙烯腈盐

水解聚丙烯腈盐（HPAN、NPAN、KPAN）是由腈纶经过水解而成的，平均相对分子质量为（12.5～20）$\times 10^4$。水解时，所用的碱、温度和反应时间不同，其产物及性能也会有所差别。水解聚丙烯腈盐的性能主要取决于聚合度和分子中的羧基与酰胺基之比（即水解程度）。聚合度较高时，降滤失性能强，可增加钻井液的黏度和切力；聚合度较低时，降滤失和增黏作用均相应减弱。

性能特点：水解聚丙烯腈盐为灰白色粉末。具有良好的抗温性，抗温可达240℃。

使用范围：适用于各种类型的水基钻井液。

6. 丙烯酰胺、丙烯酸及其衍生物

采用丙烯酰胺、丙烯酸、乙烯基单体或者阳离子单体共聚，通过在高分子链节上引入不同含量的羧基、酰胺基、羟基、磺酸基和阳离子基团等共聚而成。由于各种官能团的协同作用，该类聚合物在各种复杂地层和不同的矿化度、温度条件下均能发挥其作用。只要调整好聚合物分子链节中各官能团的种类、数量、比例、聚合度及分子构型，就可设计和研制出一系列的处理剂，以满足降滤失、增黏和降黏等要求。主要产品有：丙烯酸多元共聚物PAC143、两性离子磺酸盐共聚物CPS-2000等。

性能特点：白色或灰白色粉末，相对分子质量为（50～300）$\times 10^4$。

使用范围：适用于不同矿化度的水基钻井液。淡水钻井液中的推荐加量为0.2%～0.7%，海水和饱和盐水钻井液中的推荐加量为0.7%～2%。

（三）降黏剂

降黏剂的种类很多，根据其作用机理的不同，可分为分散型降黏剂和聚合物型降黏剂。分散型降黏剂中主要有丹宁类和木质素磺酸盐类，聚合物型降黏剂主要包括共聚型聚合物降黏剂和低分子聚合物降黏剂等。

1. 磺化单宁（SMT）

SMT就是在碱性（pH＝9～10）条件下，将丹宁和甲醛与亚硫酸氢钠进行磺甲基化反应制得的产物。若进一步与重铬酸盐作用，经氧化与螯合反应可制得磺甲基丹宁铬螯合物，降黏作用更好。

性能特点：外观为黑褐色粉末，在180～200℃的高温下能有效地控制淡水钻井液的黏度。

使用范围：适用于高温深井。适用的pH值范围在9～11之间，一般加量0.5%～1%。

2. 铁铬木质素磺酸盐（FCLS）

木质素是一种天然的芳香族高分子聚合物，广泛存在于各种植物中。木质素磺酸盐是木材酸法造纸残留下来的一种废液，其主要成分是木质素磺酸钠。铁铬木质素磺酸盐（简称铁铬盐）是由含有大量木质素磺酸盐的亚硫酸纸浆废液经过发酵并浓缩成黑褐色液体后，在70～80℃下与硫酸亚铁和重铬酸盐反应，所得产物经喷雾干燥即得棕褐色铁铬盐粉末。

性能特点：棕褐色粉末，易吸潮，可溶于水，水溶液呈弱酸性。具有较强的抗盐、抗钙能力和较高的热稳定性，抗温达150℃，发挥降黏作用的同时，具有一定的降滤失作用。

使用范围：适用于淡水、海水、饱和盐水钻井液及各种钙处理钻井液。应与烧碱配合使用，推荐加量0.5%～1.5%。

3. 钛铁木质素磺酸盐

钛铁木质素磺酸盐是铁铬木质素磺酸盐的替代品种之一，属于无铬的钻井液降黏剂，无毒、无污染。由木质素磺酸盐与钛铁矿浸出液在氧化剂的作用下经氧化、络合反应制得。

性能特点：易吸潮，可溶于水，水溶液呈弱酸性。具有良好的降黏效果，抗盐达饱和，抗温可达150℃。

使用范围：适用于高pH值的淡水、海水、饱和盐水等分散钻井液。应与烧碱配合使用，推荐加量0.5%～1.5%。

4. 丙烯酸共聚物

低相对分子质量的聚丙烯酸钠或丙烯酸多元共聚物可以用于钻井液降黏剂。目前常用的有两性离子聚合物降黏剂XY－27。它是一种相对分子质量约为2000的低分子聚合物，由丙烯酰胺、丙烯酸、乙烯磺酸钠、二乙基二烯丙基氯化铵等共聚而成。

XY－27产品为白色或浅黄色颗粒，无毒、无污染，易吸潮，可溶于水，水溶液呈弱酸性。既是降黏剂又是页岩抑制剂，兼有一定的降滤失作用。

使用范围：适用于淡水、海水、饱和盐水等水基钻井液，也可用于高温深井。加量为0.1%～0.5%。

（四）页岩抑制剂

页岩抑制剂主要包括无机盐类、有机盐类、合成聚合物类、合成树脂类、腐殖酸类和沥青类。

1. 沥青类产品

沥青是原油精炼后的残留物。将沥青进行一定的加工处理后，可制成钻井液用的沥青类页岩抑制剂，其主要产品有氧化沥青、磺化沥青等。

（1）氧化沥青。氧化沥青是将沥青加热并通入空气进行氧化后制得的产品。沥青经氧化后，沥青质含量增加，胶质含量降低，表现为软化点上升。使用不同的原料并通过控制氧化程度可制备出软化点不同的氧化沥青产品。

性能特点：黑色粉末，难溶于水，多数产品的软化点为150～160℃，细度为通过60目筛的部分占85%。氧化沥青能够在一定的温度和压力下软化变形，封堵裂隙，并在井壁上形成一层致密的保护膜。软化点是一个重要的指标，软化点以内，随温度升高，氧化沥青的降滤失能力和封堵裂隙能力增加，现场应用时，应使其软化点与所处理井段的井温相近。

使用范围：主要用于油基钻井液的增黏、降滤失和封堵。也可用作水基钻井液的页岩抑制和润滑。

（2）磺化沥青。磺化沥青是沥青用发烟硫酸 H_2SO_4 进行磺化而成的产品。经过磺化，引入水溶性的磺酸基团，使其成为水溶性。磺化时应控制产品中含有的水溶性物质约占70%，既溶于水又溶于油的部分约占40%。水溶性部分能提供适当大小的颗粒帮助造壁，改善滤饼质量，同时改善滤饼的润滑性；水不溶物覆盖在页岩表面，可阻止滤液的进一步渗入。

本品为黑褐色膏状胶体或粉剂，软化点高于70℃，密度约为1.0g/cm^3。可用于水基钻井液和油基钻井液中，加量为3%～5%。

2. 聚合醇

聚合醇是一种非离子表面活性剂，其水溶性受温度的影响较大，当温度升到聚合醇的浊点温度时，聚合醇从水中析出，当温度低于聚合醇的浊点温度时，聚合醇又能溶于水，现场使用时，应考虑使用井段的温度应大于聚合醇的浊点温度，使其充分发挥作用。在钻井液中的作用机理：一是浊点效应，当温度高于聚合醇的浊点时，聚合醇发生相分离，封堵泥页岩的孔喉，阻止钻井液的滤液进入地层。二是吸附效应，聚合醇可在泥页岩表面发生强烈吸附，形成吸附层，阻止泥页岩水化膨胀。还可用于降低钻具扭矩和摩阻，防止钻头泥包，保护油气层。

聚合醇常温下为黏稠状淡黄色液体，溶于水。适用于水基钻井液。其加量为2%～3%。

3. 腐殖酸钾

腐殖酸钾（KHM）是以褐煤为原料，由KOH改性而得。

性能特点：黑褐色粉末，易溶于水，水溶液的pH值为8～10。

使用范围：主要用做淡水钻井液的页岩抑制剂，并兼有降黏和降滤失作用。抗温超过180℃，加量为1%～3%。

4. 水解聚丙烯酸钾（K－PAM）

水解聚丙烯酸钾（K－PAM）是丙烯酰胺-丙烯酸钾的共聚物。具有较强的抑制黏土和钻屑分散能力，良好的抗温、抗盐性能和一定的降滤失能力，能有效控制地层造浆，防塌效果好，有利于发现和保护油气。

性能特点：白色至淡黄色粉末；易溶于水，水溶液呈弱碱性。

使用范围：适用于淡水、盐水、饱和盐水钻井液。

5. 阳离子褐煤

阳离子褐煤（PMC）是腐殖酸钾的阳离子化产物。

性能特点：黑色粉末；可溶于水，水溶液呈弱碱性。具有较强的泥页岩抑制能力，并兼有降黏和降滤失作用。

使用范围：适用于淡水和盐水钻井液，抗温达到180℃，一般加量为1%～3%。

6. 聚合铝

聚合铝（AOP－1）是具有封固井壁作用的抑制防塌剂。溶解状态时具有强抑制性，

结晶状态时具有封堵微裂缝、固结井壁的作用。

性能特点：黑褐色粉末。

使用范围：适用于各种水基钻井液，加量一般为0.5%～1.0%。

7. 固相清洁剂

固相化学清洁剂（ZSC-201）是一种具有絮凝和抑制双重作用的阳离子化合物，可以配合高相对分子质量聚合物把钻井液中的胶体、亚微米固相颗粒絮凝成大颗粒，易于机械清除；也可以单独用作钻井液防塌、抑制剂，有效的抑制黏土水化分散、絮凝钻屑、控制地层造浆、保证钻井液清洁，降低井径扩大率，有利于保护油气层时。

性能特点：微黄色略带黏性晶体或粉末。

使用范围：适用于各种水基钻井液，加量为0.05%～0.3%。

8. 小阳离子化合物

常用的有HT-201和NW-1。其中：

HT-201是3-(N-丙酰胺基)二甲基-2-羟基丙基三甲基氯化铵。一种有机阳离子化合物，分子中既含有阳离子基团，又含有亲水的酰胺基，与阴离子处理剂具有较好的配伍性，是适用于水基钻井液的黏土稳定剂，可明显改善钻井液的抑制性，有利于固相控制。与阴离子处理剂具有较好的配伍性，是适用于水基钻井液的黏土稳定剂，可明显改善钻井液的抑制性，有利于固相控制。本品也可用于采油和注水作业中的黏土防膨剂。主要指标：外观为白色至浅黄色液体，固含量≥50.0%，密度1.15±0.02g/cm^3，pH值5.5～7.5，相对抑制率≥70%。

NW-1是亚乙基二（三甲基氯化铵），是一种有机阳离子化合物，产品为棕红色溶液，水溶液呈弱碱性。用作钻井液泥页岩稳定剂。本品在钻井液中加量不能超过0.3%，否则易造成钻井液絮凝、失水量增加。主要指标：外观为棕红色溶液，固含量≥40.0%，阳离子度≥2.6N，pH值7～8，无机盐≤1.0%，膨润土沉降时间≤350s。

9. 胺基聚醚

胺基聚醚分子链中引入了胺基官能团，使其具有独特的分子结构，可镶嵌在黏土层间，使黏土层紧密结合在一起，从而降低了黏土水化膨胀的趋势。

胺基聚醚淡黄色黏稠液体。提高钻井液的抑制性，有效抑制黏土和低密度固相的水化分散能力，对黏土和泥页岩有“钝化”作用，减弱固相的连接能力。同时，由于其吸附能力较强，可吸附在黏土颗粒上，使部分高分子处理剂解吸附，降低钻井液的黏度和切力，有效地改善了钻井液的流变性。适用于各种水基钻井液。

10. 阳离子烷基糖苷

阳离子烷基糖苷（CAPG）为糖类衍生物，由烷基糖苷与季铵盐等反应制得。分子链中烷基糖苷的羟基和阳离子基团可吸附在黏土颗粒表面，起到抑制黏土水化膨胀作用；兼具润滑性和流型调节作用。

性能特点：黑色或黑褐色液体。可自然降解，无生物毒性，绿色环保。抗温可达160℃。

使用范围：适合于水敏性泥页岩地层。在各种水基钻井液中作为抑制剂使用时，推荐加量为2% ~5%；作为主剂形成阳离子烷基糖苷钻井液使用时，其用量为5% ~10%。

11. 聚醚胺基烷基糖苷

聚醚胺基烷基糖苷（NAPG）由烷基糖苷、阳离子醚化剂与有机胺等反应制得。分子链中烷基糖苷的羟基和胺基可吸附在黏土颗粒表面，起到抑制黏土水化膨胀作用；兼具润滑和增黏作用。

性能特点：红褐色黏稠液体。可自然降解，无生物毒性，绿色环保。抗温可达160℃。

使用范围：适于水敏性泥页岩、泥岩和砂泥岩互层等易坍塌地层，及页岩气水平井的钻井施工。在各种水基钻井液中作为抑制剂使用时，推荐加量为0.25% ~2%；作为主剂形成聚醚胺基烷基糖苷钻井液使用时，推荐加量为2% ~15%。

（五）絮凝包被剂

絮凝剂是指能使钻井液中黏土颗粒絮凝、聚结、沉降的化学剂，主要为高相对分子质量合成聚合物，并要求聚合物分子中有适当的吸附基团。黏土颗粒或钻屑经过絮凝变成粗颗粒，有利于机械清除，保持钻井液的低固相。当絮凝剂加量足够时，起到包被黏土颗粒的作用，使黏土颗粒和钻屑不分散，同时对井壁具有防塌作用。

絮凝剂按官能团类型分为非离子型、阴离子型、阳离子型和两性离子型；按絮凝黏土颗粒种类分为完全絮凝剂和选择性絮凝剂。

1. 聚丙烯酰胺

聚丙烯酰胺（PAM）是丙烯酰胺聚合物，为水溶性的高分子处理剂。具有絮凝、抗污染、剪切稀释性能好等特点，可有效调整钻井液流型，亦可作钻井液增黏剂。其加量与聚丙烯酰胺的相对分子质量及用途有关。

性能特点：白色或淡黄色自由流动粉末或颗粒，易溶于水，水溶液呈弱碱性。

使用范围：适用于各种水基钻井液。

2. 部分水解聚丙烯酰胺

部分水解聚丙烯酰胺（PHP）是利用聚丙烯酰胺在碱性条件下进行水解反应制取的，控制氢氧化钠加量可得到水解度为27% ~40%的产品。分子结构中的羧钠基与酰胺基的比例是非常重要的因素，与平均聚合度相比，对钻井液处理剂的性质有着更突出的影响。羧钠基与酰胺基之比（即水解程度）较低时，对黏土颗粒的吸附性强而水化性能弱，用作絮凝剂，要求相对分子质量高于500×10^4；当水解程度较高时，有增黏和降滤失性能。

性能特点：白色或淡黄色自由流动粉末或颗粒，溶于水。

使用范围：适用于聚合物不分散低固相钻井液。用作絮凝剂时，一般加量为0.1% ~1%。

3. 丙烯酰胺-丙烯酸共聚物80A51

80A51是丙烯酰胺与丙烯酸钠共聚物，是阴离子型选择性处理剂。具有絮凝岩屑、抗温、抗污染、剪切稀释性能好等特点，可有效调整淡水、海水、盐水钻井液的流变性，也

可用作钻井液防塌剂和增黏剂。

性能特点：白色至淡黄色粉末。易溶于水，水溶液呈弱碱性。

使用范围：适用于各种水基钻井液，加量为0.05% ~0.3%。

（六）润滑剂

润滑剂是指能够降低钻具与井壁摩擦阻力的处理剂，大多为多种材料的复配物。钻井液的润滑性对钻井工作的影响很大，对减少卡钻等井下复杂情况，实现安全、快速钻井起着重要作用。在钻井过程中，按摩擦状况可分为三种，即边界摩擦、干摩擦（无润滑摩擦）和流体摩擦。钻进过程中多为混合摩擦。

1. 醇醚类润滑剂

醇醚类润滑剂主要包括聚合醇和聚醚多元醇，为水溶性聚合物，具有良好的抗氧化能力和低温润滑性能。醇醚类处理剂为非离子型表面活性剂，具有浊点效应，当使用温度高于浊点温度时，可从钻井液中析出，在井壁表面形成润滑膜，起到降低摩阻的作用。常用包括乙二醇、聚乙烯醇、丙三醇等的改性产物等，因浊点温度不同，需根据温度选择。

性能特点：乳白色黏稠液体，无毒，无荧光，易于降解。

使用范围：适用于各类水基钻井液体系。

2. 酯类润滑剂

合成酯通常作为润滑剂的基础油，可分为单酯、双酯、复酯和多元醇酯等。酯类润滑剂的热稳定性与酯的结构有关。酯中含有羰基，在高温条件下易水解，使用受到限制。

性能特点：生物降解性好，毒性小，具有良好的低温性能。

3. 聚α-烯烃类润滑剂

聚α-烯烃是由α-烯烃在催化条件下聚合得到的长链烷烃。与合成酯和天然酯相比，聚α-烯烃具有高闪点、高燃点、低倾点及对环境友好优点，还兼具优良的热稳定性、氧化稳定性和水解稳定性。

4. 植物油类润滑剂

植物油润滑剂具有黏度受温度影响小、高黏性指数和高闪点等特点，其优点是良好的生物降解性和低荧光、摩擦系数低。常用的包括橄榄油、菜籽油、大豆油、蓖麻油、玉米油和棕榈油等，其主要成分为由甘油和脂肪酸形成的甘油酯。植物油中含有大量的双键，在较低温度下使用时具有良好的流动性、耐磨性能，以及低挥发性；但在较高温度下使用可能发生聚合反应，从而降低润滑油的生物降解性能。此外，植物油中存在易氧化的烯基自由基，因此抗氧化能力和水解稳定性较差。植物油分子中的不饱和链可通过生物、化学改性来提高其化学稳定性和润滑性能，改性方法主要有氢化、加成、环氧化、硫化和酯交换等，可通过减少植物油中的双键含量来增加植物润滑油的抗氧化性和热稳定性。

性能特点：棕褐色黏稠液体，易溶于水。

使用范围：适用于各种水基钻井液，对钻井液性能影响较小。

5. 乳液类润滑剂

乳液类润滑剂是一种广泛使用的润滑剂，由基础油、乳化剂、水和添加剂组成，可直接加入钻井液中提高其润滑性能。根据钻井液类型和所钻地层岩性特点，加量在0.1%～1%即可达到润滑减阻的目的。

按照化学键的不同，制备乳液润滑剂的矿物基油可分为环烷基、芳香基及直链型三种，主要有白油、渣油、柴油等，基础油的性质在乳液类润滑剂中起到关键作用，主要为物理、化学性质及乳液膜性质。

使用范围：适用于各种水基钻井液。

6. 石墨

石墨的化学成分为碳，碳原子以六角单元的形式通过共价键紧密排列，形成稳定的盘状晶格结构，层间的缔合作用力较弱。石墨作为润滑剂，具有抗高温、无荧光、降摩阻效果明显、加量小、对钻井液性能无不良影响等特点。石墨粉能牢固地吸附在钻具和井壁岩石表面，改变界面之间的摩擦状态，起到降低摩阻的作用；同时，石墨粉吸附在井壁上，可以封堵井壁上的微孔隙，兼具降低滤失和保护储层的作用。

性能特点：黑色鳞片状或流动粉末，质软，有金属光泽。

使用范围：适用于水基钻井液，加量一般为0.2%～1%。

7. 塑料小球

塑料小球由二乙烯基苯和苯乙烯共聚而成，无毒、无味、无荧光显示、耐酸、耐碱、抗温、抗压。

性能特点：白色或半透明球体。在钻井液中呈惰性，不溶于酸、碱、水、油和多种溶剂，具有较为稳定的化学性质，密度为1.03～1.05g/cm^3。具有很好的润滑效果，较好的防止压差卡钻、降低摩阻、降低扭矩等效果。

使用范围：与各类钻井液配伍性好，适用于各种钻井液。

8. 玻璃小球

玻璃小球因嵌入滤饼形成支撑而降低摩擦系数，能够降低扭矩和摩阻。

性能特点：透明或半透明球体。在钻井液中呈惰性，不溶于酸、碱、水、油和多种溶剂，具有较为稳定的化学性质。

使用范围：水基钻井液。

（七）堵漏剂

堵漏剂又称为堵漏材料，是指在钻井过程中用以封堵漏失层的材料。主要由化学材料和惰性材料组成。化学材料有石灰、水泥、石膏、水玻璃、酚醛树脂、脲醛树脂、高分子聚合物等，惰性材料主要有果壳、蚌壳、蛭石、云母、植物纤维、矿物纤维等。堵漏剂通常为复配型产品，使用时也常常采用多种材料。常用的堵漏材料主要有以下几种：

1. 惰性颗粒类堵漏剂

包括核桃壳、棉籽壳、花生壳、秸秆、稻壳、甘蔗渣、蚌壳、云母、蛭石、橡胶粉等的一种或几种。根据漏层物性，通过选择桥接材料的形状（颗粒、片状、纤维状）、尺寸（粗、中、细）和级配，在漏失通道中形成架桥或在井壁处“封门”。

2. 高滤失堵漏剂

由水泥、植物纤维、矿物纤维、硅藻土等复合而成。依次将各组分材料加入到清水中混拌均匀后，注入井内，在压差作用下迅速发生固-液分离，封堵漏失通道。适用于较大漏失通道和裂缝性漏失的堵漏。一般多用在漏层位置比较明确的情况下使用。

3. Diacel 堵漏剂

该剂由碎纸屑、硅藻土、石灰等组成。主要用于钻井过程中的封堵大孔道、多孔隙和裂缝性漏失，是常用的堵漏材料之一，可直接注入漏层。

4. 单项压力封闭剂

由不同粒径的棉纤维粉、木质纤维粉和矿物纤维粉复合而成。是一种随钻暂堵剂，主要用于渗透性漏失地层的预防与暂堵，也可以用于封堵微裂缝。

5. 随钻堵漏剂 SD-1、SD-2

超细目碳酸钙、花生壳、稻壳粉等的复配物。主要用于微裂缝性和孔隙性漏失的封堵，可实施边钻边堵，适于水基钻井液。

6. 酸溶性桥塞堵漏剂

由不同粒径的碳酸钙复配而成，难溶于水，可酸溶。加入钻井液、完井液、修井液中可作为一种酸溶性桥塞剂，对于降低钻井液、完井液、修井液的滤失，减少对油层的损害十分有效。

7. 强黏接酸溶性堵漏剂

由酸溶性化学材料、膨润土、石灰粉、碳酸钙、水泥及纤维材料等复配而成。主要用于钻井堵漏，可明显提高堵塞与漏层间的黏接力及抗剪切力，特别适合于漏层不清及同裸眼多个漏层的复杂井堵漏。

8. 球状凝胶 MPA

球状凝胶是一种随钻封堵材料，由丙烯酸、丙烯酰胺及2-丙烯酰胺基-2-甲基丙磺酸等单体采用反相乳液聚合工艺制得。球状凝胶是具有微米级粒径的可变形凝胶，可有效封堵微米级的微孔微裂缝，并参与滤饼形成，提高滤饼致密性，与颗粒、片状、纤维材料复合封堵效果更好。

性能特点：白色或淡黄色乳液。抗温达 150℃，与钻井液配伍性良好，对钻井液性能影响小；可通过 200 目振动筛，作用有效期长。

使用范围：适用于各种类型的水基及油基钻井液，用于封堵微孔微裂缝，减少渗漏，加量一般为 1% ~3% 。

9. 磺酸盐凝胶聚合物 NFJ

磺酸盐凝胶聚合物是一种合成吸水树脂，由丙烯酰胺、丙烯酸、2-丙烯酰胺基-2-甲基丙磺酸等单体与无机材料聚合而成。磺酸盐凝胶聚合物具有吸水膨胀可变形性，可在压差作用下变形挤入漏层，提高对不同漏层的适应性及封堵层密实程度。膨胀后的韧性和强度主要取决于交联网络的密度和亲水基团的比例。

性能特点：不规则灰色或灰黄色固体颗粒，不溶于水、乙醇、甲醇等，在水中可吸水溶胀，吸水倍数多在3～10倍，韧性好，与桥塞材料配合使用，可有效封堵裂缝及孔隙性漏层；可根据现场需要制成不同尺寸的粒径；耐温达150℃，满足高温地层堵漏需求。

使用范围：主要用于水基钻井液堵漏，可用于钻井堵漏、承压堵漏，也可用于采油堵漏和调剖堵水。一般与桥塞材料配合使用，加量为3%～8%左右。

（八）解卡剂

解卡剂通常有液体和固体两种形式的产品。

1. 油基液体解卡剂

油基液体解卡剂由柴油、氧化沥青、有机膨润土、硬脂酸铝、石灰、SP-80、油酸和快T等材料配制而成。

性能特点：黑灰色黏稠液体，润湿、润滑性能好。

使用范围：用于压差卡钻的处理。

2. 固体（粉状）解卡剂

粉状解卡剂主要由氧化沥青、石灰粉、有机土、环烷酸、油酸、OP-7、快T等组成。

性能特点：黑灰色固体粉末，高温稳定性好，可与柴油、水和加重材料配成各种密度的解卡液。

使用范围：用于压差卡钻的处理。

（九）缓蚀剂

金属与周围介质相接触，由于化学或电化学的原因引起的破坏过程称为腐蚀。在钻井液中，有多种腐蚀源，如氧、二氧化碳、硫化氢等。在腐蚀环境中，通过添加少量能阻止或减缓金属腐蚀的物质以保护金属的方法，称为缓蚀剂防腐。钻井液缓蚀剂又称腐蚀抑制剂，指能阻止或降低水基钻井液中存在的或外侵腐蚀源对钻具、套管腐蚀的物质。缓蚀剂种类很多，常见的有碱式碳酸锌、咪唑啉衍生物等。

1. 咪唑啉季铵盐

咪唑啉季铵盐主要由油酸和二亚乙基三胺（或三亚乙基四胺、四亚乙基五胺）在150～190℃回流条件下脱水，得到的棕色黏稠产物再与氯乙酸钠反应制得。

性能特点：乳白色黏稠液体，缓蚀效果较好，高浓度时还有一定的杀菌、抑菌作用。

使用范围：一般采用连续投加方法，加量为25～40mg/L，间歇时投加量要高，一般为80～100mg/L。

2. 硫代磷酸酯咪唑啉衍生物

硫代磷酸酯咪唑啉衍生物主要由油酸、二亚乙基三胺在150～190℃回流条件下脱水，得到的棕色黏稠产物再分别与环氧乙烷、五硫化二磷反应制得。

性能特点：棕色黏稠液体，兼有缓蚀和阻垢作用。

使用范围：一般采用连续投加的方法加料，加量为25～40mg/L，间歇时加量要高，一般为80～100mg/L。

3. 磷酸酯咪唑啉衍生物

磷酸酯咪唑啉衍生物主要由油酸、二亚乙基三胺在150～190℃回流条件下脱水，得到的棕色黏稠产物再分别与环氧乙烷、五氧化二磷、脂肪醇反应制得。

性能特点：棕色黏稠液体，兼有缓蚀和阻垢作用。

一般采用连续投加的方法加料，加量为25～40mg/L，间歇时加量要高，一般为80～100mg/L。

4. 碱式碳酸锌［$ZnCO_3 \cdot nZn(OH)_2$］

碱式碳酸锌主要以氧化锌矿粉制取的锌盐母液为原料，在加热条件下加入固体碳铵，控制反应物pH值为6.0～6.5，反应终止即可得到。化学式中的n值大小视反应浓度与温度不同而有所不同。

性能特点：白色粉末，无臭、无味、不溶于水和醇，微溶于氨，能溶于稀酸和氢氧化钠。主要用于清除钻井液中的H_2S。

（十）乳化剂

乳化剂主要是表面活性剂，其主要功能是在分散相微滴的表面上形成薄膜或双电层，以阻止这些微滴的相互聚结。

1. 壬基酚聚氧乙烯醚

壬基酚聚氧乙烯醚是以壬基酚和环氧乙烷为原料，在催化剂作用下经缩合反应制得的非离子型表面活性剂。

性能特点：乳黄色至浅黄色黏稠液体，化学性质稳定，具有良好的渗透、乳化、分散、抗酸、抗碱、抗硬水、抗还原、抗氧化能力。

使用范围：用于钻井液乳化剂和润滑剂。

2. 磺基琥珀酸二仲辛酯钠盐（渗透剂T）

磺基琥珀酸二仲辛酯钠盐主要由脂肪醇、顺丁烯二酸酐和亚硫酸氢钠经酯化、磺化反应制得，是一种阴离子型表面活性剂。

性能特点：淡黄色至棕黄色黏稠状液体，易溶于水，溶液为乳白色，其渗透性、润湿性、乳化性和起泡性能都较好，能显著降低溶液表面张力。

可用作水包油型钻井液的乳化剂。作为解卡液中的快速渗透剂，用于压差卡钻的处理。

（十一）发泡剂

发泡剂属于表面活性剂中的一种，是可在钻井液中产生泡沫的处理剂。

1. 十二烷基苯磺酸钠（ABS）

十二烷基苯磺酸钠主要由丙烯与苯共聚后再经过磺化、中和而得，属于阴离子型表面活性剂。

性能特点：白色或浅黄色固体粉末，易溶于水，HLB值11.7，起泡能力强，对碱、稀酸都比较稳定，易与各种助剂复配。由于其黏度较低，泡沫易消失，使用时必须加入稳泡剂才能获得比较稳定的泡沫。

使用范围：可作为泡沫钻井液的发泡剂，也可以作为油包水钻井液的乳化剂。

2. 烷基磺酸钠（AS）

烷基磺酸钠属于阴离子型表面活性剂。

性能特点：白色或浅黄色固体粉末，分子结构中有一个强亲水性的磺酸基与烃基相联结，表面活性强，低温水溶解性好，溶于热乙醇，不溶于石油醚，对碱和硬水都比较稳定。耐热性好，温度在270℃以上才分解。具有优异的渗透、洗涤、润湿、去污和乳化作用，起泡能力强。

使用范围：可作为泡沫钻井液的发泡剂，也可以作油包水钻井液的乳化剂。

3. 十二烷基二甲基甜菜碱

十二烷基二甲基甜菜碱主要由十二烷基二甲基叔胺与氯醋酸钠在加热条件下反应制得，属于两性离子型表面活性剂。

性能特点：无色或浅黄色透明液体，在酸性介质中呈阳离子性，在碱性介质中呈阴离子性。具有发泡性能好，去污力强，在酸、中性和碱性条件下都易溶于水，其抗盐、钙污染和抗温性能均较好。

使用范围：可作为泡沫钻井液的发泡剂；可在高温地热井中使用。

（十二）润湿剂

润湿剂也称润湿反转剂，是具有两亲结构的表面活性剂。在油基钻井液中，可使固相表面迅速转变为油润湿面，较好地悬浮在油相中。

1. 常用的润湿剂

常用的润湿剂有季铵盐（如十二烷基三甲基溴化铵）、卵磷脂和石油磺酸盐等。

2. 常用的评价方法是测定其润湿率

润湿率测定方法：一定体积的柴油或白油中加入1g润湿剂，高速搅拌20～30min，然后加入10g重晶石，高速搅拌20～30min，倒入量筒中，静置1～2h，根据上层分出清油的体积（mL）计算其润湿率。析出油的体积越大，润湿率越小。

（十三）消泡剂

消泡剂就是少量加入就能使泡沫很快消失的物质，主要有醇类、聚醚类、脂肪酸盐类和硅醚类。消泡剂大多也属于表面活性剂或其改性产品。

1. 甘油聚醚

甘油和环氧丙烷缩聚物，以甘油起始剂，在高压下加入环氧丙烷经过缩聚而成。为无色黏稠状透明液体，难溶于水，能溶于苯、乙醇等有机溶剂。羟值45～60mg/g，浊点≥17℃，酸值≤0.5mg KOH/g，水分≤2.0%。主要用作各类水基钻井液的消泡剂。

2. 泡敌

甘油和环氧乙烷、环氧丙烷缩聚物，以甘油起始剂，在高压下加入环氧乙烷、环氧丙烷经过缩聚而成。为无色或微黄色透明黏稠液体，难溶于水，能溶于苯、乙醇等有机溶

剂。羟值45～56mg/g，酸值≤0.2mg KOH/g，1%水溶液的浊点17～22℃，水分≤2.0%。主要用作各类水基钻井液的消泡剂。

3. 硬脂酸铝

硬脂酸铝主要由硬脂酸钠与铝盐反应制得。

性能特点：白色或黄白色粉末，产品微溶于水，不溶于乙醇、乙醚，溶于碱溶液、煤油、松节油等，遇强酸分解成硬脂酸和相应的铝盐。用作钻井液泡沫的消泡剂时，必须先将其溶于柴油或煤油中［配比为1∶(5～10)］，然后按混合液占钻井液体积比0.1%～0.5%加入。

4. 有机硅油

有机硅油主要由二甲基二氯硅烷水解制得初缩聚环体，经裂解、精馏制得低环体，再将环体、封头剂、催化剂放在一起调聚得到具有不同聚合度的产物。

性能特点：无色（或淡黄色）、无味、不易挥发的液体，不溶于水、甲醇。具有耐热和较小的表面张力。钻井液常用消泡剂为3#甲基硅油，使用时先将其配制成1∶9的肥皂液，再加水到100～200份，在钻井液中按0.1%～0.5%加入此溶液。

（十四）杀菌剂

主要产品有十二烷基氯化铵、氧化十八烷基铵、十二烷基三甲基氯化铵、甲醛等。

1. 甲醛

主要由空气和甲醇的混合物以浮石作催化剂进行脱氢和氧化反应制得。

性能特点：易挥发，有特殊的刺激气味，易溶于水和乙醚。可在钻井液中用作杀菌剂。

2. 十二烷基二甲基苄基氯化铵（1227）

十二烷基二甲基苄基氯化铵主要由十二烷基二甲基胺与氯化苄反应制得，

性能特点：白色结晶粉状物（固体）或淡黄色透明黏稠溶液，略有苦杏仁芳香味，可溶于氯仿、丙酮、苯和混合二甲苯，易溶于水，1%水溶液为中性，摇振时产生大量泡沫，稳定性好，耐热、耐光和无挥发性。不能与阴离子表面活性剂或助剂混用，可与一定量非离子表面活性剂混用。

使用范围：可用作非氧化性杀菌剂和黏土稳定剂。一般加量50～100mg/L。

第三章 水基钻井液

水基钻井液是一种以水为分散介质，以黏土（膨润土）为分散相，再加入一些化学处理剂和加重剂配制而成的溶胶悬浮体混合体系。其主要组成是水、黏土、加重剂和各种化学处理剂等。

水基钻井液包括分散型水基钻井液和不分散型水基钻井液。其中分散型钻井液是由淡水、膨润土及各种分散剂为主处理剂配制而成的水基钻井液。特点是黏土在水中适度分散，通过分散黏土颗粒使钻井液具有所需要的流变性和降滤失性能。是钻井中最早使用并且使用时间较长的一类钻井液。因其配制方法简单、成本较低，适于配制密度较大的钻井液，某些体系还具有抗温性较强等优点，仍在许多地区的一些井段上使用，特别是钻表层时，至今仍普遍使用。分散型钻井液主要有膨润土钻井液、盐水钻井液、钙处理钻井液等。

不分散型钻井液是指不添加分散剂分散钻屑和黏土颗粒的钻井液，如天然钻井液、不分散聚合物钻井液等。所谓“不分散”具有两个含义：一是钻井液中的黏土颗粒基本上不再经过化学分散成更细的颗粒；二是混入钻井液的钻屑不容易分散变细。突出特点是密度低、固相含量低，可获得较高的机械钻速，有利于油气层的保护。

本章结合中原石油工程公司钻井液应用情况，对不同类型的钻井液进行简要介绍。

第一节 膨润土钻井液

一、特点及适用范围

膨润土钻井液主要是用钠膨润土配制而成的钻井液。该钻井液配制工艺简单，成本低。最突出的特点是悬浮、携岩能力强，适用于表层、造浆性差以及含鹅卵石和砾石浅地层钻井。

二、基本配方及性能

基本配方见表 3-1，钻井液性能要求见表 3-2。

表 3-1　膨润土钻井液推荐配方

材料名称	功用	用量/（kg/m^3）	备注
纯碱	促进膨润土水化和控制 Ca^{2+} 含量 <150mg/L	2.0～4.0	
烧碱	促进膨润土水化、除 Mg^{2+} 和控制 pH	按需	选用
膨润土	增黏、提切力	20～80	
CMC	增黏、降滤失	1.0～3.0	选用

表 3-2　膨润土钻井液性能

项目	要求	项目	要求
密度/（g/cm^3）	1.02～1.06	$G_{初}/G_{终}$/Pa	(2～6)/(5～15)
FV/s	30～80	pH	8～10

三、配制方法

1. 地层自然造浆

在易造浆地层，开钻前在放有清水的钻井液罐内加入适量纯碱，在钻进过程中地层自然造浆。

2. 配制

（1）软化配浆水。若配浆水中含有较多的 Ca^{2+} 和 Mg^{2+}，用纯碱和烧碱预处理。

（2）预水化膨润土。通过混合漏斗将所需纯碱、膨润土、烧碱加入淡水中，搅拌并用泵循环 2～4h，然后将其水化 16～24h。

（3）在膨润土浆中加入适量高聚物或 CMC 提高造浆率。

3. 维护与处理方法

（1）钻进过程中若黏切不能满足携带和悬浮钻屑的需要，应加入膨润土、纯碱、增黏剂等。

（2）钻进过程中若黏土和岩屑侵入造成黏切增高，应加水稀释、清除固相、置换部分钻井液。

（3）滤失量控制，可加入 CMC、HPAN、聚合物类降滤失剂等。

第二节　三磺钻井液

一、特点及适用范围

由于钻井液使用的主处理剂为 SMP、SMC 和 SMT（SMK），故称为三磺钻井液。其中 SMP 与 SMC 复配，使钻井液的 FL_{HTHP} 得到有效的控制；SMT 用于调整高温下的流变性能，从而显著提高了钻井液的抗温及抗盐、抗钙能力。钻井液抗盐可至饱和，抗钙可达 2000mg/L，钻井液密度可提高到 2.0g/cm^3 以上，若加入适量重铬酸钠，抗温可达 200～220℃。主要用于深井超深井钻井。其缺点是亚微米颗粒含量高，对钻速有影响。

二、典型配方及性能

三磺钻井液的典型配方见表3-3，钻井液性能要求见表3-4。

表3-3 分散型三磺钻井液的典型配方

材料名称	功用	用量/（kg/m^3）
膨润土	造浆增黏	根据需要①
纯碱	促进膨润土水化	土量的5%
磺化褐煤	抗高温降滤失、降黏	30～50
磺化酚醛树脂	抗高温降滤失	30～50
磺化栲胶	抗高温降黏	5～15
红钒钾（钠）	提高钻井液热稳定性	2～4
CMC（低黏）	降滤失	10～15
润滑剂	润滑降摩阻	5～15
烧碱	调pH值	根据需要
重晶石	提高密度	根据需要
各种无机盐	抑制泥页岩分散	根据需要

注：①根据密度、黏度的升高，膨润土加量应递减。

表3-4 三磺钻井液性能

项目	要求	项目	要求
密度/（g/cm^3）	1.15～2.0	FL/mL	≤5
FV/s	30～60	HTHP－FL/mL	15左右
PV/mPa·s	10～15	滤饼/mm	0.5～1
YP/Pa	3～8	pH	≥10
$G_{初}/G_{终}$/Pa	0～5/2～15	含砂量/%	0.5～1

三、配制及维护

1. 配制

一般采用井浆转化。井浆经固控设备净化后调整至所需膨润土含量，然后按配方加入所需处理剂，处理剂充分溶解后，性能达到要求。

2. 维护

（1）膨润土含量的控制。应随温度及密度进行调整，温度和密度越高，膨润土含量应越低。

（2）钻进过程中，处理剂的加入，应采用配制复合胶液的方式均匀加入，确保性能稳定。若黏度、切力过高，可加入低浓度混合液或SMT（SMK）；若滤失量过高，可同时补充SMP和SMC。

（3）使用好固控设备，尽可能降低体系的总固相含量。

四、技术要点

（1）pH 值应控制在 9.5～11 范围内，有利于处理剂发挥作用。

（2）控制较低固相含量和合适的膨润土含量有利于抗温性的提高。

（3）SMP 与 SMC 复配增效作用，使钻井液的 HTHP 滤失量得到有效的控制。

（4）钻井液中加入适量红矾，可显著提高高温稳定性。

第三节　钙处理钻井液

钙处理钻井液主要由含 Ca^{2+} 无机絮凝剂、降黏剂和降滤失剂组成。由于体系中的黏土颗粒处于适度絮凝的粗分散状态，因此又称之为粗分散钻井液。提供钙离子的无机絮凝剂主要有三种：石灰、石膏和氯化钙。钙处理钻井液具有防塌、抗钙污染、盐污染和黏土污染能力强、流变性好等特点。主要用于钻含钙地层、活性黏土和泥页岩地层。

一、石灰钻井液

以石灰作为钙源的钻井液称为石灰钻井液，又称为低钙含量钻井液。影响其性能的关键因素是 Ca^{2+} 浓度，而 Ca^{2+} 浓度主要受石灰溶解度的影响。根据石灰用量和 pH 值的不同，将石灰钻井液分为高石灰钻井液和低石灰钻井液。当钻遇盐、钙污染或在造浆地层钻进时，经常用高石灰钻井液。

（一）推荐配方及性能

石灰钻井液典型配方见表 3-5，其性能要求见表 3-6。

表 3-5　石灰钻井液的典型配方

材料名称	功用	用量/（kg/m^3）	材料名称	功用	用量/（kg/m^3）
膨润土	造浆增黏	根据需要①	石灰	絮凝剂	5～15
纯碱	促进膨润土水化	土量的 5%	CMC 或淀粉	降滤失	6～9
磺化栲胶	抗高温降黏	4～12	烧碱	调 pH 值	根据需要
铁铬盐	抗高温降黏	6～9			

注：①随密度、黏度的增高，膨润土加量应递减。

表 3-6　石灰钻井液的性能

项目	要求	项目	要求
密度/（g/cm^3）	1.15～2.0	FL_{HTHP}/mL	<20
FV/s	25～30	滤饼/mm	0.5～1
$G_{初}/G_{终}$/Pa	0～1/1～4	pH 值	11～12
FL/mL	5～10	含砂量/%	0.5～1

（二）配制及维护

1. 配制

通常是在原分散钻井液基础上转化而成，转化应按下述步骤进行：

（1）进行小型试验，确定膨润土含量及降黏剂、烧碱、石灰的加量。

（2）加水稀释井浆，使膨润土含量降至适宜范围。

（3）加入降黏剂和降失水剂，使钻井液获得良好的流变性性能。

（4）加入石灰，使钙离子浓度达到需要值。

（5）整个处理过程大约在一个循环周内完成。若需要再补充适量降滤失剂。

2. 维护

（1）钻进过程中，按要求检测钻井液性能，及时补充处理剂，处理剂应配成胶液均匀加入，保持性能稳定。pH 值为 11～12，Ca^{2+} 含量 120～200mg/L。

（2）在钻遇石膏层之前可先加适量烧碱进行预处理以维持所需的 P_f（滤液酚酞碱度）值。当钻遇石膏层后，待 P_m（钻井液酚酞碱度）值开始出现降低时再加入石灰。此时若流变性和滤失量出现较大变化，可通过加入 SMT 和 CMC 等处理剂控制。

（3）有效使用固控设备，保持尽可能低的固相含量是将该石灰钻井液用于高温深井的前提条件。

（三）技术要点

（1）在维护工艺上，要特别注意掌握好几个关键指标，如 Ca^{2+} 浓度、pH 值，每班必检测。

（2）石灰钻井液可承受的盐侵约为 50000mg/L，随着盐的侵入，pH 值降低，石灰的溶解度升高，此时应适当加大烧碱的用量，以控制 Ca^{2+} 浓度，并使用 SMT 控制流变性能。

（3）应注意高温固化问题。当温度超过 135℃后，石灰钻井液中的黏土与石灰、烧碱发生反应，生成水合硅酸钙等类似于水泥凝固后的物质，导致钻井液急剧增稠。这种情况下，必须将石灰含量、钻井液碱度和固相含量降低，转化为低石灰低固相钻井液。

二、石膏钻井液

选用石膏作为絮凝剂，分别用 SMT 和 CMC 作为降黏剂和降滤失剂，维持 pH 值在 9.5～10.5 范围内，滤液中 Ca^{2+} 含量约为 600～1200mg/L。石膏钻井液具有抗高温、抗盐侵、抗石膏侵、防塌和保护油气层等优点。发生固化的临界温度在 175℃左右。

（一）推荐配方及性能

石膏钻井液的典型配方见表 3-7，性能要求见表 3-8。

表 3-7 石膏钻井液的典型配方

材料名称	功用	用量/（kg/m^3）	材料名称	功用	用量/（kg/m^3）
膨润土	造浆增黏	根据需要①	CMC	降滤失	3～4
纯碱	促进膨润土水化	土量的 5%	磺化栲胶	抗高温降黏	根据需要

续表

材料名称	功用	用量/（kg/m³）	材料名称	功用	用量/（kg/m³）
铁铬盐	抗高温降黏	12~18	石膏	絮凝剂	10~20
烧碱	调 pH	根据需要	重晶石	加重剂	根据需要

注：①随密度、黏度的增高，膨润土加量应递减。

表 3-8　石膏钻井液的性能

项目	要求	项目	要求
密度/（g/cm³）	1.15~2.0	HTHP-*FL*/mL	<20
FV/s	25~30	滤饼/mm	0.5~1
$G_{初}/G_{终}$/Pa	(0~1)/(1~5)	pH 值	9.5~10.5
FL/mL	5~8	含砂量/%	0.5~1

（二）配制及维护

1. 配制

与石灰钻井液相似，通常是在原分散钻井液基础上转化而成。

（1）进行小型试验，确定膨润土含量及降黏剂、烧碱、石灰的加量。

（2）加水稀释井浆，使膨润土含量降至适宜值。

（3）加入降黏剂和降失水剂，使钻井液获得良好的流变性性能。

（4）加入石灰，使钙离子浓度达到需要值。

（5）整个处理过程大约在一个循环周内完成，若需要再补充适量降滤失剂。

2. 维护

（1）钻进过程中，按要求检测钻井液性能，及时补充处理剂，处理剂应配成胶液均匀加入，保持性能稳定。pH 值 9.5~10.5，Ca^{2+} 含量 600~1200mg/L，并根据流变参数和滤失量的变化，随时对性能进行必要的调整。

（2）钻遇石膏或无水石膏层时，只要固相含量符合要求，对石膏钻井液的性能一般影响较小。

（3）有效使用固控设备，保持尽可能低的固相含量是使用石膏钻井液的关键。

（三）技术要点

（1）在维护工艺上，要特别注意掌握好几个关键指标，包括滤液中 Ca^{2+} 浓度、pH 值和储备碱度，每班必检测。

（2）石膏钻井液可承受的盐侵约为 100000mg/L。随着盐的侵入，钻井液 pH 值降低，石膏溶解度升高，此时应适当加大烧碱的用量，以控制体系中 Ca^{2+} 浓度，并使用 SMT 控制流变性能。

三、氯化钙钻井液

氯化钙钻井液是一种用 $CaCl_2$ 作为钙源，其 Ca^{2+} 含量比石膏钻井液更高的钙处理钻井液。下面以高钙盐钻井液体系为例介绍。

高钙盐钻井液体系是指用 $CaCl_2$ 处理后，滤液中游离钙离子浓度不低于 800mg/L 的钻井液体系。其主要特点是：由于 Ca^{2+} 的存在，钻井液具有良好的抑制性，因而具有较强的防塌能力，能够有效解决泥页岩地层水化剥落、硬脆性地层的坍塌掉块问题；具有较好的抗无机盐污染的能力，可抑制岩盐溶解，避免形成大肚子井眼，解决泥膏盐地层的坍塌掉块问题；钻井液流变性好，性能稳定，可配制高密度、超高密度钻井液。适用于高难度复杂井、高温深井、探井、开窗侧钻井，高密度、超高密度的井，含厚盐膏层地层的井钻井。

（一）推荐配方及性能

1. 推荐配方（表 3-9）

表 3-9　高钙盐钻井液配方及性能

处理剂名称	功用	用量/（kg/m^3）
氢氧化钠	调 pH 值	根据需要
膨润土	配浆材料	根据需要
有机-无机单体共聚物	抗盐抗钙降滤失	3～15
两性离子磺酸盐共聚物	护胶、抗盐抗钙降滤失	2～10
聚合铝	防塌	5～15
固相化学清洁剂	低密度固相控制	3～5
羧甲基纤维素钠盐	护胶、降滤失	2～4
磺化酚醛树脂	抗高温降滤失	20～35
磺化褐煤	抗高温降滤失、降黏	20～35
氯化钙	抑制	10～30

注：数据引自 Q/SH 1025 0729—2010《高钙盐钻井液工艺技术规程》。

2. 性能要求（表 3-10）

表 3-10　高钙盐钻井液性能

项目	要求	项目	要求
密度/（g/cm^3）	1.10～2.00	$G_{初}/G_{终}$/Pa	（2～6）/（6～15）
漏斗黏度/s	35～90	游离 Ca^{2+} 含量/（mg/L）	≥800
API 滤失/mL	≤10	膨润土含量/（g/L）	30～60
高温高压滤失量/mL	≤20	含砂量/%	≤0.3
PV/mPa·s	15～50	低密度固相含量/%	≤10
YP/Pa	5～15	pH 值	8～10

注：数据引自 Q/SH 1025 0729—2010《高钙盐钻井液工艺技术规程》。

（二）配制方法

参考复合盐（NaCl/KCl）钻井液。

（三）使用要点

（1）定期检测钙离子含量，并及时补充，保持钙离子含量不低于 800mg/L。补充钙离子时，应将氯化钙与有机-无机单体共聚物、两性离子磺酸盐共聚物、磺化酚醛树脂等配制成胶液，按循环周加入。

（2）定期补充固相清洁剂和聚合铝，遇易垮塌地层时适当提高聚合铝、固相化学清洁剂和两性离子磺酸盐的加量，保持钻井液清洁和钻井液体系的抑制性。

（3）必要时加入磺化沥青、石墨粉、超细目碳酸钙等封堵剂，确保滤饼质量良好，防止井漏的发生。

第四节 盐水钻井液

凡是 NaCl 含量超过 1%（质量分数，Cl^- 含量约为 6000mg/L）的钻井液均称为盐水钻井液。根据含盐量和用途的不同，一般将其盐水分为一般盐水钻井液、饱和盐水钻井液和海水钻井液。主要有以下特点：

（1）矿化度高，具有较强的抑制性，能有效地抑制泥页岩水化。

（2）不仅抗盐侵能力强，而且能够有效地抗钙侵和抗高温。适于钻含盐岩地层或含石膏地层，以及在深井和超深井中使用。

（3）滤液矿化度高，有利于保护油气层。

（4）岩屑不易水化分散，有利于保持较低的固相含量。

（5）能有效地抑制地层造浆，流动性好，性能较稳定。

（6）对钻具和设备的腐蚀性较大。

一、一般盐水钻井液

含盐量自 1% 直至饱和之前均属一般盐水钻井液。这种钻井液的形成有几种可能：加盐配制，高压地层盐水入侵，使用盐水配制。多数情况下盐水钻井液只用于某一特定的井段，比如，当预先已知在某一深度有一较薄的岩盐层时，可在进入之前将盐和处理剂加入钻井液中，转化为盐水钻井液。主要用于含盐膏不纯的浅地层钻井、修井，也可配制成清洁盐水做完井液使用。

（一）推荐配方及性能

1. 推荐配方（以聚合物盐水钻井液为例见表 3-11）

表 3-11 聚合物盐水钻井液配方

处理剂名称	功用	用量/（kg/m^3）
工业碳酸钠	除钙、调 pH 值	1.5～2.5
工业用氢氧化钠	调 pH 值	根据需要
膨润土	造浆提黏	30～50
高分子聚合物	包被、抑制	3.0～5.0
聚合物降滤失剂中分子	降滤失	10.0～15.0
低黏羧甲基纤维素钠盐	护胶、降滤失	10.0～15.0
磺化沥青	防塌	20～30.0
工业盐	调含盐量、抑制	根据需要

注：数据引自 Q/SH 1025 0110—2004《聚合物盐水钻井液工艺技术规程》。

2. 性能要求（表3-12）

表3-12 聚合物盐水钻井液性能

项目	要求	项目	要求
密度/（g/cm³）	依地层压力系数而定	pH	8～10
FV/s	40～80	氯离子含量/（mg/L）	≥10000
PV/mPa·s	15～25	含砂量/%	≤0.3
YP/Pa	4～12	低密度固相含量/%	≤8
$G_{初}/G_{终}$/Pa	1～5/2～15	膨润土含量/（g/L）	30～50
FL/mL	≤8		

注：数据引自 Q/SH 1025 0110—2004《聚合物盐水钻井液工艺技术规程》。

（二）配制及维护

1. 配制

一般采用井浆作为基浆转化，预留井浆经离心机净化。

（1）确定现场钻井液转化配方。测定原井浆的膨润土含量，根据膨润土含量和钻井液基本配方做室内配方试验，确定原井浆与新配胶液的比例。

（2）配制复合胶液。将地面循环系统清理干净，按试验配方加入所需清水，通过混合漏斗加入所需处理剂，充分循环均匀。

（3）原钻井液与胶液混合。使用钻井泵将预留的原钻井液与配制的复合胶液混合均匀。

（4）加氯化钠。加入时要均匀，并控制速度，防止速度过快造成沉淀。

（5）调整密度。根据设计，计算加重剂加量，加重时要控制速度，防止速度过快加重剂沉淀，充分循环均匀。

（6）检测性能。配制完成后，测定性能合格后方可使用，否则，用所需处理剂调整钻井液性能到设计要求。

若配制新浆，应事先水化膨润土浆，配制方法相同。

2. 维护

（1）钻进中按时测量钻井液性能，发现问题及时处理。

（2）采用配制盐水复合胶液的形式维护，胶液浓度可根据钻井液性能调节，按循环周均匀加入，保持钻井液性能稳定；若需要加干粉时，必须通过混合漏斗按循环周加入，同时控制加入速度，保证钻井液均匀稳定。

（3）盐膏层钻进过程中以聚合物、LV-CMC 降滤失为主，加量要足，提高钻井液的抗盐抑制性。

（4）钻遇坍塌地层除增加磺化沥青、石墨粉、超细目碳酸钙等防塌封堵剂的用量外，适当调整钻井液密度。

（5）钻进中根据摩阻系数和井下情况加入润滑剂。

（三）技术要点

（1）转化时，根据设计密度做小型试验，确定合适的膨润土含量，防止膨润土含量过低造成提黏切困难。

（2）钻进过程中要不断补充 NaCl，保持钻井液 Cl^- 含量不低于 10000mg/L。

（3）提高膨润土含量时应加入预水化膨润土浆，严禁将膨润土直接加入。

（4）处理钻井液前必须坚持做小型试验。

二、饱和盐水钻井液

饱和盐水钻井液是指 NaCl 含量达到饱和（Cl^- 含量 1.89×10^5mg/L 左右）的钻井液。由于其矿化度高，抗污染能力强，对地层中黏土的水化膨胀和分散有很强的抑制作用。钻遇盐岩层时，可抑制盐岩溶解，避免造成“大肚子”井眼。钻井液流变性好，性能稳定，可配制高密度钻井液。主要用于厚盐岩层和复杂盐膏层钻井。

（一）推荐配方及性能

饱和盐水钻井液的典型配方（以聚磺饱和盐水钻井液为例）见表 3-13，性能要求见表 3-14。

表 3-13 聚磺饱和盐水钻井液配方

处理剂名称	功用	用量/（kg/m^3）
工业碳酸钠	除钙、调 pH 值	1.0～2.0
氢氧化钠	调 pH 值	根据需要
膨润土/抗盐土	造浆提黏	18～30
高分子聚合物	包被、抑制	3.0～5.0
聚合物降滤失剂中分子	降滤失	5.0～10.0
低黏羧甲基纤维素钠盐	护胶、降滤失	5.0～10.0
磺化酚醛树脂Ⅱ型	抗温降滤失	20.0～30.0
磺化褐煤	抗高温降滤失、降黏	20.0～30.0
磺化沥青	防塌	20～30.0
氯化钠	抑制防塌	饱和

注：数据引自 Q/SH 1025 0110—2004《聚合物盐水钻井液工艺技术规程》。

表 3-14 聚磺饱和盐水钻井液性能

项目	要求	项目	要求
密度/（g/cm^3）	依地层压力系数而定	pH	9～11
FV/s	40～80	氯离子含量/（mg/L）	≥1.8×10^5
PV/mPa·s	20～40	含砂量/%	≤0.3
YP/Pa	6～15	低密度固相含量/%	≤12
$G_{初}/G_{终}$/Pa	2～6/6～15	高温高压滤失量/mL	≤15
FL/mL	≤5	膨润土含量/（g/L）	20～50

注：数据引自 Q/SH 1025 0110—2004《聚合物盐水钻井液工艺技术规程》。

（二）配制及维护

1. 配制

井浆转化：与盐水聚合物钻井液井浆转化方法相同。

配制新浆：

（1）确定现场钻井液配方。根据基本配方使用现场水做配方试验，确定处理剂加量。

（2）配制膨润土浆。根据配方配制膨润土浆，通过混合漏斗依次加入纯碱、膨润土，水化时间大于24h，分罐保存。

（3）配制复合胶液。循环罐放入所需清水，通过混合漏斗按现场试验配方加入所需处理剂，充分循环均匀。

（4）膨润土浆与复合胶液混合。使用钻井泵将膨润土浆与复合胶液混合均匀。

（5）加氯化钠。加入时要均匀，并控制速度。

（6）调整密度。根据设计，计算加重剂加量，加重时要控制速度，防止速度过快加重剂沉淀，充分循环均匀。

（7）检测性能。配制完成后，测定性能合格后方可使用，否则，用所需处理剂调整钻井液性能到设计要求。

2. 维护

（1）采用配制聚磺饱和盐水复合胶液的形式维护，胶液浓度可根据钻井液性能调节，按循环周均匀加入，保持钻井液性能稳定；若需要加干粉时，必须通过混合漏斗按循环周加入，同时控制加入速度，保证钻井液均匀稳定。

（2）定期检测氯离子含量，并及时补充，保持氯离子含量不低于1.8×10^{5}mg/L。

（3）必要时加入磺化沥青、石墨粉、超细目碳酸钙等防塌封堵剂，确保滤饼质量良好，防止井塌、井漏的发生。

（4）加重时要均匀，每个循环周不大于$0.02g/cm^{3}$，防止速度过快压漏地层。

（5）钻进中根据摩阻系数和井下情况混入原油或加入润滑剂。

（三）技术要点

（1）配制饱和盐水钻井液时，应采取先护胶，后加盐的方法，以提高处理剂效能。

（2）如果盐岩层较厚，埋藏较深，在地层压力和温度作用下使钻开的盐岩层容易发生蠕变，造成缩径。此时应根据盐岩层的蠕变曲线，确定较合理的钻井液密度，以克服因盐层塑性变形而引起的卡钻或挤毁套管。

（3）定期检测钻井液滤液氯离子含量，并及时补充 NaCl，保持氯离子含量不低于1.8×10^{5}mg/L，避免氯离子过低造成盐溶，形成“大肚子”井眼。

（4）维护应以护胶为主、降黏为辅，保持性能稳定是关键。

（5）pH 值在9~10范围内，钻井液流动性好，滤失量小，性能稳定。

三、海水钻井液

海水钻井液是指用海水配制而成的钻井液。海水中除含有较高浓度的 NaCl 外，还含

有一定浓度的钙盐和镁盐，其总矿化度一般为3.3%～3.7%，密度为1.03g/cm³，主要用于海洋、近海等地区的钻井。

海水钻井液的配制方法有两种，一种是先用适量烧碱和纯碱将海水中的Ca^{2+}、Mg^{2+}清除，然后再配浆。该钻井液的pH值应保持在8.5～9.5，其特点是分散性相对较强，流变性能和滤失量易于控制。另一种方法是保留Ca^{2+}、Mg^{2+}，该钻井液的pH值较低，由于含有多种阳离子，滤失量难以控制，应选择抗盐、抗钙、抗镁的降滤失剂。

该钻井液常用凹凸棒石、海泡石作为配浆材料。

第五节　聚合物钻井液

广义地讲，凡是使用水溶性聚合物作为处理剂的钻井液体系都可称为聚合物钻井液，但通常是将聚合物作为主处理剂或主要用聚合物调控性能的钻井液体系称为聚合物钻井液。根据使用的主要聚合物的类型可分为阴离子、阳离子和两性离子聚合物钻井液。

聚合物钻井液的主要特点：

（1）固相含量低，亚微米粒子所占比例低，利于提高机械钻速。

（2）良好的触变性、剪切稀释性，较低的环空返速，悬浮和携带能力强。

（3）良好的防塌、润滑和降滤失能力。

（4）有利于发现和保护油气层。

（5）钻井成本低，钻井周期短，社会效益高。

一、阴离子聚合物钻井液

阴离子聚合物钻井液处理剂的种类繁多，以低固相不分散聚合物钻井液为例，主要的处理剂见表3-15。

表3-15　阴离子聚合物钻井液主要处理剂

处理剂名称	功用	备注
聚丙烯酰胺（PAM）	絮凝、包被、增黏、降滤失	相对分子质量（100～500）$\times10^4$
部分水解聚丙烯酰胺（PHPA或PHP）	絮凝、包被、增黏、降滤失	水解度30%左右
水解聚丙烯腈（钠盐）	降滤失	相对分子质量（12.5～20）$\times10^4$
水解聚丙烯腈铵盐（NH_4-HPAN）	防塌、降滤失	相对分子质量（12.5～20）$\times10^4$
聚丙烯酸钙（CPA）	抗Ca^{2+}、Mg^{2+}的降滤失剂	
80A系列或PAC系列或SK系列	絮凝、包被、增黏、降滤失	
生物聚合物（XC）	增黏、降滤失	

（一）低固相聚合物钻井液

该钻井液具有高剪切速率下的黏度低，密度低，压差小，固相含量低，有利于提高机械钻速；具有较强的包被作用，可有效地抑制泥页岩的水化膨胀分散，保持井眼的稳定；触变性好，剪切稀释性强，具有良好的悬浮携带钻屑能力；较低排量下，有良好的洗井效果。主要适用于上部松软地层以及使用密度较低的井。

1. 推荐配方及性能

低固相聚合物钻井液典型配方见表3-16，钻井液性能要求见表3-17。

表3-16 低固相聚合物钻井液配方

处理剂名称	功用	用量/（kg/m^3）
碳酸钠	除钙、调pH值	1~2
氢氧化钠	调pH值	根据需要
膨润土	配浆	20~30
多元共聚物	包被、抑制	5~10
水解聚丙烯腈铵盐	降滤失	10~20
聚合物降滤失剂	降滤失	5~10
低黏羧甲基纤维素钠盐	降滤失	5~10

注：数据引自Q/SH 1025 0108—2004《低固相聚合物钻井液工艺技术规程》。

表3-17 低固相聚合物钻井液性能

项目	要求	项目	要求
密度/（g/cm^3）	依地层压力系数而定	*FL*/mL	5~10
FV/s	30~50	pH	7.5~8.5
PV/mPa·s	5~15	含砂量/%	≤0.3
YP/Pa	2~8	低密度固相含量/%	≤7
$G_{初}/G_{终}$/Pa	(0~4)/(2~10)	膨润土含量/（g/L）	30~50

注：数据引自Q/SH 1025 0108—2004《低固相聚合物钻井液工艺技术规程》。

2. 配制方法

若地层造浆，应采用清水聚合物开钻，只需在清水中加入聚合物，随着井深的增加，逐渐加入流型调节剂、降滤失剂和防塌封堵剂等。

若地层不造浆，通常是在一开钻井液的基础上配制。一开钻井液经过四级净化，清除其部分固相，加入清水将膨润土含量降至30g/L，通过混合漏斗按配方（纯碱、膨润土除外）加入所需处理剂，搅拌循环均匀，使处理剂达到充分溶解，性能符合要求。

3. 维护方法

（1）采用配制复合胶液的形式维护，胶液浓度可根据钻井液性能调节，按循环周均匀加入，保持钻井液性能稳定。

（2）上部地层由于进尺快、地层渗透性好，钻井液消耗量大，地面循环钻井液量要保持充足。若需要直接加水，必须按循环周均匀加入。

（3）为了维持低固相，在化学絮凝的同时，非加重钻井液应连续使用四级固控设备，加重钻井液适当使用离心机，及时清理锥形罐沉砂。

4. 技术要点

（1）为了维持钻井液体积和降低钻井液黏度以便于分离固相，要有控制地往体系中

加水。

（2）高聚物可以单一或复配使用，严禁以干粉形式直接加入。

（3）钻进过程中，当返出的钻屑成团，且糊筛严重，说明钻井液抑制性不够，需增加抑制剂加量。

（4）使用膨润土和聚合物来提高黏度。

（5）黏土污染采用NPAN胶液或低浓度聚合物胶液处理，盐膏污染采用抗盐膏能力强的复合胶液处理，CO_2 污染用石灰或硫酸亚铁等处理。

（二）磺酸盐聚合物钻井液

磺酸盐聚合物钻井液具有抑制性好，抗温、抗盐膏能力强，配制、维护工艺简单等特点。适用于含盐膏地层和井深超过3500m的井。

1. 推荐配方及性能

磺酸盐聚合物钻井液的典型配方表3-18，钻井液性能要求见表3-19。

表3-18 磺酸盐聚合物钻井液配方

处理剂名称	功用	用量/（kg/m³）
碳酸钠	除钙、调pH值	1～2
氢氧化钠	调pH值	根据需要
膨润土	造浆提黏	20～30
磺酸盐聚合物	包被、抑制	1.5～5
固相化学清洁剂（ZSC201）	抑制	1～3
乙烯基多元聚合物（PAC141）	抗温降滤失	10～15
有机无机单体聚合物	抗温降滤失	10～15

注：数据引自Q/SH 1025 0109—2004《磺酸盐聚合物钻井液工艺技术规程》。

表3-19 磺酸盐聚合物钻井液性能

项目	要求	项目	要求
密度/（g/cm³）	依地层压力系数而定	API滤失量/HTHP滤失量/mL	（5～10）/18
FV/s	30～50	pH	8～10
PV/mPa·s	9～40	含砂量/%	≤0.3
YP/Pa	2～12	低密度固相含量/%	≤10
$G_{初}/G_{终}$/Pa	（0～10）/（2～20）	膨润土含量/（g/L）	20～50

注：数据引自Q/SH 1025 0109—2004《磺酸盐聚合物钻井液工艺技术规程》。

2. 配制方法

井浆转化：

（1）确定转化配方。测定原井浆的膨润土含量，根据膨润土含量和体系基本配方进行小型试验，确定原井浆与新配胶液的比例。

（2）配制复合胶液。将地面循环系统清理干净，按试验配方加入所需清水，通过混合漏斗加入所需处理剂，充分循环均匀。

（3）原钻井液与胶液混合。使用钻井泵将预留的原钻井液与配制的复合胶液混合均匀。

（4）加重。根据所需密度，计算加重剂加量，加重时要控制速度，防止速度过快加重剂沉淀，充分循环均匀。

（5）检测性能。配制完成后，测定性能合格后方可使用，否则，用所需处理剂调整钻井液性能到设计要求。

配制新浆：

（1）确定现场钻井液配方。根据基本配方使用现场水做配方试验，确定处理剂具体加量。

（2）配制膨润土浆。根据配方配制膨润土浆，通过混合漏斗依次加入纯碱、膨润土，水化时间大于24h，分罐保存。

（3）配制复合胶液。循环罐放入所需清水，通过混合漏斗按现场试验配方加入所需处理剂，充分循环均匀。

（4）膨润土浆与复合胶液混合。使用钻井泵将膨润土浆与复合胶液混合均匀。

（5）加重。根据所需密度，计算加重剂加量，加重时要控制速度，防止速度过快加重剂沉淀，充分循环均匀并水化。

（6）检测钻井液性能。测定的钻井液性能应符合要求，否则调整相应处理剂加量进行处理，直到符合要求。

3. 维护方法

（1）钻进中按时测量钻井液性能，发现问题及时处理。

（2）采用配制复合胶液的形式维护，胶液浓度可根据钻井液性能调节，按循环周均匀加入，保持钻井液性能稳定；若需要加干粉时，必须通过混合漏斗按循环周加入，同时控制加入速度，保证钻井液均匀稳定。

（3）盐膏层钻进过程中以聚合物为主，用磺酸盐聚合物提高钻井液的抗盐抑制性。

（4）井深超过3500m，应以有机、无机单体聚合物、磺酸盐聚合物来提高钻井液抑制性。

4. 技术要点

（1）上部地层保证固相化学清洁剂在钻井液中的含量，坚持每天补充50kg。

（2）钻进过程中，采用抑制、封堵相结合的方法做好防塌、防漏工作，定期加入抑制剂、防塌封堵剂，确保其有效含量，保持滤饼质量好，井壁稳定。

（3）固相含量机械控制和化学控制二者同时应用。

（三）聚合物盐水钻井液

聚合物盐水钻井液主要应用于含盐膏地层。其配制、维护工艺见第四节。

（四）不分散聚合物加重钻井液

不分散聚合物加重钻井液中聚合物的作用主要有絮凝和包被钻屑、增效膨润土等。其基本配方与聚合物作用相同。

1. 配制

（1）井浆转化。加水稀释或利用离心机将井浆固相含量降至4%以下，*D/B* 值接近1∶1。按配方加入各种处理剂，直至性能符合要求。

（2）配制新浆。在彻底清洗钻井液罐之后，按计算的初始体积加水。用纯碱处理配浆水以除去其中的钙、镁离子；加入膨润土和聚合物，直至膨润土含量达到要求；加重至所要求的密度；调整钻井液性能至适宜范围。

2. 维护要点

（1）钻进时适当稀释以便于清除钻屑。

（2）根据钻速快慢，按需要补加选择性絮凝剂。

（3）采用化学絮凝和固控设备相结合的方法清除钻屑。

（4）维持岩屑/膨润土比在2∶1以下。

二、两性离子聚合物钻井液

两性离子聚合物是指分子链中同时含有阴离子基团和阳离子基团的聚合物，还含有一定数量的非离子基团。以两性离子聚合物为主处理剂配制的钻井液称为两性离子聚合物钻井液。适用于易造浆地层，易塌地层。

两性离子聚合物钻井液主要有以下特点：

（1）抑制性强，剪切稀释性好，能防止地层造浆，抗岩屑污染能力较强。

（2）岩屑棱角分明，易于清除，有利于充分发挥固控设备的效率。

（3）FA367和XY-27可以配制成低、中、高不同密度的钻井液，用于中深井。

（4）XY-27加量少，降黏效果好，见效快，稳定周期长。

（5）抗盐能力有限。矿化度超过100000 mg/L，钻井液性能开始变差。

两性离子聚合物钻井液的配方和维护处理可以参考聚合物钻井液。

三、阳离子聚合物钻井液

阳离子聚合物钻井液是以高分子质量阳离子聚合物（简称大阳离子）作包被絮凝剂，以小分子质量有机阳离子（简称小阳离子）作泥页岩抑制剂，并配合降滤失剂、增黏剂、降黏剂、封堵剂和润滑剂等处理剂配制而成。适用于大段泥页岩易失稳地层。

1. 阳离子离子钻井液体系的组成

（1）大阳离子：颗粒状固体，较易溶解，其胶液pH值7～8之间。具有包被钻屑，抑制钻屑造浆的作用，还有一定的增黏作用。在钻井液中的最佳含量是0.2%～0.4%。

（2）小阳离子：液体或粉末状固体，其胶液pH值5～7之间。具有抑制黏土水化分散的作用，还有一定的增黏增失水的负作用。在钻井液中的最佳含量是0.3%～0.5%。

（3）降滤失剂：SAS、钠盐、CMC、SPNH（磺化褐煤树脂）。

（4）增黏剂：HV-CMC。

（5）降黏剂：SMC（磺化褐煤）、PSC（磺化酚腐植酸铬）、FCls。

（6）加重剂：铁矿石粉、石灰石粉。

（7）CaO：提供 Ca^{2+}，减弱地层黏土水化分散，稳定钻井液性能。

2. 阳离子聚合物钻井液的特点

阳离子聚合物钻井液主要有以下特点：

（1）固相含量低，且亚微米粒子所占比例也低。这是聚合物钻井液的基本特征，是聚合物处理剂选择性絮凝和抑制岩屑分散的结果，对提高钻井速度是极为有利的。对不使用加重材料的钻井液，密度和固相含量大约成正比。研究表明，纯蒙脱土钻井液中亚微米粒子含量为13%左右，用分散剂木质素磺酸盐处理后，亚微米粒子含量上升为约80%，而用聚合物处理后的体系亚微米粒子的含量降为约6%。大量室内实验和钻井实践均证明，固相含量和固相颗粒的分散度是影响钻井速度的重要因素。

（2）具有良好的流变性，主要表现为较强的剪切稀释性和适宜的流型。聚合物钻井液体系中形成的结构由颗粒之间的相互作用、聚合物分子与颗粒之间的桥联作用以及聚合物分子之间的相互作用所构成。结构强度以聚合物分子与颗粒之间桥联作用的贡献为主。在高剪切作用下，桥联作用被破坏，因而黏度和切力降低，所以聚合物钻井液具有较高的剪切稀释作用。由于这种桥联作用赋予聚合物钻井液具有比其他类型钻井液高的结构强度，因而聚合物钻井液具有较高的动切力。同时，与其他类型钻井液相比，聚合物钻井液具有较低的固相含量，粒子之间的相互摩擦作用相对较弱，因而聚合物钻井液具有较低的塑性浓度。由于聚合物水溶液为典型的非牛顿流体，所以聚合物钻井液一般具有较低的 n 值。当然，在实际钻井过程中，各流变参数需控制在适宜的范围内，过高和过低对钻井工程都不利。

（3）钻井速度高。如前所述，聚合物钻井液固相含量低，亚微米粒子比例小，剪切稀释性好，卡森极限黏度低，悬浮携带钻屑能力强，洗井效果好，这些优良性能都有利于提高机械钻速。在相同钻井液密度的条件下，使用聚丙烯酰胺钻井时的机械钻速明显高于使用钙处理钻井液时的机械钻速。

（4）稳定井壁的能力较强，井径比较规则。只要钻井过程中始终加足聚合物处理剂，使滤液中保持一定的含量，聚合物可有效地抑制岩石的吸水分散作用。合理地控制钻井液的流型，可减少对井壁的冲刷。这些都有稳定井壁的作用。在易坍塌地层，通过适当提高钻井液的密度和固相含量，可取得良好的防塌效果。

（5）对油气层的损害小，有利于发现和保护产层。由于聚合物钻井液的密度低，可实现近平衡压力钻井；由于固相含量少，可减轻固相的侵入，因而减小了损害程度。

3. 阳离子钻井液维护处理要点

以一种非真正意义上的钻井液体系为例，介绍钻井液转化及维护处理要点。

（1）钻表层水泥塞时，根据水泥塞的长度加入适量的纯碱，沉除 Ca^{2+}，确保钻井液具有良好的流动性。

（2）钻完表层水泥塞，测量全套钻井液性能，排放适量的聚合物钻井液，补充清水，

循环均匀后，测量钻井液性能，使黏度≤45s，搬土含量≤45g/L，固相含量≤10%，改型前的准备工作完毕。

（3）将小阳离子、FCLS、NaOH 配制成胶液，按照循环周均匀混入聚合物钻井液中，小阳离子的含量控制在 0.3% ~0.5% 之间，循环 2 ~3 周后，测量钻井液性能，若黏切较高，可再次加入 FCLS、NaOH 胶液降低黏切，黏度 <50s。

（4）将大阳离子配制成胶液，按照两个循环周均匀加入，大阳离子含量控制在 0.2% ~0.4% 之间。大阳离子加入后，钻井液黏切会大幅度上升，随着钻井液的循环，钻井液黏切会逐步下降，黏切稳定后会比加入前略有上升，因此大阳离子加入一周后，循环 2 ~3 周，再次加入大阳离子。

（5）加入小阳离子后，钻井液失水会有所上升，可加入 CMC 或钠盐降低钻井液失水，CMC 的降失水效果明显好于钠盐。

（6）改型完毕后，测量 Ca^{2+} 浓度，若 Ca^{2+} 浓度偏低，可加入 CaO 乳液，Ca^{2+} 浓度控制在 400 ~600mg/L 之间。

第六节　氯化钾聚合物钻井液

氯化钾聚合物钻井液也称聚合物钾盐钻井液，它是以合成聚合物、磺甲基酚醛树脂等处理剂和 KCl 为主要处理剂，与降滤失剂、封堵剂、润滑剂、其他抑制剂等配制而成的一种抑制性钻井液，具有良好的防塌效果。常用的有 KCl 聚合物钻井液、KCl 聚磺钻井液、KCl 硅酸盐聚合物钻井液等。

一、KCl 聚合物钻井液

（一）特点及应用范围

适用于井深 3000m 以内地层，以抑制黏土和泥页岩的水化膨胀、分散和裂解，保持井壁稳定。

（二）推荐配方及性能

KCl 聚合物作用典型配方见表 3-20，其性能要求见表 3-21。

表 3-20　KCl 聚合物钻井液配方

处理剂名称	功用	用量/（kg/m^3）
碳酸钠	除钙、调 pH 值	1.5 ~2.5
氢氧化钾（氢氧化钠）	调 pH 值	根据需要
膨润土	配浆	30 ~50
高分子聚合物	包被、抑制	3 ~5
聚合物降滤失剂中分子	降滤失	10 ~15
低黏羧甲基纤维素钠盐	降滤失	10 ~15
磺化沥青	防塌	20 ~30
氯化钾	抑制、防塌	30 ~150

表 3-21　KCl 聚合物钻井液性能

项目	要求	项目	要求
密度/（g/cm^3）	依地层压力系数而定	pH	8.5～9.5
FV/s	40～80	钾离子含量/（mg/L）	≥18000
PV/mPa·s	15～25	含砂量/%	≤0.3
YP/Pa	4～12	低密度固相含量/%	≤8
$G_{初}/G_{终}$/Pa	（1～5）/（2～15）	膨润土含量/（g/L）	30～50
FL/mL	≤8		

（三）配制与维护

1. 配制

通常由上部使用的膨润土浆转化而成，转化程序是：

（1）将上部使用的钻井液加水稀释至膨润土含量为 25～36g/L；

（2）加入 PHPA 或 KPAM；

（3）再加入降黏剂和降滤失剂，直至钻井液性能达到设计要求。

2. 维护

（1）经常检测 K^+ 含量，并不断加入 KCl 以保证钻井液 K^+ 含量。

（2）保持钻井液中包被增稠剂（相对分子质量为 3×10^6～3×10^7 的 PHPA 或 KPAM）降失水剂的含量，以保证钻井液具有良好的流变性能和较低的滤失量。

（3）加入 KOH，保持 pH 值 8.5～9.5。

二、氯化钾聚磺钻井液

（一）特点及应用范围

氯化钾聚磺钻井液，也称聚磺钾盐钻井液，它是在氯化钾聚合物钻井液的基础上加入磺化处理剂或在聚磺钻井液的基础上加入 KCl 转化而成。适用于中深井水敏性易失稳的泥岩、泥页岩地层。对硬脆微裂缝页岩配合加入沥青类处理剂能取得较好防塌效果。

（二）推荐配方及性能

氯化钾聚磺钻井液典型配方见表 3-22，其性能要求见表 3-23。

表 3-22　氯化钾聚磺钻井液配方

处理剂名称	功用	用量/（kg/m^3）
碳酸钠	除钙、调 pH 值	1～2
氢氧化钾（氢氧化钠）	调 pH 值	根据需要
膨润土	配浆	20～30
高分子聚合物	包被、抑制	3～5
聚合物降滤失剂中分子	降滤失	5～10
低黏羧甲基纤维素钠盐	降滤失	5～10
磺化酚醛树脂	抗温降滤失	20～30
磺化褐煤	抗高温降滤失、降黏	20～30

续表

处理剂名称	功用	用量/（kg/m^3）
磺化沥青	防塌	20～30
氯化钾	抑制、防塌	30～150

注：数据引自 Q/SH 1025 0120—2004《聚磺钾盐钻井液工艺技术规程》。

表 3-23　氯化钾聚磺钻井液性能

项目	要求	项目	要求
密度/（g/cm^3）	依地层压力系数而定	pH	8～10
FV/s	40～100	钾离子含量/（mg/L）	≥18000
PV/mPa·s	20～40	含砂量/%	≤0.3
YP/Pa	6～15	低密度固相含量/%	≤10
$G_{初}/G_{终}$/Pa	0～6/6～15	高温高压滤失量/mL	≤15
FL/mL	≤5	膨润土含量/（g/L）	视密度而定

注：数据引自 Q/SH 1025 0120—2004《聚磺钾盐钻井液工艺技术规程》。

（三）配制与维护

1. 配制

井浆转化：

（1）确定转化配方。测定原井浆的膨润土含量，根据膨润土含量和体系基本配方进行小型试验，确定原井浆与复合胶液的比例。

（2）配制复合胶液。将地面循环系统清理干净，按试验配方加入所需清水，通过混合漏斗加入所需处理剂，充分循环均匀。

（3）原钻井液与胶液混合。

（4）加氯化钾。

（5）调整密度。根据设计计算加重剂加量，加重时要控制速度，防止速度过快加重剂沉淀，充分循环均匀。

（6）性能检测。调整钻井液性能直至达到设计要求。

配制新浆：

配制预水化膨润土浆，其他与井浆转化方法相同。

2. 维护

（1）采用配制氯化钾复合胶液的形式维护，胶液浓度可根据钻井液性能调节，按循环周均匀加入，保持钻井液性能稳定；若需要加干粉时，必须通过混合漏斗按循环周加入，同时控制加入速度，保证钻井液均匀稳定。

（2）定期检测钾离子含量，并及时补充。

（四）技术要点

（1）易发泡，药品加得过快时更为严重，因此有时需要加消泡剂。.

（2）配合使用的降黏剂和降滤失剂最好是各种低分子聚合物的钾盐或胺盐，即可达到降黏和降滤失的目的，又可增强防塌能力。

（3）用 KOH 调节 pH 值。

（4）提黏可使用膨润土、抗盐土及增黏剂。

（5）对于硬脆性微裂缝页岩，应添加适量沥青类处理剂，提高防塌效果。

（6）Ca^{2+} 及 Mg^{2+} 含量超过 400mg/L 时影响钻井液流变性，黏切下降。

三、KCl 硅酸盐聚合物钻井液

（一）特点及应用范围

KCl 硅酸盐聚合物钻井液是一种强抑制防塌钻井液，抑制泥岩、泥页岩分散能力强，主要在中深井使用。

（二）作用机理

综合国内外研究成果，该钻井液主要机理为：

（1）在一定条件下，进入地层中的硅酸根与岩石表面或水中的钙、镁离子发生胶凝作用，生成硅酸钙和硅酸镁沉淀，封堵井壁上的孔隙，阻止滤液侵入孔隙，有效减缓泥页岩的水化膨胀。

（2）在较高温度下，硅酸盐与黏土矿物之间会发生化学作用，使黏土粒子表面被硅酸钠包裹，水分子无法与黏土作用，进而达到稳定黏土的目的。

（三）推荐配方及性能

KCl 硅酸盐聚合物钻井液典型配方见表 3-24，其性能要求见表 3-25。

表 3-24　KCl 硅酸盐聚合物钻井液配方

处理剂名称	功用	用量/（kg/m^3）
碳酸钠	除钙、调 pH 值	1～2
氢氧化钾（氢氧化钠）	调 pH 值	根据需要
膨润土	造浆提黏	10～30
XC	提黏，增强抑制性	1～3
PAC（高黏）	提黏，增强抑制性	4～6
JT888	降滤失	1～3
PAC（低黏）	降滤失	3～5
XY-27	降黏，增强抑制性	3～5
硅酸钠	主抑制剂，提供体系的抑制能力	30～50
KCl	协同抑制剂，增强抑制性	根据需要

表 3-25　KCl 硅酸盐聚合物钻井液性能

项目	要求	项目	要求
密度/（g/cm^3）	1.09～1.11	pH	11.5～12.0
AV/mPa·s	29～33	钾离子含量/（mg/L）	≥18000
PV/mPa·s	18～19	含砂量/%	≤0.3
YP/Pa	11～14	低密度固相含量/%	≤10
$G_{初}/G_{终}$/Pa	(8～11)/(11～13)	高温高压滤失量/mL	≤15
FL/mL/滤饼厚度/mm	(6～8)/(0.5～1.5)	膨润土含量/（g/L）	20～50

（四）配制与维护

1. 配制

井浆转化：

（1）确定转化配方。原井浆经固控设备净化，测定其膨润土含量，根据膨润土含量和体系基本配方进行小型试验，确定原井浆与复合胶液的比例。

（2）配制复合胶液。将地面循环系统清理干净，按试验配方加入所需清水，通过混合漏斗加入所需处理剂，充分循环均匀。

（3）原钻井液与胶液混合。

（4）加氯化钾。

（5）均匀加入硅酸钠。

（6）检测性能。调整性能直至达到设计要求。

配制新浆：

配制预水化膨润土浆，其他与井浆转化方法相同。

2. 维护

（1）钻井过程中，振动筛、除砂器、除泥器应100%使用，离心机应尽可能开动，以充分净化钻井液。振动筛最好使用120目以上筛布。

（2）钻进时，主要使用XY－27，PAC，XC，KCl和硅酸钠等处理剂进行维护处理，聚合物应配成胶液并均匀补充，防止性能出现较大波动。

（3）定期检测KCl和硅酸钠含量，根据地层需要及时补充，保持KCl和硅酸钠的有效含量。

（五）技术要点

（1）硅酸钠所提供的页岩抑制程度随pH值增大而提高，将pH值维持在11以上是十分必要的。

（2）在钻进过程中应定期检测膨润土、硅酸钠及KCl的含量。

第七节　聚磺钻井液

聚磺钻井液是在聚合物钻井液的基础上加入磺甲基酚醛树脂、磺甲基褐煤和磺化沥青等含磺酸基的处理剂而成的一种钻井液体系，它同时具有聚合物钻井液和三磺钻井液的特点。具有抗温能力强、稳定性好、流变参数适宜、配制简单、利于维护等特点。抗温能力可达200～220℃，抗盐可至饱和，主要应用于中深井。

使用的主要处理剂可大致地分成两大类：一是抑制剂类，包括各种聚合物处理剂及KCl等无机盐，其作用主要是抑制地层造浆，从而有利于地层的稳定；二是分散剂，包括各种含磺酸基团的处理剂以及纤维素、淀粉类处理剂等，其作用主要是降滤失和改善流变性，从而有利于钻井液性能的稳定。在深井的不同井段，由于井温和地层特点各异，对两类处理剂的使用情况应有所区别。上部地层应以增强抑制性和提高钻速为主，而下部地层应以抗高温降滤失为主。

一、推荐配方及性能

聚磺钻井液的基本配方见表3-26，性能要求见表3-27。

表3-26 聚磺钻井液配方

处理剂名称	功用	用量/（kg/m³）
高分子聚合物	絮凝、抑制	1.5～5
羧甲基纤维素钠盐	降滤失	5～10
中分子聚合物	降滤失	5～10
磺化酚醛树脂	抗高温降滤失	20～30
磺化褐煤	抗高温降滤失、降黏	20～30
磺化沥青	封堵防塌、润滑	20～30
烧碱	调pH	根据需要

注：数据引自Q/SH 1025 0111—2004《聚磺钻井液工艺技术规程》。

表3-27 聚磺钻井液性能

项目	要求	项目	要求
密度/（g/cm³）	依地层压力系数而定	*FL*/mL	≤5
FV/s	40～100	pH	8～10
PV/mPa·s	20～40	含砂量/%	≤0.3
YP/Pa	6～15	低密度固相含量/%	≤10
$G_{初}/G_{终}$/Pa	0～6/6～15	高温高压滤失量/mL	≤15

注：数据引自Q/SH 1025 0111—2004《聚磺钻井液工艺技术规程》。

二、配制及维护

（一）配制

一般由井浆转化而成。

（1）测定原井浆的膨润土含量，根据膨润土含量和体系基本配方进行小型试验，确定原井浆与新配胶液的比例。

（2）将地面循环系统清理干净，按试验配方加入所需清水，通过混合漏斗加入，充分循环均匀。

（3）使用钻井泵将预留的原钻井液与配制的复合胶液混合均匀。

（4）根据所需密度，计算加重剂加量，加重时防止速度过快加重剂沉淀，并充分循环均匀。

（5）检测性能。调整性能直至达到设计要求。

若配制新浆，应提前配制预水化膨润土浆，其余步骤与上面配制方法相同。

（二）维护

（1）采用按配方配制聚磺复合胶液的方式维护，胶液浓度可根据钻井液性能调节，保持钻井液性能稳定。如果滤饼质量变差，HTHP 滤失量增大，应及时增大 SMP、SMC 和磺化沥青的加量；若流变性能不符合要求，可调整不同分子质量聚合物所占的比例以及膨润土的含量；若抑制性较差，可适当增大高分子聚合物包被剂的加量或加入适量 KCl。

（2）钻遇坍塌地层，除增加磺化沥青、石墨粉、超细目碳酸钙等防塌封堵剂的用量外，适当调整钻井液密度。

（3）适当的膨润土含量是聚磺钻井液保持良好性能的关键，必须严格控制。

（4）膨润土含量高，采用聚磺胶液处理；盐膏污染，采用抗盐膏能力强的复合胶液处理；CO_2 污染用石灰或硫酸亚铁等处理。

第八节　抗高温水基钻井液

根据钻井行业划分标准，井深在 4570m 以上的井称为深井，6100m 以上的井称为超深井。深井、超深井突出的特点就是高温、高压，对钻井液的抗温能力提出更高要求。抗高温水基钻井液主要对付温度在 150℃以上的地层。要求钻井液抑制、封堵和良好的造壁性、流变性和抗高温性能。

抗高温钻井液通常是以 SMC、SMP、SMT 和 SMK 等处理剂中的一种或多种为基础配制而成的钻井液。其主要特点是热稳定性好，在高温高压下可保持良好的流变性、防塌、润滑性能，抗盐侵能力强，较低的滤失量，滤饼致密。常用的磺化钻井液有 SMC 钻井液、三磺钻井液等。

其特点是：①具有抗高温的能力。优选使用各种能够抗高温的处理剂；②在高温条件下对黏土的水化分散具有较强的抑制能力；③具有良好的高温流变性；④具有良好的润滑性；⑤抗盐膏、酸性气体污染能力强。

现场主要使用铁铬木质素磺酸盐（FCLS）、磺化单宁（SMT）、磺化栲胶（SMK）、磺化褐煤（SMC）、磺化酚醛树脂（SMP－1、SMP－2）、磺化木质素磺化酚醛树脂（SLSP）、水解聚丙烯腈钠盐（HPAN）、水解聚丙烯腈铵盐（NPAN）、水解聚丙烯腈钾盐（KPAN）、酚醛树脂与腐殖酸的缩合物（SPNH）、硅氟降黏剂（SF－260）、以及抗温能力强的非离子型表面活性剂等。

一、SMC 钻井液

SMC 钻井液是以 SMC 为主要处理剂的钻井液。其抗温可达 180～220℃，抗盐、钙的能力较弱。

1. 典型配方（表3-28）

表3-28 SMC钻井液配方

处理剂名称	功用	用量/（kg/m^3）
碳酸钠	除钙、调pH值	2~3.5
氢氧化钠	调pH值	根据需要
膨润土	造浆提黏	根据需要
SMC	抗温、降滤失、调流型	30~70
非离子表面活性剂	乳化	3~10
原油或柴油	润滑	根据需要

2. 配制

通常井浆转化，也可配制新浆。

3. 维护要点

（1）在用膨润土配浆时，必须充分水化。膨润土含量过高时，可加入适量石灰降低其分散度，再加入SMC调整钻井液性能。

（2）维护应使用与井浆浓度相同的SMC胶液（一般5%~7%）。若因膨润土含量过低而造成黏度达不到要求，则可补充预水化膨润土浆，并相应加入适量SMC。

（3）pH值控制9~11之间。

（4）必要时混入5%~10%原油或柴油以增强其润滑性。

二、复合盐（KCl/NaCl）钻井液

复合盐钻井液是指在聚磺钻井液配方的基础上加入KCl和NaCl配制而成的钻井液。其主要特点：具有良好的抑制性；较好的抗无机盐污染的能力；抗温稳定性好；钻井液流变性好，性能稳定，可配制高密度、超高密度钻井液。

1. 推荐配方及性能

推荐配方见表3-29。

表3-29 复合盐（KCl/NaCl）钻井液配方

处理剂名称	功用	用量/（kg/m^3）
碳酸钠	除钙、调pH值	1~2
烧碱	调pH值	根据需要
膨润土	配浆材料	根据需要
高分子聚合物	絮凝、包被、抑制	3~5
聚合物降滤失剂	降滤失	5~10
LV-CMC或LV-PAC	降滤失	5~10
磺化酚醛树脂Ⅱ型	抗温降滤失	20~30
磺化褐煤	抗温降滤失、降黏	20~30
磺化沥青	防塌	20~30
氯化钾	抑制、防塌	根据需要
氯化钠	抑制	根据需要

性能要求见表3-30。

表3-30 复合盐（KCl/NaCl）钻井液性能

项目	要求	项目	要求
密度/（g/cm^3）	依地层压力系数而定	pH值	9~10.5
FV/s	40~80	氯离子含量/（mg/L）	≥1.6×10^5
PV/mPa·s	20~40	钾离子含量/（mg/L）	≥18000
YP/Pa	5~15	含砂量/%	≤0.3
$G_{初}/G_{终}$/Pa	(2~6)/(6~15)	低密度固相含量/%	≤10
FL/mL	≤5	高温高压滤失量/mL	≤15

2. 配制

井浆转化：

（1）确定转化配方。测定原井浆的膨润土含量，根据膨润土含量和体系基本配方进行小型试验，确定原井浆与新配胶液的比例。

（2）配制复合胶液。将地面循环系统清理干净，按试验配方加入所需清水，通过混合漏斗加入所需处理剂，充分循环均匀。

（3）原钻井液与胶液混合。使用钻井泵将预留的原钻井液与配制的复合胶液混合均匀。

（4）加氯化钠、氯化钾。

（5）调整密度。根据设计，计算加重剂加量，加重时要控制速度，防止速度过快加重剂沉淀，充分循环均匀。

（6）检测性能。调整性能直至达到设计要求。

配制新浆：

除井浆改为配制膨润土浆外，其他方法与井浆转化方法相同。

3. 使用要点

（1）采用配制NaCl、KCl复合盐溶液的形式维护，胶液浓度可根据钻井液性能调节，按循环周均匀加入，保持钻井液性能稳定；若需要加干粉时，必须通过混合漏斗按循环周加入，同时控制加入速度，保证钻井液均匀稳定。

（2）定期检测氯离子、钾离子含量，并及时补充。

（3）必要时加入磺化沥青、石墨粉、超细目碳酸钙等防塌封堵剂，确保滤饼质量良好，防止井塌、井漏的发生。

此外，前面所述的三磺钻井液、聚磺钻井液、聚磺钾盐钻井液等也可以作为抗温钻井液。

第九节 高密度钻井液

根据API和IADC钻井液分类方法，密度介于1.6~2.3g/cm^3之间的钻井液称为高密度钻井液，密度大于2.3g/cm^3的钻井液称为超高密度钻井液。高密度钻井液需要满足如下要求：

（1）具有良好的流变性。在高温下能否保证钻井液具有很好的流动性和携带、悬浮岩屑的能力至关重要；

（2）具有良好的沉降稳定性。钻井液无论在地面或井下高温情况下，上下密度差不得大于0.02g/cm^3；

（3）具有抗高温的能力。这就要求在进行配方设计时，必须优选出各种能够抗高温的处理剂；

（4）具有良好的抗盐钙镁、抗酸性气体污染钻井液能力，以及在高温条件下对黏土的水化分散具有较强的抑制能力；

（5）保持尽可能低的低密度固相。在满足悬浮重晶石的情况下取膨润土含量下线；使用好固控设备，做好固相控制；

（6）具有良好的润滑性。当固相含量很高时，防止卡钻尤为重要。此时可通过加入抗高温的液体或固体润滑剂，以及混油等措施来降低摩阻。

相对于低密度钻井液，高密度钻井液具有如下难点：①固相含量高，低密度固相含量不易控制。尤其是密度≥2.10g/cm^3钻井液总固相体积达40%以上，使用固控设备清除低密度固相难度大；②流变性能控制难度大。表现出“跷跷板效应”，钻井液流变性与沉降稳定性矛盾突出。当钻井液表现出流变性较好时，易出现沉降稳定性不足，发生重晶石沉淀现象；反之，沉降稳定性满足要求，黏切不易控制；

高密度钻井液通常可以采用固液复合加重和固相加重两种加重方式。固相加重时，采用重晶石、锰矿粉、铁矿粉等，可单一或复配加重。固液复合加重时，采用NaCl、$CaCl_2$、KCl等可溶性盐类将液相提高至一定密度，然后用惰性加重材料加重至设计的高密度。高密度清洁盐水钻井液采用甲酸钠、甲酸钾、甲酸铯等单一或复配加重。

一、钻井液配方与性能

以欠饱和盐水高密度钻井液为例，典型配方见表3-31，钻井液性能要求见表3-32。

表3-31　高密度钻井液配方

处理剂名称	功用	用量/（kg/m^3）
碳酸钠	除钙、调pH值	2~3
氢氧化钠	调pH值	根据需要
膨润土	配浆材料	15~25
HV-PAC	提黏、降滤失	0.5~1
SMP-2或SMP-3	抗温、降滤失	40~60
抗饱和盐降滤失剂（SPC）	抗盐、抗温、降滤失	20~40
褐煤树脂	抗温、降滤失、调流型	40~60
磺化沥青（FT-1）	封堵、防塌	20~40

续表

处理剂名称	功用	用量/（kg/m^3）
阳离子乳化沥青粉	封堵、防塌	20～30
聚合醇防塌剂（SYP-1）	抑制封堵、防塌	20～40
液体润滑剂	润滑防卡	10～20
硅酸钾	抑制	5～10
NaCl	抑制、提密度	200
KCl	抑制	50～70
高软化点沥青（140～180℃）	封堵、防塌	根据需要
重晶石	提密度	根据需要
铁矿粉	提密度	根据需要

注：数据引自中原石油勘探局《钻井液工艺技术操作规程》，2010。

表3-32　高密度钻井液性能

项目	要求	项目	要求
密度/（g/cm^3）	2.15～2.45	含砂量/%	0.2～0.3
FV/s	55～120	固相含量/%	32～50
PV/mPa·s	31～90	高温高压滤失量/mL	10～20
YP/Pa	4～25	膨润土含量/（g/L）	10～25
$G_{初}/G_{终}$/Pa	1～5/3～25	泥饼黏附系数	0.08～0.15
FL/滤饼/（mL/mm）	1～4/0.5	Cl^-/（mg/L）	120000～165000
pH	9～11.5	Ca^{2+}/（mg/L）	300～600

注：数据引自中原石油勘探局《钻井液工艺技术操作规程》，2010。

二、现场工艺技术

1. 配制

（1）配制膨润土浆。用淡水配制4%～4.5%膨润土浆，充分搅拌水化24h以上。

（2）配制胶液。配方为水+2% NaOH+8% SMP-Ⅱ+8% SPC+8% SPNH+5% FT-1充分搅拌溶解。

（3）膨润土浆与胶液按1∶1比例相混。

（4）用重晶石提密度至1.70g/cm^3。

（5）将配制好的密度为1.70g/cm^3的钻井液分段替换井浆。

（6）井浆全部替出地面能建立循环时，对钻井液性能进行调整。循环加入20% NaCl和5% KCl；用高密度铁矿粉加重，密度达到设计要求；加入1%液体润滑剂；循环加入3% YL-100阳离子乳化沥青。

（7）测定钻井液性能，性能达到要求后开钻。

2. 维护要点

（1）现场处理过程中胶液、聚醚多元醇液体处理剂的加入都会降低钻井液的密度，必须同时补充相应的加重材料，维护所需的密度。

（2）控制膨润土含量，膨润土含量控制在 12g/L 以内。

（3）处理剂应配成胶液充分溶解后再加入。

（4）严格控制低密度固相含量小于 3.0%。

（5）利用多元醇，既能起到强抑制性作用，又能起到改善钻井液流型的作用，同时注意其增黏作用。

（6）配合使用多元醇、氯化钾、硅酸钾、乳化沥青等多种处理剂，确保钻井液的强抑制性、强封堵能力。

（7）SMP-2、SPC 配合使用高软化点沥青控制钻井液的高温高压滤失量，改善滤饼质量。

（8）钻井液中 Cl^- 含量控制在 $(13 \sim 16) \times 10^4$mg/L。

（9）pH 值控制在 9 ~ 11 范围内。

（10）钻纯石膏时，根据 Ca^{2+} 的变化及时补充 $NaHCO_3$ 和 K_2SiO_3 除钙，提高钻井液的抗钙能力。

（11）保证钻井液优良的润滑性。乳化沥青加量不低于 3%，润滑剂含量不低于 2%。

第十节　正电胶钻井液

正电胶钻井液具有较高的动塑比、很强的剪切稀释性，有利于悬浮固相、减少漏失、增加水马力、降低流动阻力；具有较低的负电性和较强的抑制性，有利于提高井壁稳定性。适用于易塌、易漏地层和大斜度定向井、水平井钻井。

一、基本配方及性能

正电胶钻井液的基本配方和性能见表 3-33 和表 3-34。

表 3-33　正电胶钻井液配方

处理剂名称	功用	用量/（kg/m^3）
钠膨润土	造浆提黏	25 ~ 40
工业碳酸钠	除钙、调 pH 值	0.5 ~ 2.5
中分子聚合物降滤失剂	降滤失	3.0 ~ 8.0
低粘羧甲基纤维素钠盐	降滤失	3.0 ~ 8.0
正电胶	提切力、抑制分散	1.5 ~ 3.5
磺甲基酚醛树脂	深井加入，抗高温降滤失	15 ~ 30
磺化褐煤	深井加入，抗高温降滤失	15 ~ 30
重晶石	加重剂	按设计要求
烧碱	调 pH 值	1.0 ~ 3.0
润滑剂	降摩阻	15 ~ 25

表 3-34　正电胶钻井液性能

项目	要求	项目	要求
密度/（g/cm^3）	依地层压力系数而定	*YP*/Pa	6～20
FV/s	35～85	pH 值	8.0～9.5
PV/mPa·s	20～40	HTHP 滤失量/mL	≤15
FL/mL	≤5	膨润土含量/（g/L）	≤45
$G_{初}/G_{终}$/Pa	(0～5)/(5～15)	低密度固相含量/%	≤10

二、现场配制及维护处理

1. 配制

（1）新配制钻井液需要根据配方要求先配制预水化膨润土浆，水化时间不少于 24h，转换钻井液需根据计算和小型试验情况预留原浆，将循环罐清理干净，加入清水。

（2）根据配方要求加入中分子聚合物降滤失剂、低黏羧甲基纤维素钠盐、磺甲基酚醛树脂、磺化褐煤及 0.15%～0.35% 的正电胶，如果使用的是液体正电胶，按含量计算加量。

（3）全井循环，加入烧碱将 pH 值调整到设计范围。

（4）将密度调整到设计范围，配制完成后，测定性能合格后方可使用，否则用所需处理剂调整钻井液性能达到设计要求。

2. 维护与处理

（1）钻进时必须使用好固控设备，保证振动筛、除砂器和离心机的正常运转，可配合使用固相化学清洁剂，清除钻井液中的有害固相。

（2）定时测量钻井液性能，并按照设计及井下情况及时调整。

（3）钻井过程中及时补充正电胶，一般使用 0.4%～0.6% 的胶液进行维护，加量控制在 1.5～3.5kg/m^3。

（4）井深超过 3000m 及时加入磺化酚醛树脂、磺化褐煤，提高钻井液的抗高温性能，并使用降滤失剂胶液维护处理。

（5）根据井下需要加入润滑剂，保持钻井液的润滑性。

3. 技术要点

（1）注意固相控制，保持较低的膨润土含量是保持正电胶钻井液良好性能的关键，当钻井液黏度、切力较高，流变性难以控制时需要通过置换新浆调整流型。

（2）维护时保持正电胶加量，避免中断使用一段时间后再次加入。

（3）钻井液的 pH 值一般控制在 8～9.5 之间，不超过 10，pH 值过高会引起钻井液黏度、切力增高，造成流动困难。

第四章　油基钻井液

油基钻井液具有抗高温、抗盐、有利于井壁稳定、润滑性好和对油气层损害程度小等诸多优点，国外早在20世纪60年代，就十分重视油基钻井液技术的开发与应用，现已广泛作为深井、超深井、海上钻井、大斜度定向井、水平井和水敏复杂地层钻井及储层保护的重要手段。国外油基钻井液体系及配套技术已比较成熟，国内在油基钻井液方面尽管早在20世纪80年代就开展了研究与应用，由于成本和环境、安全和认识的因素，应用还比较少，在油基钻井液方面还没有形成成熟配套的处理剂和钻井液体系。

目前国内非常规油气藏的开发已经启动，对油基钻井液有了需求，在借鉴国外经验和国内初步实践的基础上，并通过油基钻井液处理剂（乳化剂、降滤失剂、提黏切剂、封堵剂及润湿剂）的研制，逐渐形成具有国内特点，能够满足现场需要的油基钻井液体系及钻井液回收处理循环再利用的配套设备和方法。

第一节　概述

以油作为连续相（分散介质）的钻井液成为油基钻井液。一般把油基钻井液分为两类：全油基钻井液和油包水乳化钻井液（又称W/O乳化钻井液或逆乳化钻井液）。习惯上把含水量小于5%的称为全油基钻井液，含水量大于5%称为油包水乳化钻井液。但是两种钻井液的主要区别在于前者是以油中可分散胶体（亲油性固体）作为分散相，用控制它的含量、分散度和稳定性的办法来调整钻井液性能，水作为污染物被处理成乳化状态分散于油中；而后者以水为分散相，用控制油包水乳状液的稳定性、油水比和使用亲油性固体作为调整钻井液性能的基础。显然，二者无本质区别。当全油基钻井液中含水量增大且又被乳化成稳定乳状液时，则水必然由污染物转化成为对钻井液性能起重要作用的分散相。

一、油基钻井液特点

与水基钻井液相比，油基钻井液抗污染能力强，润滑性好，抑制性强，有利于保持井壁稳定，能最大限度地保护油气层；同时油基钻井液性能稳定，易于维护，抗温能力强，热稳定性好。油基钻井液优良的抑制性及抗温性，使其在钻复杂井，特别是在钻高温深井和水敏性地层中优势更明显，能够更有效地保护水敏性油气层。

油基钻井液的缺点主要体现在成本高、不利于录井作业、对环境存在严重影响等。采

用油基钻井液成功钻井的同时，会对周围的环境产生污染及对储层造成伤害，甚至不能准确评价地层性质；天然气等可溶于油基钻井液，在超过临界压力和临界温度的井眼内，天然气可能在油基钻井液中完全溶解凝析，甚至发生超临界现象。在向上部井段运移过程中，溶解气存在反凝析挥发现象和气体因压力降低而发生等温膨胀现象，引起井筒气液体积比急速升高。

二、油基钻井液发展历程

油基钻井液的发展历程见表4-1。

表4-1　油基钻井液发展历程

类型	主要成分	使用时间	特点与问题
原油做钻井液	原油	1920年	有利于防塌、防卡和保护油气层，但流变性不易控制，易着火，适用范围仅限于100℃以内浅井
全油基钻井液	柴油，沥青，乳化剂及少量水（7%以内）	1939年	具有油基钻井液的优点，可抗200～250℃的高温，但配制成本高，较易着火，钻速较低
油包水乳化钻井液	柴油，乳化剂，润湿剂，亲油胶体，乳化水（10%～60%）	1950年前后	通过水相控制有利于井壁稳定，与全油基钻井液相比不易着火，配制成本有所降低，抗温可达200～230℃
低胶质油包水乳化钻井液	柴油，乳化剂，润湿剂，少量亲油胶体，乳化水（15%）	1975年	可明显提高钻速，降低钻井总成本。但由于放宽滤失量，对某些松散易塌地层不适合，对储层的损害较大
低毒油包水乳化钻井液	矿物油，乳化剂，润湿剂，亲油胶体，乳化水（10%～60%）	1980年	具有油基钻井液的优点，同时可有效防止对地层的污染，特别适用于海洋钻井
可逆乳化钻井液	基油，可逆乳化剂，有机土，石灰，盐水（10%～60%）	1990年	具有传统油基钻井液抑制性强、润滑性好的优点的同时具备优良的环保特性

三、油基钻井液的基本组分

1. 基油

基油是油基钻井液的分散介质。早期的全油基钻井液常用的基油为柴油，生物毒性高，随着海洋钻井对环境保护的要求越来越严格，目前普遍使用低毒的矿物油和气制油。为了安全起见，闪点和燃点一般要求在82℃和93℃以上，苯胺点在60℃以上。

2. 水相

淡水、盐水或海水均可用做油基钻井液的水相。通常使用含一定量氯化钙或氯化钠的盐水，其主要目的在于控制水相活度，以防止或减弱泥页岩地层的水化膨胀，保证井壁稳定。

3. 降滤失剂

降滤失剂用于降低钻井液的滤失量，同时可以提高钻井液黏度和切力。常用沥青类产品作为降滤失剂，容易引起油藏岩石润湿反转，由于其加量达3% ~6%，使得钻井液塑性黏度高，机械钻速较低。

4. 有机土

有机土主要用于提高黏度和切力，并起降滤失作用，其加量一般在3% ~6%范围内。

5. 乳化剂和润湿剂

乳化剂起降低界面张力和增加液相黏度的作用，吸附在有机土、降滤失剂的表面，均匀分散油相中。润湿剂使重晶石粉和岩屑的表面从亲水转变为亲油，便于悬浮和分散。

6. 氧化钙

氧化钙主要作用是与有机酸产生钙皂，以增强体系的稳定性。氧化钙在体系中与水反应生成的氢氧化钙主要以细分散状态悬浮在油相中，能够提高体系的结构强度，增强热稳定性。同时，它可调节体系的pH值以满足性能要求。

7. 加重剂

常用的加重剂有石灰石粉、重晶石粉和铁矿粉。可根据体系所需的密度进行选择。由于加重剂颗粒表面一般是强亲水的，体系中最好含有一定量的润湿剂，使其表面转化为亲油，以利于加重剂颗粒的悬浮。

四、油基钻井液处理剂

1. 有机土

有机土是高度分散的亲水黏土与阳离子表面活性剂（季铵盐）发生了离子交换吸附而制成的。由于季铵盐阳离子在黏土表面的吸附，使亲水的黏土变成亲油的有机膨润土，保证其在油基钻井液中能够很好的分散。常用的季胺盐有：十二烷基三甲基溴化铵、十二烷基三甲基苄基氯化铵。

有机土是油基钻井液中最基本的亲油性胶体，可提高钻井液的黏度和切力，降低滤失量，可以在一定程度上增强油包水乳液的稳定性。

2. 乳化剂

在钻井过程中，以水为连续相，细小的油滴分散在水中的乳状液称为水包油型（O/W）钻井液；以油为连续相，细小的水滴分散在油中的乳状液称为油包水型（W/O）钻井液。为了获得稳定的水包油型（或油包水型）乳状液，所加入的表面活性剂称为水包油型（或油包水型）乳化剂。表面活性剂的HLB值和其乳化性能关系密切。一般水包油型乳化剂的HLB值一般应为8 ~18，油包水型乳化剂的HLB值一般为3 ~6。

（1）粉状乳化剂。

粉状乳化剂PEMUL是一种适用于柴油基、矿物油基或合成基油基钻井液体系的专用乳化剂。该乳化剂含有多个亲水和亲油基团，能在油水界面形成致密的界面膜，且随着温度的逐渐升高，乳化性能降低幅度较小，在高温条件下具有良好的乳化率和电稳定性。少量加入就能有效地增强体系的乳化稳定性和结构力，使钻井液具有良好的抗温性能和切

力，尤其适用于页岩、砂泥岩等复杂地层和大位移定向井、水平井等钻井施工。

性能特点：黄色或浅黄色流动性粉末，不溶于水，溶于柴油、矿物油等有机溶剂，常温下为固体，熔点120℃，乳化率大于90%。乳化的同时兼有提黏切的作用。

使用范围：可用于柴油、矿物油或合成油品的全油基和油包水钻井液体系。一般加量为3.0%。

（2）液体乳化剂。

用于油基钻井液体系的乳化剂大约有如下几类：

①羧酸的皂盐。例如脂肪酸、环烷酸、油酸及松香酸的皂盐。

②磺酸的皂盐。例如烷基苯磺酸盐（二价金属盐）、石油磺酸盐（二价以上金属盐）。

③有机酸酯。例如Span-80。

④铵盐类。例如十六烷基甲基氯化铵等。

3. 降滤失剂

常用的有氧化沥青和腐殖酸酰胺。

（1）氧化沥青。

氧化沥青是一种将普通石油沥青经加热吹气氧化处理后与一定比例的石灰混合而成的粉剂产品。主要由胶质、沥青质、沥青质酸和残油润滑油组成。最主要的成分是胶质沥青，它们决定了氧化沥青的许多性质。常用作油基钻井液的降滤失剂，也可作为悬浮剂、增黏剂，提高体系抗高温能力和体系的稳定性。但是，它的最大缺点是降低机械钻速。

（2）腐殖酸酰胺。

腐殖酸酰胺是有机胺与腐殖酸通过酰胺化反应得到的降滤失剂，为了环保和流变性调控的需要，采用腐殖酸酰胺代替氧化沥青，降低钻井液中胶质的含量，有利于提高机械钻速。同时，腐殖酸酰胺兼具乳化、润湿的作用。

4. 润湿剂

润湿剂也称润湿反转剂，是HLB值在7～9范围内具有两亲结构的表面活性剂。润湿剂的加入使进入钻井液的固相颗粒表面迅速转变为油润湿，使其较好地悬浮在油相中。常用的润湿剂有季铵盐（如十二烷基三甲基溴化铵）、卵磷脂和石油磺酸盐等。

五、油基钻井液性能的调控及维护

1. 油基钻井液性能调控

（1）密度。降低密度主要采用基油稀释、固控设备清除部分固相，以及加入塑料微球等方法。提高密度采用加重材料加重。

（2）流变性。提高黏切的方法主要有：①降低油水比，在增大水含量的同时补充足够的乳化剂；②增大有机土、氧化沥青等亲油胶体的含量；③加入加重剂等惰性材料也能提高黏切，但是需及时补充乳化剂和润湿剂。

降低黏切的方法主要有：①增大油水比，即增大基油的含量；②利用固控设备及时清除钻屑。

（3）滤失量。当滤失量增大时，存在两种情况：第一，当滤液中油水共存时，说明油基钻井液的乳化稳定性受到破坏导致滤失量增大，因此应及时补充乳化剂和润湿剂，增强油基钻井液的稳定性；第二，当滤液中不含水时，表明钻井液中亲油胶体含量偏低，因此应适当补充有机褐煤、氧化沥青等亲油胶体的含量。

（4）乳化稳定性。稳定性变差通常是由于钻井液中出现亲水固体或者外来水进入钻井液造成的。如果钻井液缺少光泽，流动时漩涡减少，钻屑趋于聚结并容易黏附在振动筛筛网上时，表明钻井液的乳化稳定性受到破坏，应及时补充乳化剂和润湿剂，并注意及时调整油水比，使乳化稳定性尽快恢复。

2. 维护要点

（1）每班正常测定钻井液性能，每1h测定一次密度和漏斗黏度，每2h测定一次流变参数和滤失量，每8h测定一次含水量和破乳电压，每24h测定一次高温高压滤失量和高温下密度稳定性。

（2）保证钻进过程中乳状液稳定性，破乳电压≥400V，根据破乳电压大小，每天细水长流补充乳化剂，不允许钻井液出现破乳现象。

（3）控制高温高压滤失量≤5mL，减少滤液向地层渗透，根据滤失大小补充适量的有机土、乳化剂、降滤失剂和封堵材料。

（4）按要求测量钻井液 pH 值，维持在8.5～10.5范围内，若发现 pH 值有降低现象，及时加入 CaO 维护，以保持钻井液的稳定性。

（5）出现垮塌掉快，通过补充有机土、亲油胶体和降低油水比提黏切，保持动切力在8～15Pa 范围内，提高携砂能力，同时加入2%～3%封堵剂，加强钻井液封堵能力。

（6）加强固控，振动筛筛布尽量使用高目数筛布，运转率要求达到100%，除砂器和除泥器的运转率要分别达到90%和70%以上，离心机可根据现场实际情况使用。最大限度地降低无用固相含量，保持钻井液清洁。

（7）增加钻井液密度幅度≤0.04g/cm^{3}时，可以加入有机土、亲油胶体或清水。增加钻井液密度幅度较大时，需视黏切情况先补入适量乳化剂、润湿剂，然后加入计算量的超细碳酸钙或重晶石。需要降低钻井液密度时，加入基油及乳化剂，同时注意钻井液油水比变化。

（8）维持钻井液黏度在设计范围内，如果黏度降低，加入2%～3%亲油胶体或适当提高水相比例。如果黏度升高，加入5%～10%基油、0.5%乳化剂等降低黏切。

第二节　矿物油油基钻井液

以矿物油作为连续相（分散介质）的钻井液称为矿物油油基钻井液。一般把油基钻井液分为两类：全油基钻井液和油包水乳化钻井液（又称 W/O 乳化钻井液或逆乳化钻井液）。习

惯上把含水量小于5%的称为全油基钻井液，含水量大于此值者称为油包水乳化钻井液。

一、全油基钻井液

全油基钻井液是以油为分散介质，以有机土、氧化沥青等分散相配成的钻井液，含水量一般小于5%。

对于全油基钻井液，水是应加以清除的污染物，但一般3%~5%的水是可以容纳的。

配制全油钻井液时应注意以下几点：①基油应选用芳香烃含量较低的柴油，最好是无毒矿物油；②需选用亲油的有机聚合物或胶质类处理剂作为降滤失剂；③使用有机土和氧化沥青、超细目碳酸钙等来提高黏切。

二、油包水钻井液

油包水钻井液是以水滴为分散相，油为连续相，并添加适量的乳化剂、润湿剂、亲油胶体和加重剂等所形成的稳定的乳状液体系。

1. 配制原理

（1）油包水乳状液的稳定。

配制稳定的油包水乳状液必须加入乳化剂。乳化剂的性质决定乳状液的类型。配制油包水型乳状液必须使用亲油性乳化剂。乳化剂稳定乳状液的机理是吸附溶剂化保护膜的稳定。

乳状液的稳定理论涉及到油水比、界面膜的性质、膜的界面黏度、膜的厚度、固体粉末的稳定作用。

①油水比与乳状液稳定的关系。大多资料介绍，油水比60:40时油包水乳液最稳定，破乳电压最高。可以这样理解：水含量增大，界面积增大不利于乳状液稳定；但水含量过小时，分散体系的黏度变小，水珠容易移动合并和破乳，也对乳状液的稳定有害，故应有一个适宜的油水比。

②有的研究者认为，决定稳定性的最重要因素是界面膜的强度和紧密程度。这就是说乳化剂的性质、浓度，主、辅乳化剂的配合，油品的性质是重要的。

③使用复合乳化剂，即使用两种或两种以上的乳化剂，并以一种为主，其他为辅。混合乳化剂的膜比单一乳化剂的膜强度大，不易破裂，因而液滴不易聚结，乳状液就更加稳定。原因是使用复合乳化剂可以构成密堆复合膜。另一方面，使用主辅乳化剂对于调整乳化剂的HLB值，使之更适合于稳定的油包水乳状液的需要也是必要的。

④连续相黏度。连续相的黏度越高，水滴运移、聚结所克服的阻力越大，越有利于乳状液稳定。由此可见，高温不利于乳状液的稳定，而高压则有利于乳状液的稳定。

⑤固体的稳定作用。固体粉末被吸附在乳状液滴的界面上，降低了油-水的界面张力，同时亦能构成有一定强度的吸附膜起稳定乳状液的作用。

（2）固体在油相中的分散。

为了提高油包水钻井液的稳定性，除了使用乳化剂外，一般加入固体。这些固体有的本身是亲油的，如沥青；也有原来亲水的，通过加入润湿剂使它们转变为亲油的，如膨润土转为有机土（亲油黏土）。使它们在油相中均匀分散。

2. 影响油包水钻井液性能的因素

（1）油水比。

随着油水比的降低，钻井液黏度和切力上升；油水比升高，钻井液黏度和切力降低。高度分散的水滴有堵塞滤饼空隙的作用，有利于控制滤失量。

（2）乳化剂的品种和用量。

乳化剂的品种和数量将影响水滴的分散程度和稳定性。首先是乳化剂，它是决定乳状液类型和建立牢固的乳化膜的骨架基础。实验表明：当乳化剂加量不够时，水的分散度较低，乳状液亦不够稳定，这时黏度较小、滤失量较大；随着乳化剂量增大，主、辅乳化剂之间会构成一个最适宜于稳定该乳状液体所需的 HLB 值和强度较高的混合膜，这时乳状液很稳定，滤失量最小，黏度较前者大；当主乳化剂量过大时，将破坏与辅助乳化剂配比，影响体系中表面活性剂总的 HLB 值，因而破坏乳状液的稳定，滤失量显著增大。

辅助乳化剂的问题主要是品种，其次是数量。它是通过影响与主乳化剂复配后的 HLB 值和混合膜强度而改变乳状液的稳定和钻井液性能的。配合得好时，钻井液的破乳电压高、滤失量低。

（3）有机土的加量。

有机土的加量对油基钻井液性能的影响有如水基钻井液中膨润土的作用，能提黏、提切、提高乳化剂的稳定性和降低滤失量。

（4）润湿反转剂的加量。

润湿反转剂加量不足，有机土和重晶石的亲油性都较弱，钻井液的切力小、触变性差，往往不能满足悬浮重晶石粉的需要，表现为钻井液沉降稳定性差。若润湿反转剂加量过大，剩余的阳离子型表面活性剂在体系中保留较多，会把钻屑也反转为亲油的，不利于清除钻屑，使钻井液稠化，固相含量剧增。

3. 控制活度的意义

活度控制的意义在于，通过调节油基钻井液水相中无机盐的浓度，使其产生的渗透压大于或等于页岩吸附压，从而防止钻井液中的水向岩层运移。通常用于活度控制的无机盐为 $CaCl_2$ 和 NaCl。其浓度与溶液中水的活度的关系可用对应的浓度与活度关系图表示。只要确定出所钻页岩地层中水的活度，便可由图中查出钻井液水相应保持的盐浓度。

三、油基钻井液配方及性能

表 4－2 是基于传统的油基钻井液给出的油基钻井液基本配方，其性能见表 4－3。

表 4-2　油基钻井液配方

组分	不同油水比处理剂加量/（kg/m³）	
	全油（含水量小于5%）	油包水（油水比95:5～7:3）
有机土	40～60	20～40
降滤失剂	30～50	30～50
主乳化剂	30～40	30～40
辅乳化剂	15～20	10～20
润湿剂	0～15	0～15
生石灰	30～50	20～40
加重材料	视钻井液密度需要而定	

注：水相是质量分数为20%～40%的氯化钙水溶液。

表 4-3　性能指标

项目	指标
密度/（g/cm³）	0.9～2.2
漏斗黏度/s	40～85
动切力/Pa	4～20
动塑比/（Pa/mPa·s）	0.15～0.45
静切力，（初/终）/（Pa/Pa）	（2～6）/（4～10）
破乳电压/V	≥400
API 滤失量/mL	≤2
HTHP 滤失量/mL	≤4
碱度/（mg/L）	1.5～2.5

注：HTHP 滤失量（150℃以下）测定，其他性能指标在60℃ ±2℃条件下测定。

四、油基钻井液现场施工要点

1. 设备要求

（1）循环罐、储备罐和循环槽应清洁、封闭，并配备防雨、防沙棚；

（2）循环罐和循环槽连接处应密封，搅拌机应运转正常；

（3）钻井泵及净化设备的橡胶密封件应符合相关规定（即保证具有耐油能力）；

（4）振动筛、除砂器、除泥器、离心机应运转正常；

（5）冬季施工，配制罐、储备罐和循环槽和外接管线应具保温功能；

（6）夏季施工，配制罐、储备罐和循环罐应备通风设备。

2. 配制工艺

（1）用清水清洗干净循环系统及上水管线；

（2）在配制罐内配制所需浓度的 $CaCl_2$ 水溶液；

（3）按配方在罐内加入基油，开动地面循环，经混合漏斗依次加入所需有机土、氧化沥青、石灰粉，充分搅拌1.5～2h至全部均匀分散，然后加入乳化剂、润湿剂充分搅拌2h或根据试剂情况确定时间；

（4）将配制好的 $CaCl_2$ 水溶液缓慢加入油相中，充分搅拌 1.5～2h；

（5）根据设计要求，加入加重材料达到所要求的钻井液密度；

（6）按（1）、（3）、（5）程序配制全油基钻井液。

3. 维护处理

（1）维护处理的基本要求：

①高剪切速率下的黏度；

②有效的环空剪切速率下要有足够的黏度，保证清洗井眼及适当的循环压力；

③足够的切力以悬浮重晶石和岩屑；

④保证乳化钻井液的乳化稳定性；

⑤较低的滤失量（滤液中不见水）；

⑥油包水乳化钻井液的活度与地层的活度要匹配；

⑦适当的碱度保证钻井液悬浮稳定性和乳状液稳定性；

⑧适当黏度以有利于通过细目振动筛，并减少在岩屑上的吸附；

⑨减少循环滤失和漏失。

（2）维护处理要点：

①按照配方设计性能要求进行性能维护，保持钻井液中有足量的乳化剂和润湿剂，保证乳液稳定性和固相的油润湿性。也可以根据具体情况加入适量的辅乳化剂，以达到乳化剂最佳 HLB 值。

②用石灰维持钻井液合适的碱度范围，并随着井温增加适当提高碱度。

③根据钻井液密度变化调整油水比，保持钻井液良好的流变性。降低黏度、切力应加入基油。提高黏度和切力应加入同浓度的氯化钙水溶液或有机土。

④定时测量钻井液的破乳电压，需要调整钻井液性能时加密测量，若破乳有电压下降趋势，且有破乳倾向时，应补充乳化剂和润湿剂。

⑤需加入重晶石提高密度时，同时补充润湿剂；需降低密度时，加入配制的未加重基浆。

⑥按配方设计及时补充钻井液，避免因消耗造成钻井液量不足。

4. HSE 要求

（1）安全要求。

以下方面要符合有关安全规定：

①井场布置、井场安全标志设置及施工过程的防火防爆措施；

②井场用电设备电路安装及照明；

③井场安全要求、灭火器材配备及管理；

④现场施工必须动火时；

⑤钻井液设备防雷、防静电；

⑥井控设备密封件。

（2）环保要求。

①施工过程中避免钻井液泄漏于地面或扩散；

②完井后使用的油基钻井液应全部回收或再利用；

③完井后的废液及清洗各种设备、仪器的污水处理应符合排放标准。

（3）健康要求。

①现场人员从事与油基钻井液接触工作时，应穿戴防火、防静电的劳保用品；

②当必须进行油基钻井液相关作业时，应穿戴个人防护用具。

第三节　植物油油基钻井液

油基钻井液应用于页岩、高温酸性地层、大段盐膏层、大位移井等，由于不利于环境保护，制约了其使用。国内外自20世纪80年代以来，相继开发出环境保护性能好且可生物降解的植物油油基钻井液体系，如Baroid公司的BaroidPetrofree体系和LVC8体系、INTEQ钻井液公司的酯基钻井液体系及MI公司的ECOGREEN体系；以及国内学者研制的生物柴油基钻井液体系，其基础油均采用从植物油处理提取的脂肪酸单酯，具有安全环保、毒性小，可生物降解，基础油成分单一，抗水解、抗温性能较好等优点，大量应用于环境保护要求级别高的墨西哥湾以及挪威海域，但其基础油价格非常昂贵，未能在国内推广应用。

植物油作为油基钻井液基础油具有无毒、无芳烃，可完全生物降解，闪点、燃点高，可再生等优点，含油钻屑可直接排放，废弃物处理成本极低，社会效益高。

一、配方及性能

经配伍性实验，得到植物油全油基钻井液的配方：基液（植物油）+3%～4%乳化剂+2%～3%有机土+4%～5%降滤失剂+1%～2%CaO+重晶石。

植物油钻井液的基本性能及抗污染评价结果见表4-4和表4-5。

表4-4　植物油全油基钻井液基本性能

条件	ρ/（g/cm^3）	*PV*/mPa·s	*YP*/Pa	*Gel*/（Pa/Pa）	*ES*/V	*FLHTHP*/mL
热滚前	0.88	21	9.7	1.5/3.0	2000	
热滚前	1.20	27	24.5	2.0/5.0	2000	
热滚前	1.50	48	17.4	4.0/6.0	2000	
热滚前	1.60	77	10.2	4.5/6.0	2000	
热滚后	0.88	18	10.2	1.5/3.0	2000	5.5
热滚后	1.20	31	13.8	2.0/6.0	2000	5.0
热滚后	1.50	42	20.4	3.0/6.0	2000	0
热滚后	1.60	75	12.8	4.0/6.0	2000	0

注：热滚条件为150℃、16h，在50℃测定性能。

表 4-5 植物油全油基钻井液抗污染性能

条件	污染物	*PV*/mPa·s	*YP*/Pa	*Gel*/(Pa/Pa)	*ES*/V	*FLHTHP*/mL
热滚前	空白	27	24.5	2.0/5.0	2000	
热滚前	5%清水	42	27.6	3.5/4.0	850	
热滚前	10%清水	50	25.0	4.5/7.5	600	
热滚前	5%膨润土	32	22.0	2.0/3.0	200	
热滚前	5%氯化钠	33	20.0	1.5/4.0	860	
热滚前	5%石膏	32	23.0	1.5/5.0	1000	
热滚前	5%氯化钙	31	26.1	1.5/4.01	200	
热滚后	空白	31	13.8	2.0/6.0	2 000	5.0
热滚后	5%清水	38	15.8	1.5/3.0	1150	11.6
热滚后	10%清水	48	14.8	2.0/5.0	880	12.4
热滚后	5%膨润土	36	14.8	2.0/4.5	2000	10.0
热滚后	5%氯化钠	37	13.3	1.0/4.5	1248	13.8
热滚后	5%石膏	34	14.3	1.0/4.0	1226	14.6
热滚后	5%氯化钙	35	13.8	1.0/4.0	1 173	9.0

二、性能维护

植物油基钻井液的性能调控及维护参考油基钻井液。

植物油作为油基钻井液基础油具有无毒、无芳烃，价钱低廉，可完全生物降解，闪点燃点高，可再生等优点，含油钻屑可直接排放，废弃物处理成本极低，综合效益高。但是连续相是酯，在高温碱性条件下容易水解，发生“皂化”，破坏连续相的稳定性，导致钻井液增稠，流变性难以控制。因此使用植物油钻井液要考虑到这方面。

三、HSE 要求

1. 安全要求

以下方面要符合有关安全规定：

（1）井场布置、井场安全标志设置及施工过程的防火防爆措施；

（2）井场用电设备电路安装及照明；

（3）井场安全要求、灭火器材配备及管理；

（4）现场施工必须动火时；

（5）钻井液设备防雷、防静电；

（6）井控设备密封件。

2. 环保要求

（1）植物油无毒，但施工过程中避免钻井液泄漏于地面或扩散；

（2）完井后使用的油基钻井液应全部回收或再利用；

（3）完井后的废液及清洗各种设备、仪器的污水处理应符合排放标准。

3. 健康要求

（1）植物油对人无伤害，但现场人员从事与油基钻井液接触工作时，应穿戴防火、防静电的劳保用品；

（2）当必须进行油基钻井液相关作业时，应穿戴个人防护用具。

第四节　合成基钻井液

合成基钻井液是为了继承传统的矿物油基钻井液抑制性强、润滑性好的优点，克服其危害环境的缺点而开发的一种钻井液体系。是以合成基液为连续相，盐水为分散相，加上乳化剂、有机土、石灰等组成的合成基液包水乳化钻井液，根据性能要求加入降滤失剂、流变性能调节剂和加重材料等。合成基钻井液在许多性能方面与油基钻井液相似，但无毒或低毒并容易在海水中生物降解，因此能被环境接受。

与油基钻井液相比较，其区别在于，将油基钻井液中的基础油替换为可生物降解又无毒性的合成基液。最初的希望是合成基液的物理性质应与矿物油相似，毒性必须很低，无论在需氧或厌氧的条件下均可以生物降解。合成基钻井液在国内应用比较少，即使应用也是采用国外的技术。据不完全统计，在世界范围内已有500多口井使用了合成基钻井液。

一、基液的基本性能

合成基钻井液分为一代和二代（国外分为4代），第一代主要为酯类、醚类和聚烯烃（PAO）类；第二代主要为线性烯烃（LAO）类、内烯烃（IO）类、线性烷烃（LP）类和线性烷基苯类，以线性烯烃聚合物为主的第二代合成基钻井液与第一代相比，黏度较低，配制成本也较低，而且有更强的生物降解能力，且第二代合成基钻井液更适于在高温深井中使用。不同类型合成基液的性能见表4-6。

表4-6　合成基液的基本性能

基本性能	第一代合成基液				第二代合成基液			
	酯	PAO	醚	缩醛（羧酸醛）	LAB	LP	LAO	IO
密度/（g/cm^3）	0.85	0.80	0.83	0.84	0.86	0.77	0.77~0.79	0.77~0.79
运动黏度/（mm^2/s）	5.0~6.0	5.0~6.0	6.0	3.5	4.0	2.5	2.12.7	3.1
闪点/℃	>150	>150	>150	>135	>120	>100	113~135	137
倾点/℃	<−55	<−15	<−40	<−60	<−30	<−10	−14~−2	−24
芳香烃	无	无	无	无	有	无	无	无

二、配方及性能

合成基钻井液主要是以合成基液、水及乳化剂为基本组分配制而成的，当然，为了使整个合成基钻井液体系具有优良的性能，另外还需加一些钻井液处理剂，如亲油胶体、润湿剂、降滤失剂、碱度控制剂（氧化钙）以及加重材料等。表4-7是典型的合成基钻井液配方，其性能见表4-8。

表4-7　合成基钻井液配方

组分	主要功能	加量
合成基液、盐水	分散介质、分散相	9:1～7:3
有机土	增黏、提切	1.0%～2.0%
主乳化剂	乳化	1.5%～2.5%
辅乳化剂	辅助乳化	0.5%～1.0%
增黏剂	增黏提切	0.5%～1.0%
生石灰	提供碱度	2.0%～4.0%
降滤失剂	降低滤失	4.0%～6.0%
润湿剂	润湿反转	1.0%～2.0%
加重剂	加重	视密度需要

表4-8　合成基钻井液性能

项目	要求	项目	要求
表观黏度/mPa·s	90～110	Φ3/格	17～23
塑性黏度/mPa·s	60～80	静切力/Pa	(4～8)/(6～12)
动切力/Pa	15～20	API滤失量/mL	1～2
Φ6/格	20～25	HTHP滤失量/mL	6～10

三、合成基钻井液性能调控及维护

由于合成基钻井液和油基钻井液的作用原理、性能相似，其性能调控及维护与油基钻井液类似。具体调控方法及维护参考油基钻井液。

第五章　气体型和气液混合型钻井流体

气体型和气液混合型钻井流体包括空气、天然气、氮气、雾状钻井流体、泡沫钻井流体、充气钻井液及微泡钻井液等，是实现欠平衡钻井的一种技术手段，对于保护和发现低压油气层，提高单井产量和采收率有重要的意义，还可用于严重漏失性地层的防漏。

采用气体型或气液混合型钻井流体钻进，由于钻井过程中钻井流体的液柱压力低于地层压力，因此具有以下优点：

（1）减少储层损害，有效地保护油气层；

（2）实时评价地层，及时发现产层；

（3）防止或减少井漏、卡钻等；

（4）显著提高机械钻速；

（5）延长钻头使用寿命。

采用气体型或气液混合型钻井流体进行欠平衡钻井时，必须具备以下基本条件：

（1）地层压力比较清楚，裸眼段地层压力系数相对单一，即地层孔隙压力梯度应基本一致；

（2）地层岩性比较稳定；

（3）地层流体不含硫化氢；

（4）进行欠平衡钻井的装备。

本章从空气或天然气钻井流体、雾状钻井流体、泡沫钻井流体和微泡钻井液等方面介绍。

第一节　空气或天然气钻井流体

气体钻井是用气体作循环介质的一种低压钻井技术，常用的气体有空气、天然气，也可使用柴油机尾气、氮气等。钻井工艺是以空气或天然气作为循环介质，用气体压缩机等设备作为增压装置，用旋转防喷器作为井口控制设备的一种欠平衡钻井工艺。

对于不同流体的预处理系统如下：

空气供气处理系统：空气→空压机→增压机→高压空气

天然气的来源共分为三种，即：①天然气输气管线→高压天然气；②邻井高压天然气→高压天然气；③邻井低压天然气→增压机→高压天然气。

下面介绍纯空气钻井工艺流程：以空气为工作介质用空压机对空气先进行初级压缩至1.2MPa后，再降温、除水，然后再用增压机将空气继续增压至钻井需要的工作压力，并将增压后的空气从立管三通压入钻具，利用压缩空气完成冷却钻头、携带岩屑的任务，在排砂管线上利用岩屑取样器取得砂样，利用除尘器消除钻屑粉尘。

纯空气钻井工艺技术流程见图5-1。

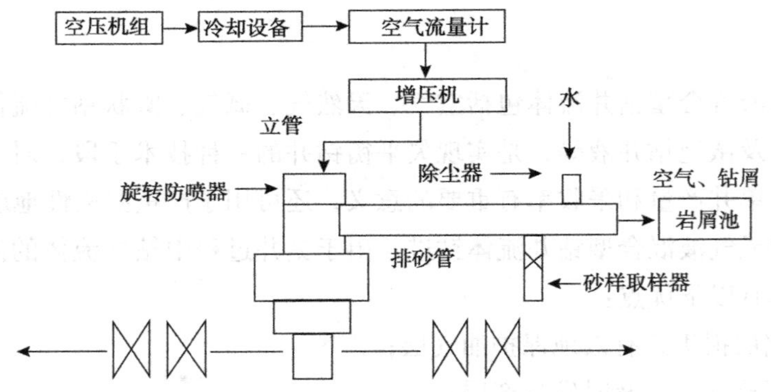

图5-1 纯空气钻井工艺技术流程图

为了有效地携带钻屑，需要确定地面空气注入量。最优环空返速与井眼尺寸、钻具组合、钻速、钻头类型、钻屑形状及大小、井底温度、地层特性、井深等有关。不同井眼尺寸的空气注入量见表5-1。

表5-1 不同井眼尺寸的空气注入量

井眼尺寸/mm	流体类型	空气注入量/（m^3/min）
444.5	纯空气	180～210
311.2	纯空气	120～160
215.9	纯空气	80～120

一、适用条件

（1）所钻地层平缓，地层倾角<30°，无力学不稳定性应力垮塌，地层坍塌压力低。

（2）所钻地层不出水，无浅层天然气，无膏盐层。

二、优点

（1）显著提高机械钻速，缩短钻井周期。

（2）井底清洗及冷却条件好，延长了钻头的使用寿命，节省了钻头用量。

（3）使用空气锤钻头，钻压小，转速低，扭矩小，防斜效果更加良好。

（4）可有效地避免井漏等井下复杂情况的发生，有利于环境保护。

三、缺点

（1）空气钻井是欠平衡钻井，因而当遇到地层出水、油气侵显示时便不能够平衡地层

压力，要立即转换成钻井液钻井方式。所以即使在空气钻井时同也要配制好压井钻井液，随时准备转换钻井方式。

（2）空气钻井费用高，空气钻井每天的耗油量是 8～10t。

第二节　雾状钻井流体

雾化钻井是指在注入压缩空气的同时注入一定量的雾化液，使之在排出口以灰白色的雾状出现。雾化液的主要成分是发泡剂，可以吸附地层水而形成均匀的雾状泡沫，从而提高处理和携带一定量的水和油的目的。同时，雾状的流体具有更好地悬浮岩屑颗粒的能力，仍可保持较高的机械钻速。但是雾化钻井时需要比干空气钻井提供多出 30%～40% 的气体注入量，并且需要较高一些的注入压力，这主要是为了有效携带混水的岩屑以及所增加的水的重量。资料表明，空气雾化钻机械钻速至少比常规钻井液钻井高 4～10 倍。适用于气体钻井钻遇地层水（出水量低于 $50m^3/h$）后无法正常钻进的情况。

一、基本配方

雾化基液根据性能要求、现场应用条件选择加入表 5-2 中处理剂。

表 5-2　雾化基液配方

处理剂名称	功用	用量/（kg/m^3）
高分子质量两性离子聚合物	包被、絮凝	0.05～0.10
中等分子质量两性离子聚合物	吸附、抑制	0.3～0.7
小阳离子化合物	抑制	0.1～0.5
阴离子表面活性剂	雾化剂	0.01～0.05
非离子表面活性剂	抗盐雾化剂	0～0.1

二、工程措施

（1）正式雾化钻进前，按设计钻井参数进行试钻，确认供气设备和其他工作一切正常后才能进行正式钻进。

（2）正式雾化钻进时，各项钻井参数应根据井深和井下情况合理匹配，以确保快速安全钻进。

（3）钻进时，要求送钻均匀，遇到立压和扭矩突然变化、蹩跳严重、上提遇卡、排砂管线出口液量增大等井下异常现象时，应立即停钻，活动钻具，循环观察，分析原因，及时处理。

（4）单根打完后提离井底 0.5m 循环，要保证循环时间，将井底的钻屑循环干净，直到排砂口返出液体明显变得清澈或排砂管无明显钻屑撞击声，以防止沉砂卡钻，活动钻具无异常后接单根。

（5）在钻遇水层循环观察期间，应增开 1 台空压机，提高空气排量，保持井眼清洁，避免因钻屑或掉块下沉并堆积在环空间隙小的地方导致卡钻。

(6) 缩短工艺操作措施时间，降低复杂故障概率。

(7) 起钻前必须进行充分循环，将井下钻屑带到地面。

(8) 雾化钻进至 7 天时，应更换牙轮钻头继续钻进，预留出处理因井壁失稳导致卡钻的技术空间。

(9) 在直径 444.5mm 以上井眼实施雾化钻井时，在判断井壁稳定的情况下出现携砂困难现象，如提高气体排量受限且需继续钻进，可钻进 0.5～1.0m 循环 15～30min，减少环空中的钻屑量。

(10) 当地层出水量较大，举水时应采取低气量、高压分段实施的方法，一般每下钻 200～300m 举水一次。

三、技术要点

1. 转换为泡沫钻井

当井深小于 1000m 时，如出水量大于 $25m^3/h$，排砂口返液呈间断柱塞状喷出，可转换为泡沫钻井，提高携水效率。

当井深大于 1000m 时，在判断井眼正常的情况下，如出现返砂量减少、钻屑颗粒变小的现象，提高空气排量无明显改观时，可转换为泡沫钻井，以提高携砂效率。

2. 转换为空气钻井

雾化钻进期间，在工程参数稳定、排气正常（环空畅通）的情况下，如出现排砂口出水减少至滴流且返出钻屑在缓冲筒堆积的现象，说明钻遇的水层已基本枯竭，可关闭雾化泵，循环干燥井眼至排砂口出现扬尘，恢复空气钻进。

3. 转换为水基钻井液钻井

钻遇气层，点火、循环观察，如果全烃含量快速上升，气测全烃含量大于 3%，停止雾化钻进，将钻具起至套管内，用储备的钻井液注入井筒，重建井内压力平衡后，将钻具下至井底，恢复常规钻进。

如果监测设备发现 H_2S 气体，应立即停止雾化钻进，用储备的钻井液注入井筒，恢复常规钻进。

出现立压上升、钻盘扭矩增大等异常现象，如判断为地层坍塌，应立即停止雾化钻进，将钻具起至套管内，将储备的钻井液注入井筒，重建井内压力平衡后，将钻具下至井底，恢复常规钻进。

第三节 泡沫钻井流体

空气泡沫钻井是指在注入压缩空气的同时注入一定量的泡沫液，使之形成蜂窝状泡沫。泡沫液的主要成分是发泡剂、稳泡剂及井壁稳定剂，在高压空气的冲击下形成均匀的

泡沫，从而具有良好的举水和携岩效果。资料及实践表明，空气泡沫钻井平均机械钻速比常规钻井液钻井高4~8倍。适用于气体钻井钻遇地层水（出水量高于$10m^3/h$）后无法正常钻进、大尺寸井眼使用空气钻携岩困难的情况。

一、基本配方

空气泡沫基液根据性能要求、现场应用条件选择加入表5-3中处理剂。

表5-3 空气泡沫基液配方

处理剂名称	功用	用量/（kg/m^3）
阴离子表面活性剂	发泡	3.0~5.0
非离子表面活性剂	发泡	1.0~1.5
体型高分子聚合物	稳泡	1.0~1.5
线性高分子聚合物	稳泡	0.1~0.3
小阳离子化合物	抑制	5.0~12.0
可变形植物纤维	井壁稳定	1.0~4.0
两性离子咪唑啉	缓蚀	3.0~6.0

二、性能要求

空气泡沫基液性能应符合表5-4规定的指标，施工参数见表5-5。

表5-4 空气泡沫基液性能

项目	指标	项目	指标
密度/（g/cm^3）	0.01~0.30	发泡倍数	4
pH值	8~10	半衰期/min	30~200

表5-5 推荐空气泡沫施工参数

井眼尺寸/mm	所需空气量/（m^3/min）	所需泡沫基液量/（L/min）	井眼尺寸/mm	所需空气量/（m^3/min）	所需泡沫基液量/（L/min）
660.4	150~200	220~300	311.2	50~100	80~150
609.6	130~170	200~250	215.4	50~100	80~150
444.5	100~140	150~230	152.4	30~50	50~80

三、配制方法

1. 设备准备

（1）配制罐应配有搅拌器，容积应满足现场要求。

（2）钻井液值班房应配备泡沫性能测定装置：高速搅拌机、密度计、分析天平、精密pH试纸、秒表。

（3）空压机、增压机、雾化泵或钻井泵及循环系统应满足现场施工要求。

2. 空气泡沫基液配制

（1）在配制罐中按要求加入所需量的清水或经机械消泡回收的泡沫基液，通过混合漏斗加入所需量处理剂，循环搅拌使其充分溶解。

（2）地面循环搅拌，将泡沫基液混合均匀。

（3）取样测定空气泡沫基液性能，性能应满足设计要求。

四、维护与处理

（1）每4h测定一次空气泡沫基液性能。

（2）补充聚合物时，应将主稳泡剂、辅助稳泡剂等配制成胶液，按推荐加量加入。

（3）每2h补充抑制剂，遇易垮塌地层时提高抑制剂的加量至$12kg/m^3$，保持空气泡沫流体的抑制性。

（4）根据空气泡沫流体发泡性能补充发泡剂，遇易吸附泥岩地层时适当提高发泡剂的加量，保持空气泡沫的稳定性。

五、技术要点

（1）气测全烃含量大于3%时，应停止空气泡沫钻进。

（2）监测发现H_2S气体，应停止泡沫钻进。

（3）出现地层坍塌，应停止泡沫钻进。

第四节　充气钻井液

气体分散在钻井液中形成的稳定分散体系称做充气钻井液。充气钻井液是气泡和黏土颗粒为内相，水为外相的多相分散体系，其组成包括：气体（气泡）、黏土、起泡剂和稳泡剂、钻井液处理剂和水。密度较低，一般为$0.6\sim1.0g/cm^3$，配制使用时可以不用压风机和专门的泡沫发生器，只需常规钻进用的钻井泵系统即可。常用注入气体主要是空气和氮气，此外还有二氧化碳、天然气、柴油机尾气，但使用的较少。

充气钻井液适用于低压和易漏失地层。其次滤失量较小，黏度较高，有利于地层的稳定。

一、性能指标

充气钻井液应符合表5-6规定的指标，充气钻井液基液性能应符合表5-7规定的指标。

表5-6　技术指标

项目	指标	项目	指标
密度/（g/cm^3）	0.4~1.0	综合性能	满足现场施工要求
温度/℃	≤120		

表5-7　性能指标

项目	指标	项目	指标
PV/mPa·s	10～25	FL/mL	≤8.0
G/(Pa/Pa)	1～5/2～12		

二、主要处理剂及加量范围

根据性能要求、现场应用条件选择加入表5-8中处理剂。

表5-8　处理剂加量

处理剂	加量/（kg/m³）	处理剂	加量/（kg/m³）
膨润土	0～60	降滤失剂	0.2～0.5
增黏气液稳定剂	0.3～0.5	液体润滑剂	0～1.5
井壁稳定抑制剂	0.3～1	消泡剂	0～1
表面张力调节剂	0.3～3	抗高温稳定剂	0～3

三、配制和维护

1. 基浆的配制

（1）清空所有地面循环罐，并用清水清洗干净。

（2）分析检测现场水离子浓度，矿化度为普通清水标准即可满足配浆水要求。在地面罐中加入所需量的配浆水。

（3）根据钻井液量要求加入表5-8中所需处理剂，在地面循环至处理剂溶解、混合均匀，泵入井筒，替出井内原钻井液，调整性能和液量，达到充气钻井的开钻要求。

2. 地面设备安装

（1）安装好旋转防喷器、充、混气管汇组、节流管汇并对其进行试压，合格后方可开钻。

（2）调试空气压缩机、增压机、（氮气分离器）、气体流量控制器、使之能满足充气钻井需要。

（3）液气分离器要求按照设计最大气体分离能力选配，安装好点火装置。

（4）充气钻井计算软件根据设计调整，跟踪记录数据传感器连接到位，保证正常工作，录取数据准确。

3. 性能维护

（1）钻井液日常维护过程中，可根据井下情况和钻井液性能要求，以胶液或干粉形式加入。

（2）密度调节。

①通过调节泵排量、充气量改变气液比，满足井底循环当量密度要求。

②钻进过程中要尽量提高固控设备的运转效率，清除固相，控制钻井液密度。

（3）性能维护。

①黏度控制。钻井液塑性黏度超过25mPa·s时，液气分离器分离效率变低，可通过

调整黏度，降低表面张力调节剂用量，使充气基液易脱气，重复使用。

②切力控制。视井下情况调整钻井液膨润土、增加气液稳定剂加量，控制切力。

③钻井液抗温能力。视井底温度需要加入适量的抗高温稳定剂。

第五节 微泡钻井液

微泡钻井液是近年来开发的一种可应用于近平衡钻井的新型钻井液，具有密度低、可循环使用、不影响泵上水及 MWD 等井下工具使用、不添加空压机等空气注入设备、保护油气层等特点。该钻井液体系适用于易发生漏失的低压地层。

一、结构特点

微泡钻井液流动性良好，其中的微泡具有胶体性质，直径在 25～200μm 之间。微泡结构可大致分为两部分：空气核和包裹空气的保护性外壳，通常微泡含有体积分数为 8%～15%的空气。微泡外壳与普通空气泡沫外壳明显不同，普通泡沫的外壳很薄，仅由单层表面活性剂分子组成；微泡的外壳结构相对复杂，在内部的表面活性剂层外面还有两层结构，黏性水膜和其外部的表面活性剂双层结构，见图 5-2。

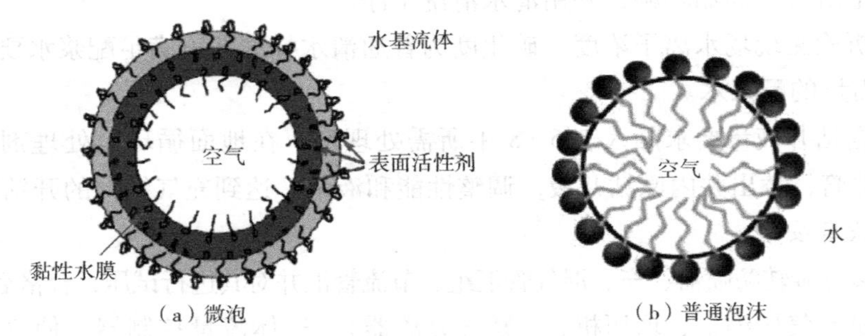

图 5-2 微泡与普通泡沫结构示意图

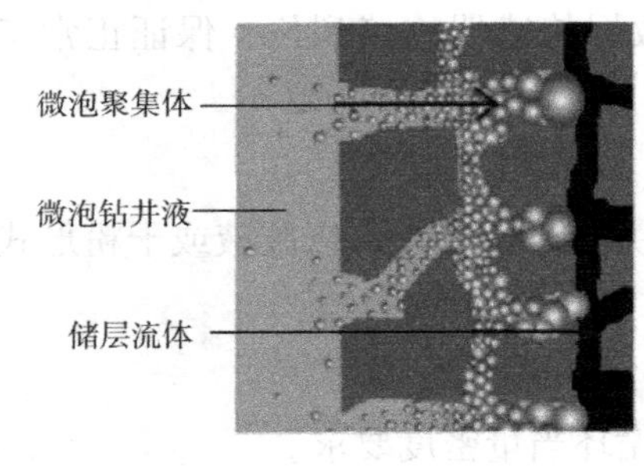

图 5-3 微泡桥堵大孔隙示意图

微泡的这种结构与普通泡沫相比，水基外壁更厚，密封性更强，且具有一定的刚性。这些特点使其具有“聚能”作用，微泡的液膜有足够大的强度和不渗透性。随着压力的升高，微泡壁可有效阻止空气泄漏，微泡内蕴含愈来愈多的能量，允许它们抵抗外部压力的影响，微泡的体积变化很小，从而使微泡钻井液在井底高压条件下仍能保持较低的钻井液密度，有利于减少钻井液漏失。

如图 5-3 所示，当存在压力梯度时（如发生地层漏失），微泡钻井液会出现“多泡流动”现象。这是一种微泡比基液运移速度快并形成一

层微泡薄膜的现象。聚集在钻井液前端的微泡可以建立起一个复杂的聚集体，由于微泡之间拉普拉斯压力的作用，使这种聚集体获得极大的能量，从而逐渐与漏层达到压力平衡并阻止液相流体进入孔隙；并且，在施工完成后易返排，有利于储层保护。

此外，微泡钻井液具有高触变性，在低剪切速率下表现出非常高的黏度（图 5-4）。当钻遇漏层时，微泡钻井液进入漏层后流动速度下降，可快速形成结构并驻留，防止钻井液继续漏失。

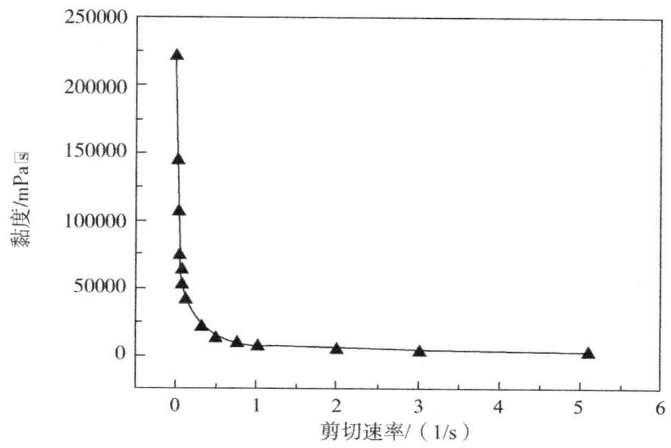

图 5-4　典型微泡钻井液流变曲线

二、配方与性能

微泡钻井液的基本配方见表 5-9，其性能见表 5-10。

表 5-9　微泡钻井液配方

处理剂名称	功用	用量/（kg/m^3）
膨润土	造浆提黏	20.0～50.0
发泡剂	形成微泡	10.0～15.0
高分子聚合物	提高黏度，稳定泡沫	3.0～6.0
羧甲基纤维素钠盐	降低滤失量	5.0～10.0
聚胺	抑制黏土水化分散	1.0～3.0
小分子化合物	增强泡沫稳定性	10.0～20.0
阳离子化合物	杀菌	1.0～3.0
碳酸钠	除钙、调 pH 值	2.0～5.0
消泡剂	密度调节	0～3.0

表 5-10　泡沫钻井液性能

项目	指标	项目	指标
密度/（g/cm^3）	0.82～1.00	$G_{初}/G_{终}$/Pa	（5～15）/（8～20）
FV/s	100～500	*FL*/mL	≤10
PV/mPa·s	15～35	pH 值	8～10
YP/Pa	10～30		

三、配制方法

（1）将配浆用水软化，配制预水化膨润土浆：将所需数量的膨润土、水、纯碱在循环罐中搅拌并用泵循环 2 ~ 4h，然后将其水化 24h。

（2）按配方在预水化膨润土浆中加入高分子聚合物、羧甲基纤维素钠，循环搅拌 2 ~ 4h 至处理剂溶解、混合均匀，然后加入发泡剂。

（3）泵入 10 ~ 15m^3 隔离液，替出井内钻井液，将振动筛、除泥器、泥浆枪等设备打开，钻井液在井筒内循环，待钻井液密度达到设计要求的密度时，再加入聚胺抑制剂、泡沫增强剂和杀菌剂。

（4）充分循环后测量密度、流变性和滤失量，通过发泡剂、降滤失剂等调整性能至设计要求。

四、维护与处理要点

（1）按要求测量 pH 值，pH 值降低时，加入烧碱维护。

（2）采用加入发泡剂和利用固控设备清除无用固相的方法来降低密度；通过消泡或添加加重剂来提高密度。

（3）以高分子化合物、高分子质量羧甲基纤维素钠胶液、预水化膨润土浆提高黏度、切力，以低相对分子质量羧甲基纤维素钠稀胶液降低黏度、切力。

（4）钻井过程中，及时测量钻井液膨润土含量，根据膨润土含量情况确定钻井液流型，调整方案。

同时还需要注意：

（1）配制微泡钻井液可以利用振动筛、除泥器、泥浆枪等设备发泡，也可以利用发泡装置。发泡过程中应保证钻井泵有足够的排量；

（2）在钻井泵上水口配备灌注泵，以提高钻井泵效率；

（3）保证钻井液中杀菌剂浓度，防止体系发酵；

（4）需要加入消泡剂时应按循环周缓慢加入，防止过度消泡。

第六章 特殊工艺井钻井液

特殊工艺井钻井液技术包括水平井钻井液技术、大位移井钻井液技术、欠平衡井钻井液技术、分支井钻井液技术、长裸眼段钻井液技术、小井眼钻井液技术等。特殊工艺井工艺复杂，施工难度大，几乎应用了世界上90%的最前沿的钻井完井技术。随着油田勘探开发的逐步深入和扩展，钻特殊工艺井数量越来越多，掌握特殊工艺井钻井技术势在必行。

第一节 水平井、大位移井钻井液技术

水平井是最大井斜角保持在90°左右并在目的层中维持一定长度的水平井段的特殊井。水平井钻井技术是常规定向井钻井技术的延伸和发展。大位移井（ERD）一般是指水平位移（HD）与垂直深度（TVD）之比大于2的定向井和水平井，当水平位移与垂直深度之比大于3时，则称为特大位移井。大位移井是定向井、水平井、深井、超深井技术的综合体现。大位移水平井具有可大范围地控制含油面积、提高油气采收率、降低油田开发成本等优点，具有显著的经济、社会效益，所以大位移水平井已成为目前开发边际油田的最有效手段之一。

一、水平井、大位移井钻井液应具备的特点

水平井、大位移井由于井斜大、位移大，钻进中钻具与井壁接触面积大，多次测斜需要静止等特点，因此对钻井液性能要求要比直井严格的多，尤其是页岩气水平井钻井，如：

（1）钻井液应具有良好的防塌性能，保证井壁稳定；

（2）钻井液应有良好的润滑性能和防卡性能，在钻进中尽可能减少扭矩，在静止时不发生粘附卡钻；

（3）由于井斜大，携砂困难，要求钻井液具备优良的携砂能力和悬浮能力；

（4）钻井液应有良好的稳定性，长时间静止时钻井液性能不发生较大的变化。

二、水平井、大位移井钻井液技术措施

1. 井眼净化

随着井斜的增加，钻井液中的固相颗粒因偏心力的作用而向下井壁沉降产生岩屑床，

给清洁井眼和钻屑输送带来困难。

（1）环空流速是影响钻屑输送的关键因素，在不超出泵排量或流动限制的前提下尽可能提高流速，有利于改善钻屑的清除效率，如变排量洗井技术。正常钻进时，进尺 150～300m，提高钻井泵的排量，增大泵排量 3～5L/s 持续 12～20min，条件允许，可增加一个凡尔，提高环空流体的雷诺数，形成紊流状态，利于清除部分岩屑床和克服地心力对携岩的影响。完井通井时，使用大水眼或不装水眼，增加一个凡尔排量洗井，彻底清除井壁滞流岩屑，保证完井作业顺利。

（2）在层流条件下，提高动塑比有利于清除钻屑；紊流加短程起下钻也有利于清洁井眼和携岩，这一点适用于各种斜度的井。

（3）纤维携屑剂携屑。其机理是通过形成纤维层/纤维网络来悬浮岩屑，克服或减缓岩屑的沉降速度。纤维曲度较大，流体的悬浮能力也增大。在没有钻杆搅动的情况下，尤其是在水平段，加入纤维材料可以显著增加携岩的效果；有钻杆转动时，不仅可以清除井眼下侧的岩屑，同时可以减少当量循环密度和扭矩。

（4）段塞洗井技术。当需要进行洗井清除岩屑时，可用稀→稠→稀→稠的清扫方法进行洗井，稀液搅起钻屑，稠液将搅起的钻屑带出井眼。

（5）机械作用可弥补水力学清洗井眼的不足。循环洗井时，在可能的前提下，保持钻柱一边旋转一边上下活动，可以扰动岩屑床，使钻屑的清除效率得到提高。

（6）井斜角是影响井眼净化的基本因素，井斜角从 0°到 90°，可分为三个井斜角区段，其井眼净化方法存在差异。每个区段选择流态时必须考虑地层的承受能力。

0～30°区段：用高动塑比层流携砂具有最佳清洁井眼的效果。

30°～60°区段：是钻屑床开始在低井壁上形成的井段，层流和紊流具有相同的清洁效果。

60°～90°区段：紊流提供良好的钻屑输送能力，高动塑比有利于改善层流携砂时的能力。

2. 降低摩阻和扭矩

大斜度井眼中，钻具井壁接触时存在运动摩擦阻力。足够大的摩阻是水平井或大位移井安全钻进的制约因素。提高钻井液的润滑性是降低摩阻的主要手段之一，可以通过以下几种方法，达到降低摩阻和扭矩的目的。

（1）合理选择钻井液体系。

适合于大位移井作业的钻井液有油基钻井液和水基钻井液，实际钻井过程中应根据具体情况采用不同类型钻井液，超长大位移井一般采用润滑性能良好的油基钻井液。

（2）优选高效润滑剂。

钻井过程中，存在钻柱与井壁间无任何介质隔开的干摩擦、钻柱与井壁边界膜产生的边界摩擦和由钻井液产生的流动摩擦三种摩擦方式。从减小摩阻的角度出发，应尽量避免干摩擦，降低边界摩擦和流动摩擦，可以选用高效润滑剂提高钻井液的润滑性能。对于油

基钻井液，润滑剂对钻井液润滑性影响很小，而油水比对其影响较大，高油水比的油基钻井液可使金属-金属或金属-砂岩界面之间的摩擦力下降近50%。在油基或水基钻井液中加入石墨、塑料小球等惰性固体润滑剂，可明显降低边界摩擦，提高钻井液润滑性能。

（3）合理调整钻井液性能。

钻井液流动摩擦主要与钻井液固相含量、黏度、流速和滤饼厚度等因素有关。添加润滑材料后，降低流动摩阻；也可通过合理调整钻井液性能，降低流动摩阻。

严格控制钻井液中膨润土含量，并充分利用固控设备，降低多余固相含量，合理使用降滤失剂，调整滤失与造壁性和固相颗粒粒径分布，改善滤饼质量，减少钻具与滤饼的接触面积；合理使用流型调节剂，调整钻井液流变性，降低黏滞性，从而改善钻井液润滑性能。

3. 井壁稳定

大位移水平井的井壁稳定不仅与地层岩石特性、井壁围岩的应力状态有关，还受井眼轨迹、地应力方位等因素影响。

（1）封固井壁或提高泥页岩膜效率。

对于孔隙、裂缝发育或破碎性泥页岩地层，可采用聚合醇、硅酸盐、超低渗透等钻井液体系，改善泥页岩与钻井液间的膜效率，并添加沥青类、树脂类等封堵材料，进一步加强钻井液封堵能力，从而降低滤液侵入，阻缓压力传递，保持井壁稳定。

（2）抑制泥页岩水化。

降低钻井液水活度，利用聚合物与无机盐、有机盐、正电胶、阳离子化合物等协同抑制作用，改善钻井液的抑制性。其中K^+或NH_4^+可嵌入蒙脱石晶格中，阻止水化膨胀。

（3）确定合理钻井液密度，维持井壁力学稳定。

受大位移井井眼轨迹和井径的影响，井壁地应力更易于释放，确定合理的钻井液密度至关重要。

4. 防漏、堵漏

（1）水平井井漏的原因：

①在垂直井深和地层孔隙压力相同的情况下，水平井钻井液的循环压降随井眼的延伸而增加，增大了钻井液的循环当量密度；

②水平井易形成岩屑床，岩屑床越厚，环空流动通道越窄，引起流动阻力增大；

③为改善井眼净化条件，常采用的提高钻井液黏度和提高动切力等措施，将产生更大的流动阻力，升高钻井液的循环当量密度。

（2）防漏堵漏措施：

①确定合理的钻井液密度，使钻井液的循环当量密度小于地层的破裂压力；

②确保井眼净化，提高钻井液的携岩能力，控制环空钻屑浓度，避免因提高返速增大井漏危险；

③控制钻井液的流变性能，减小钻井液的环空流动时的阻力；

④控制起下钻速度、缓慢开泵，减少压力激动的影响；

⑤运用屏蔽暂堵技术，防止井漏；

⑥采用近平衡钻进。

三、钻井液体系

除在井眼净化、降阻减摩和井壁稳定等方面的要求更高外，水平井、大斜度井钻井液与常规钻井液相比并无质的区别，常用的油基钻井液、水包油钻井液、合成基钻井液，以及具有良好的润滑、防塌性能的聚合物钻井液、钾盐钻井液、聚合醇钻井液、无固相钻井液、正电胶钻井液等水基钻井液均可以用于水平井、大斜度井的钻井液。

（一）油基钻井液

油基钻井液具有良好的润滑性，可显著降低起下管柱时的摩擦阻力和钻进时的扭矩，是水平井钻井优先考虑的钻井液体系之一。

（二）合成基钻井液

合成基钻井液具有油基钻井液的优点和作用，且环保特性良好。

（三）聚合醇钻井液

利用聚合醇的浊点效应可以提高钻井液的润滑性、抑制性和封堵性。

1. 推荐配方与性能（表6-1）

表6-1 聚合醇钻井液配方及性能

配方		性能	
处理剂名称	用量/（kg/m^3）	密度/（g/cm^3）	依地层压力系数而定
膨润土	30～50	*FV*/s	45～80
纯碱	1.5～2.5	*PV*/mPa·s	15～40
低黏羧甲基纤维素钠盐	3.0～8.0	*YP*/Pa	5～20
乙烯基多元共聚物	3.0～8.0	$G_{初}/G_{终}$/Pa	（1～5）/（3～15）
聚合醇	10～40	*FL*/mL	≤5
磺甲基酚醛树脂	15～30	pH	8.5～10.5
磺化褐煤	15～30	含砂量/%	≤0.3
重晶石	按设计要求	低密度固相含量/%	≤10
烧碱	1.0～3.0	膨润土含量/（g/L）	30～50

注：此表来自 Q/SH1025 0117—2009《聚合醇钻井液工艺技术规程》。

2. 配制方法

（1）新配制钻井液需要根据配方要求先配制预水化膨润土浆，水化时间不少于24h，转换钻井液需根据计算和小型试验情况预留原浆，将循环罐清理干净，加入清水。

（2）根据配方要求加入乙烯基多元共聚物、低黏羧甲基纤维素钠盐、磺甲基酚醛树脂、磺化褐煤、聚合醇。

（3）全井循环，加入烧碱将pH值调整到设计范围。

（4）将密度调整到设计范围，配制完成后，测定性能合格后方可使用，否则用所需处理剂调整钻井液性能到设计要求。

（四）正电胶钻井液

正电胶钻井液是以混合金属层状氢氧化物（简称 MMH）为主体的钻井液，具有较强携带钻屑能力、抑制黏土水化分散和稳定井壁的特点。

（五）胺基抑制钻井液

胺基抑制型钻井液，即 APE 钻井液，它由胺基聚醚（即 APE）与其他剂等组成，抑制性和环保是 APE 体系的主要特征。M-I 公司、哈利伯顿公司的抑制性高性能水基钻井液属于该体系，体系具有抑制性强、提高钻速、高温稳定、保护储层和保护环境等特点。

胺基聚醚（APE）作为钻井液抑制剂，其独特的分子结构，能很好地镶嵌在黏土层间，并使黏土层紧密结合在一起，从而起到抑制黏土水化膨胀、防止井壁坍塌的作用。APE 具有一定的降低表面张力的作用，对黏土的 Zeta 电势影响小，能有效抑制黏土和岩屑的分散，且其抑制性持久性强，具有成膜作用，有利于井壁稳定和储层保护，能够较好地兼顾钻井液体系的分散造壁性与抑制性。APE 对钙膨润土分散体系的流变性无不良影响，可以用于高温高固相钻井液体系中，改善体系的抑制性和流变性。

（六）甲基葡萄糖苷钻井液

甲基糖苷的性质，决定了甲基葡萄糖苷钻井液具有自己的独特性能，其作用机理与油基钻井液类似，因此又可以称其为类油基钻井液，归纳起来具有如下特点：

（1）具有良好的页岩抑制性。为了使钻井液具有理想的页岩抑制性，甲基葡萄糖苷的用量至少在 35% 以上，理想用量为 45% ~60%。不过可以通过向钻井液中加入无机盐来调节甲基葡萄糖苷的用量。若使用 7% 的 NaCl 则再添加 25% 的甲基葡萄糖苷就可将钻井液的水活度降至 0.84 ~0.86，而该活度的钻井液可以使活度为 0.90 ~0.92 的页岩保持稳定。

（2）具有良好的润滑性，现场应用表明，在水平井定向施工中不托压。

（3）甲基葡萄糖苷钻井液具有良好的热稳定性，通常可以抗温 140℃，当在体系中引入褐煤或褐煤改性产品后，可以使其热稳定性进一步提高。

（4）甲基葡萄糖苷钻井液具有无毒、且易生物降解的特性。浓度为 80% 的甲基葡萄糖苷溶液的 LC50 值高于 500×10^{-3}mg/L 远远超过了美国环保局规定的排放标准。具有极好的环境保护特性。

（5）甲基葡萄糖苷钻井液体系具有配方简单、现场易于维护、抗污染能力强等特点。同时甲基葡萄糖苷钻井液比油基钻井液更便于回收、调整及再利用。

（6）保护储层。甲基葡萄糖苷基液能配制出滤失性能优良的钻井液，能很快形成低渗透致密的滤饼，具有良好的膜效率，在高、低渗透储层中能够有效的控制固相和滤液浸入引起的储层伤害。

第二节　欠平衡钻井的钻井液技术

欠平衡钻井是指在钻井过程中井筒流体有效压力低于地层压力，允许地层流体进入井筒，有控制地循环至地面装置的钻井技术。

欠平衡钻井能够：①减少油气层损害，提高油气产量；②早期发现油气层；③有效控制漏失、减少和避免压差卡钻等井下复杂情况的发生；④提高机械钻速，缩短钻井周期；⑤有利于随钻油气藏评价等。

欠平衡钻井应具备的条件：①储层岩石强度高，井壁稳定；②地层孔隙压力清楚；③所钻储层中不能含有 H_2S 等有毒气体；④地层压力低，裂缝少，产量不是很高的井；⑤裸眼压力系数相差不大的井。

目前现场使用的欠平衡钻井流体主要有气体钻井流体，包括空气或氮气钻井流体、雾状钻井流体、泡沫钻井流体；钻井液钻井，包括油基钻井液、水包油钻井液、油包水钻井液、微泡钻井液等。除水包油钻井液外，第四章、第五章分别对以上体系已做介绍，下面主要介绍水包油钻井液。

水包油钻井液是由水相、油相、乳化剂和水溶性处理剂等组成。具有密度低、润滑性好、保护油气层等特点。

一、配方及性能

水包油钻井液典型配方及性能见表6-2。

表6-2 水包油钻井液配方及性能

配方		性能	
处理剂名称	用量/（kg/m³）	密度/（g/cm³）	0.88～0.98
柴油或低毒矿物油	700～300	*FV*/s	45～100
钠膨润土	0～60	*PV*/mPa·s	29～48
碳酸钠	1.0～3.0	*YP*/Pa	6～17
多元共聚物	2.0～5.0	$G_{初}/G_{终}$/Pa	(1～5)/(3～12)
羧甲基纤维素钠盐	2.0～5.0	*FL*/mL	≤5
磺甲基酚醛树脂	20～30	pH	9～11
磺化褐煤	10～20	含砂量/%	≤0.3
氢氧化钠	2.0～7.0		
主乳化剂	5.0～30		
辅助乳化剂	5.0～20		

注：此表来自 Q/SH 0279—2009《水包油钻井液工艺技术规程》。

二、配制方法

（1）循环罐中加入所需量的清水。

（2）按配方加入碳酸钠和钠膨润土，配制预水化膨润土浆，水化时间不少于24h。

（3）按配方在预水化膨润土浆中加入多元共聚物、羧甲基纤维素钠盐、磺甲基酚醛树脂、磺化褐煤、氢氧化钠，循环搅拌2～4h至处理剂溶解、混合均匀，然后加入主乳化剂、辅助乳化剂。

（4）混入油相，循环钻井液调整性能至设计要求。

三、维护与处理

（1）水包油钻井液配制完成替出井内原钻井液前，以 10～30m^3 清水作为隔离液。

（2）钻进中每 24h 测量一次钻井液油水比，根据要求补充水分，防止油相比例过高造成体系不稳定。

（3）按要求测量 pH 值，pH 值有降低现象，加入烧碱维护。

（4）降低密度采用增加油水比和利用固控设备清除无用固相的方法，同时按比例加入乳化剂；提高密度加入聚合物胶液或加重剂。

（5）欠平衡钻井时，根据要求控制欠压值，减小地层出油、出水量，保持油水比。

（6）水包油钻井液应具有良好的脱气能力，钻井液气泡含量过多，加入消泡剂。

（7）以高浓度聚合物胶液、预水化膨润土浆提高黏度、切力，以低浓度聚合物胶液降低黏度、切力。

（8）钻进含有 CO_2、H_2S 等酸性腐蚀介质地层时，控制钻井液 pH 值在 10 以上，加入适量防腐剂、除硫剂、除碳酸根污染处理剂。

第三节 分支井钻井液技术

分支井就是从一口主井眼的底部钻出两口或多口进入油气藏的分支井眼（二级井眼），甚至再从二级井眼中钻出三级子井眼，主井眼可以是直井、定向斜井，也可以是水平井。分支井眼可以是定向斜井、水平井或波浪式分支井眼，分支井可以是在 1 个主井筒内开采多个油气层，实现一井多靶和立体开采，不仅能够高效开发油气藏而且能够有效建设油气藏。

一、分支井钻井液技术难点

1. 井眼清洁问题

保持环空清洁、减少岩屑床的形成是分支水平井钻进中的重要环节，决不能使固相颗粒严重沉积在窗口附近。根据已经建立的水平井环空岩屑多层流动结构模型分析：环空流态为层流时，斜井段和水平段环空岩屑以接触式运动形式为主，即与下井壁接触的岩屑颗粒多以滚动、跳跃或层移方式向前运动，仅极少细小岩屑颗粒才随着钻井液主流以悬浮方式运动，岩屑的清除效果受井下条件和钻井液水力、流变性的影响。钻井实践表明，井斜角在 40°～65°的斜井段为携屑困难的井段。

2. 井壁稳定问题

煤层气多分支水平井中，煤储层的吸附能力强、应力敏感性强、速敏性强以及水敏性、碱敏性强等特点，使得井壁稳定问题成为关键。钻井液密度对煤层井壁稳定性有较大的影响。若钻井液密度过低，引起构造应力释放，使煤层沿节理和裂缝崩裂和坍塌；若钻井液密度过高，在压差作用下钻井液进入煤层，不仅会将煤层中裂缝撑开使煤层结构破裂，而且会对煤层造成伤害，直接影响到煤层气的解吸、扩散、运移及后期排采。

3. 润滑防粘卡问题

大斜度段和水平段由于井斜大，磨阻和扭矩增大，易发生压差卡钻。提高钻井液润滑性，降低管柱与井壁之间的摩阻系数是分支水平井钻井液技术的重要内容之一。要求钻井液具有低滤失、良好的造壁性能与滤饼质量和良好的润滑效果。

4. 井漏问题

分支水平井可最大限度揭开储层，钻井过程中存在的抽吸压力和激动压力导致水平井眼附近应力场发生变化，进一步诱导井眼附近原始微裂纹的扩张与扩展，增加发生漏失的概率。同时分支水平井的循环压耗大，导致循环当量密度高，井漏的风险系数增大。

二、分支井钻井液技术措施

1. 井眼清洁

（1）加强对钻井液流变参数的监测，可用钻井液低剪切速率下的黏度值，旋转钻度计 6r/min 作为评价携屑能力的参数。

（2）提高钻井液的动塑比，利于井眼清洁。

（3）造斜井段选择以中空型为主的单弯壳体螺杆钻具，采用大排量钻进，扰动岩屑床。

（4）进入大斜度井段、主井眼水平段和分支井眼水平段，每次接单根前，上下活动并转动钻具，依据现场静态监测法循环钻井液若干分钟，破坏岩屑床的稳定性。

（5）使用四级固控设备，及时清除钻井液中的多余固相，使钻井液保持低的固相含量。

2. 井壁稳定

（1）减少钻井液的侵入。

①加强封堵。采用物理与化学封堵相结合的方法，物理封堵通过加入磺化沥青、弹性石墨、乳化石蜡、不同粒径超细目碳酸钙等封堵裂缝；化学封堵利用聚合醇浊点效应和高分子聚合物吸附包被作用阻止液相侵入地层。

②保持钻井液中尽可能低的滤失量（中压和高温高压滤失量）。

（2）提高钻井液抑制性。

加入可溶性盐类调整钻井液滤液活度或与地层水活度相当。

（3）有效应力支撑

确定合适的钻井液密度，平衡地层压力。

3. 润滑防卡

目前普遍采用固体润滑剂和液体润滑剂复配使用的方法降摩减扭。

4. 井漏预防与处理

分支水平井除采取常规防漏堵漏技术之外，还应注意以下几点：

（1）发生在油气层段的漏失，应选择不污染油层的防漏堵漏剂；

（2）随着分支水平井漏失压差的增加，应提高地层的承压能力；

（3）随着分支水平井的漏失面积增大，要求防漏堵漏剂的有效浓度相应增加，并具有合理的粒径级配。

三、分支井钻井液体系

1. 清水钻井液

一般多在低压、低渗和煤层气多分支井煤层中使用。

2. 水包油钻井液

水包油钻井液密度比较低，性能稳定，可实现近平衡压力钻井，油气层保护效果良好。

3. 无固相钻井液

无固相钻井液可减少钻井液中亚微米粒子的含量，降低对储层的深度损害。

4. 不分散低固相聚合物钻井液

第三章已做介绍。

第四节 长裸眼段井钻井液技术

随着油田开发的进一步深入，长裸眼井越来越多，尤其长裸眼定向井日益增多，钻井难度增加，对钻井液技术提出了更高的要求。除要求钻井液具有良好的常规性能外，还应具有比一般定向井更好的润滑防卡、井眼净化及井壁稳定能力。长裸眼井的钻井液工艺技术能否满足要求，对其钻井施工的安全、顺利与否有着决定性的作用。因此，必须选择合适的钻井液工艺技术。

一、长裸眼段井表现的突出问题

1. 钻遇地层复杂

裸眼段长，钻遇地层层序多，岩性多样化，泥页岩、煤层、盐膏层等井壁稳定问题突出；所钻遇的油（稠油、含胶质较高的油等）、气（CO_2、H_2S 等）、水（淡水、盐水等）层，给钻井液体系的选择、性能要求提出了更高的要求。同一裸眼段有可能使用几种钻井液，确保安全钻井。

2. 施工时间长

长裸眼段井一般井较深，施工时间长。要求钻井液具有良好的高温稳定性和抗污染能力。

3. 润滑防卡问题

由于裸眼井段较长，润滑防卡问题比较突出，特别是定向井的造斜、增斜、稳斜、降斜和扭方位等作业，使得井眼轨迹复杂多变，摩阻扭矩增大，润滑防卡是关键。

4. 井眼净化问题

长裸眼段井不规则井眼的形成时有发生，给井眼净化增加了难度，特别是定向井、水平井更是如此。井眼净化不良，常导致起下钻遇阻、电测不顺利、划眼、压差卡钻等井下复杂情况发生。

5. 井壁稳定问题

除常规井壁失稳因素外，长裸眼段井由于施工时间长、钻遇地层层序多、未知因素多、设计密度差距大，使得井壁发生失稳概率增加。

6. 防漏堵漏问题

长裸眼井段一般钻穿多套地层，压力变化大，钻井液安全密度窗口窄，防漏堵漏问题较突出，影响深部地层的钻井作业和完井作业。

7. 钻井液抗温问题

长裸眼井井底温度较高时，部分处理剂易发生高温降解、高温交联等现象，导致钻井液流变性、滤失性难以控制，易引起井下复杂情况的发生。

二、钻井液技术措施

1. 润滑防卡

（1）加入润滑剂。

现场应用表明，采用“以液体润滑剂为主的液、固体润滑剂组合”的润滑防卡方法，可达到良好的润滑防卡效果。

（2）控制滤失量及滤饼厚度。

粘附卡钻率与钻具和滤饼的接触面积成正比，而接触面积又与滤饼厚度有关。一般情况下，进入斜井段后控制 API 滤失量在 5mL 以内，HTHP 滤失量在 15mL 以内，同时应保持滤饼薄而坚韧。

（3）控制钻井液的固相含量。

采用四级净化设备与化学絮凝相结合的方法，清除钻井液中的多余固相。

（4）减少岩屑床的形成。

采用短程起下钻、紊流携岩、加入高效携砂剂等措施，减少岩屑床的形成。

（5）尽量缩短钻具在井内静置的时间。

钻具在井内静置时间越长，粘附卡钻的可能性越大。当需要停泵静止时，应定时大幅度活动钻具，减少钻具静置时间。

（6）控制井眼轨迹。

控制井眼轨迹，避免井斜角和方位角的剧变，保持轨迹平滑。

2. 井眼净化

(1) 控制环空返速。环空返速是影响井眼净化的主要因素。提高环空返速有助于减缓岩屑床的形成，但环空返速过高对井壁冲刷严重，因此，环空返速应适当。实践证明，井斜30°以上定向井的环空返速控制在0.9~1.5m/s为宜。

(2) 钻井液流变性能。为满足携屑的需要，钻井液应有最低的屈服值，$\phi3$读数不小于3，$\phi6$读数不小于8，同时加入聚合物保持钻井液有较强剪切稀释性，动塑比控制在0.35~0.45范围，保持钻井液有良好的流动性和携砂能力，防止沉砂卡钻。控制钻井液的触变性，避免过高的触变性导致下井壁处不动区范围内形成岩屑床，提高井眼净化效果。

(3) 控制钻井液流态。井斜0°~45°井段，层流净化效果好；45°~55°井段，层流和紊流没有明显区别；30°~55°易塌井段应选择平板型层流洗井；但井斜55°以上定向井钻井液的流态应采用紊流洗井，以提高携屑能力。

(4) 短程起下钻。井斜30°后坚持短程起下钻有利于破坏岩屑床，提高井眼净化效果。

3. 井壁稳定措施

(1) 控制滤失量。加入降滤失剂控制钻井液滤失量，形成致密滤饼，减少滤液侵入地层引起围岩强度的降低，阻止泥页岩颗粒的水化膨胀。

(2) 增强钻井液的抑制和封堵能力。通过加入抑制剂（KCl、$CaCl_2$、胺类等）提高钻井液抑制性，抑制泥岩分散；通过加入防塌封堵剂（沥青类、超细钙、石墨等），堵塞裂缝，防止井壁剥落坍塌。

(3) 合理的钻井液密度。根据随钻监测压力，选择合理的钻井液密度附加值，尽可能满足井眼稳定的要求。

(4) 保持稳定的钻井液性能。进入易塌层后严禁大幅度处理钻井液，应采用“少量多次、细水长流”的维护方法，保持钻井液性能的相对稳定，使井眼有一定的适应性。

(5) 合理的工程措施。在保证井眼清洁的前提下，钻井液环空流速不宜过大，避免严重冲蚀井壁引起井壁不稳定；控制起下钻速度，开泵平稳，避免产生过大的压力激动，防止井塌；尽可能提高钻井速度，缩短钻井液对井壁的浸泡时间；起钻时灌满钻井液，防止因井内液面下降过多而造成井塌事故。

4. 防漏与堵漏措施

长裸眼承压堵漏技术能较好地解决多套压力体系并存、安全密度窗口窄的长井段复杂地层钻井中的技术难题，是增大安全密度窗口的有效方法之一。该方法应用的前提是首先钻穿薄弱地层，然后采用承压堵漏钻井液对已钻开的薄弱地层进行封堵，提高地层承压能力，最终达到扩大已钻地层的钻井液安全密度窗口，保证下部井段安全施工的目的。

(1) 采用不同特性、不同尺寸的暂堵粒子对渗透性地层进行复合屏蔽暂堵，并采用有机硅和聚合醇等防塌剂形成化学固壁作用，提高地层承压能力，预防井塌、井漏。

(2) 进入微裂缝发育地层前，采用2%QS-2+（1%~2%）石墨粉+1.5%FT-1复配封堵。在微裂缝发育地层钻进过程中如果遇起下钻，可在封闭液中加入（3% ~4%）QS-2+（1% ~2%）石墨粉+1% FT-1，单独配制好顶替至所需井段。

（3）在低压易漏井段采用单向压力封闭剂和超细碳酸钙防漏。

（4）控制下钻速度，减少压力激动。

（5）保持钻井液有良好的携砂能力，防止憋堵而造成井漏或沉砂卡钻。

（6）密切关注钻井液量的变化，及时发现井漏，这是处理井漏和防止情况恶化的关键。

（7）一旦发生井漏，确定漏失层位和类型，起钻时根据套管下入深度连续灌钻井液或按钻具体积灌入，分析漏失原因，制定堵漏措施。

5. 提高钻井液的高温稳定性

（1）优选抗高温钻井液。

使用聚磺钻井液，三磺钻井液，钾石灰聚磺钻井液等抗温能力强的钻井液。

（2）使用抗高温处理剂。

使用抗高温处理剂，如SMP、SMC、SMT等，进一步增强钻井液的高温稳定性。一般井深超过2500m后，及时加入2%的SMP，改善滤饼质量、提高抗温能力、降低高温高压滤失量；井深超过3000m以后，复配使用KH-931、SMP、SPNH等抗高温处理剂，控制API滤失量在5mL以内，高温高压滤失量控制在15mL以内；井深达到4000m之后加量提高到3%，加入非离子型表面活性剂提高钻井液的高温稳定性。

（3）控制膨润土含量。

控制钻井液中膨润土的含量有利于钻井液流变性的调整，控制滤失量和改善滤饼质量等性能。膨润土含量依据钻井液密度的高低而定，密度越高，钻井液膨润土含量应越低。

第五节　小井眼钻井液技术

目前，对小井眼没有一个规范的定义，普遍认为只要满足以下条件之一的可称为小井眼，即：一口井中90%井段是用直径小于177.8mm的钻头钻成的井眼；水平井水平段的井径小于200mm的井眼；老井眼开窗侧钻加深，井径小于177.8mm的井眼。

对于小井眼钻井液而言，具有如下特点：①钻井成本低。井眼尺寸小，岩石破碎体积减少，完成作业需用的钻机重量、能源消耗、配件、井场面积、管材重量等相应减少；②尚不清楚的产层，尤其是小型油藏，可获更好的经济效益；③修井成本较低，工艺简单；④利于环保。钻井液及钻屑处理量减少，减少了污染。

由于小井眼钻井中环空间隙小，因此施工作业中普遍存在以下难题：

（1）钻井过程中更易发生井涌、井漏。小井眼比常规井眼环空间隙小，增加的泵压、钻柱旋转以及起下钻压力激动影响钻井液当量循环密度，更容易发生井漏、井涌等井下复杂情况。

（2）较小的环空间隙增大发生压差卡钻的可能性。处理复杂时，由于环空间隙小，钻具的管壁薄、尺寸小、强度低、柔性大，施工作业难度大。

（3）循环时环空压耗较常规井大幅升高，钻井泵泵压较高，排量受限，携岩困难。

（4）井漏发生后，粗颗粒的堵漏材料无法加入，堵漏方法受限。

（5）受排量和环空间隙限制，钻屑相对分散度高，对钻井液污染程度大，影响钻井液润滑性。

（6）落物卡钻和井塌卡钻概率增大，一旦发生，难以处理。

小井眼钻井主要应用于：

（1）未开发地区勘探。在未开发勘探地区应用小井眼技术获取第一手资料。在边远地区，小井眼技术应用于探井和评价井可降低勘探成本。

（2）中后期油田勘探。在老油田钻探井和评价井，应用小井眼技术将降低滚动勘探开发费用，提高油田开发的总体经济效益。

（3）在小油藏中，尤其是渗透性较差的地层，生产井采用小井眼是合适的，在大油藏中，使用小井眼也可提高油田开发的经济效益。

（4）油田老区老井改造。为了降本增效，对于油田老区低产井、套损井实施修井作业，在 139.7mm 套管开窗或锻铣钻井施工。

一、对小井眼钻井液的要求

小井眼钻井液技术不同于常规井眼钻井液技术，具有满足如下要求：

（1）具有良好的流变性能，能满足大斜度井段及水平段携岩和清洁井眼的需要。

（2）钻井液性能稳定，滤失量小，滤饼薄韧、致密、光滑，具有良好的润滑防卡性能。

（3）具有一定的防漏堵漏能力，且堵漏剂不影响地质录井、MWD，避免摩阻剧增。

（4）具有良好的抑制防塌、抗盐膏污染等能力，防止形成“大肚子”等糖葫芦井眼。

（5）较低的固相含量，有利于流变性的调节。

（6）良好的热稳定性。钻井液抗温能力强，保证高温条件下性能稳定。

（7）良好的保护油气层能力。

（8）环空钻井液量少，油、气、水的危害相对加大。

二、钻井液技术措施

1. 井眼净化

钻进过程中，因井眼条件限制，排量受限，岩屑会落在环空的底边，逐步堆积起来形成岩屑床。为了减少钻屑沉积，提高钻井液携岩能力，采取以下措施：

（1）调整钻井液的流变性，在满足携砂的基础上，控制钻井液黏度尽量低；调节动切力在 10Pa 左右，动塑比提高到 0.4Pa/(mPa·s)，有利于提高携岩带砂能力。

（2）坚持使用好四级净化设备，振动筛采用高目数筛布，定期使用离心机，及时清除钻井液中多余固相。

（3）坚持变排量洗井和短程起下钻清砂，每钻进30～50m短起下钻一次，每钻完一个单根划眼一至两次，起到修整井壁、消除岩屑床、清洁井眼的效果；钻时过快时，应控制机械钻速，延长循环时间。

（4）必要时以高黏度段塞携砂，确保井眼的清洁。

2. 固相控制

（1）转换钻井液或开窗时，应全部或部分配制新钻井液，大幅降低多余固相含量。

（2）用可溶性盐类提高液相密度，达到加重的同时降低固含量的目的。

（3）及时补充抑制性处理剂，保持钻井液足够的抑制能力，保证钻屑在返至地面的过程中不易分散而能及时有效清除。

（4）使用好四级固控设备，振动筛使用高目数筛布（180～200目）。

3. 井壁稳定

（1）根据地层压力，及时调整钻井液密度，平衡地层压力。

（2）钻易塌地层前，加入沥青粉、超细目碳酸钙、石墨粉等封堵性处理剂，有效改善滤饼质量。

（3）保持钻井液适宜的流变性能，控制适当的环空返速，既不能过分冲刷井壁，又具有良好的悬浮和携带岩屑的能力。

（4）钻井液具有较低的滤失量（小于5mL），形成薄而致密的滤饼。

（5）加入并及时补充抑制剂，保证其有效含量。

4. 抗温能力

（1）在转换或配制钻井液时，应加足抗高温处理剂，保持钻井液良好的热稳定性。

（2）控制膨润土含量和固相含量。

（3）定期检测钻井液高温稳定性，及时补充抗温处理剂，保持其有效含量。

5. 润滑防卡

（1）控制合适的钻井液密度，尽量采用近平衡压力钻进，尽可能减少压差。

（2）加入抗温材料的同时，复配单向压力封堵剂、超细碳酸钙等防塌封堵材料，提高滤饼质量。

（3）定期混入原油或加入润滑剂，钻井液摩擦系数保持在0.1以下。

（4）使用多种工程措施携砂，配合良好的固控清砂，保持钻井液清洁，提高润滑性能。

6. 防漏堵漏、防出水

（1）搞好老井和邻井资料的调研，掌握易漏层段、漏失性质、漏失原因等，针对性地制定防堵漏措施。

（2）搞好注水井管理工作，随时监控注水井动态，提前停注，及时卸压。满足安全钻

井和完井作业的要求。

（3）进入漏层前，调整好钻井液的流变性，满足携岩的前提下，尽量降低黏切，最大限度减少流动阻力。

（4）进入漏层前，一般加入2%～3%井壁封固剂、2%～3%沥青粉、3%超细目碳酸钙，改善滤饼质量，提高钻井液的封堵能力。井漏严重时可加入适量复合堵漏剂进行堵漏。

（5）井下出水时，应根据出水量，采取加重、边加重边加堵漏剂等方法。

（6）井漏发生后，根据漏失的性质采取不同的堵漏措施。对于轻微渗漏，补充钻井液或加入少量随钻堵漏剂强行穿过；对于井口返出量明显降低或失返，可采取起钻静止堵漏，分段循环加入纤维或颗粒状堵漏剂进行堵漏；当静止堵漏无效时，将钻具全部起出，下入光钻杆到漏层以上20～30m，将用清水配制的堵漏液泵入井内，如果返浆正常就关住封井器，往地层内憋入部分堵漏液，进行堵漏。恢复正常钻进后，可根据情况筛除或部分筛除井内堵漏材料。

（7）为保证完井作业顺利进行，对于钻井过程中已发生多段、多次井漏的井，可在下套管前使用化学堵漏，采用间歇式挤入、憋压等方法进行堵漏，以提高地层承压能力。

7. 完井措施

（1）开窗后，加强井身质量控制，尽可能保证轨迹平滑。

（2）完钻前30～50m对钻井液进行调整，确保性能优良，满足井下要求。

（3）完钻后，根据后效情况，确定合适的钻井液密度，防止油气侵、出水等，满足电测施工需要。

（4）大排量清洗井眼，保持起下钻顺利；根据钻井液性能情况，配制润滑抗温封闭液封裸眼段，确保电测施工顺利。

（5）下套管前，配制润滑性能良好、抗温能力强的封闭液，并泵入所需井段，保证尾管下入、悬挂安全。

（6）做好压塞液和顶替液配方试验，严格按照试验配方施工，确保固井质量测井顺利。

三、常用钻井液

1. 甲酸盐钻井液

甲酸盐钻井液具有可生物降解、对金属管线和设备腐蚀性小等优点，是小井眼钻井中成功应用的钻井液之一。具有以下特点：①甲酸盐钻井液黏度低，摩阻小。②有效稳定泥页岩。③甲酸盐能提高聚合物的热稳定性。④密度调节范围宽，最高可达2.0g/cm^{3}以上。⑤对储层损害程度低。甲酸盐钻井液对储层不产生固相损害，甲酸盐与二价阳离子不生成沉淀，与地层水接触时不生成有机垢。

2. 低固相聚合物钻井液

适用于地层压力相对较低、无盐膏层的浅井。配制可采用两种方法，一种是老浆配制，其配制方法为30%老浆和70%聚合物复合胶液（高聚物+聚合物降滤失剂+羧甲基纤维素钠盐+润滑剂+防塌封堵剂）混合，加重至所需密度；另一种是配制新浆，其配制方法为配制预水化膨润土浆，然后与聚合物复合胶液（包被剂+聚合物降滤失剂+羧甲基纤维素钠盐+防塌封堵剂+润滑剂）混合，加重至所需密度。

3. 复合盐水聚磺钻井液

适用于地层压力相对较高、含盐膏、泥页岩地层的深井。配制可采用两种方法，一种是用老浆配制，其配制方法为30%老浆与70%聚磺复合胶液（高聚物+抗温聚合物降滤失剂+羧甲基纤维素钠盐+润滑剂+抗温磺化处理剂+防塌封堵剂）混合，然后加入NaCl和KCl，再加重至需要的密度；另一种是配制新浆，其配制方法为先配制预水化膨润土浆，与聚磺复合胶液（包被剂+抗温聚合物降滤失剂+羧甲基纤维素钠盐+防塌封堵剂+抗温磺化处理剂+聚胺抑制剂+润滑剂）进行混合，然后加入NaCl和KCl，最后加重至所需密度。

4. MEG钻井液

MEG是聚糖类高分子物质的单体衍生物，为具有独特环状结构的四羟基多元醇。其分子结构上有一个亲油的甲氧基和四个亲水的羟基，可吸附于井壁上，形成一层类似油包水钻井液的半透膜，使MEG钻井液具有类似油基钻井液的优良润滑性、抑制性和良好的储层保护效果，同时还具有热稳定性好、无环境污染、无荧光等特点。

5. 阳离子烷基糖苷（CAPG）钻井液

CAPG分子具有多个羟基及季铵基团吸附活性位，可在黏土表面吸附成膜及嵌入晶层片之间，起到拉紧黏土晶层作用，同时，CAPG可显著降低钻井液水活度，通过活度平衡控制自由水向地层的运移，共同达到抑制黏土水化分散的目的；CAPG上的多个羟基和季铵基团具有强吸附性，能够在钻具、套管表面及井壁岩石上形成润滑膜，降低钻具的旋转扭矩和起下钻阻力。现场应用表明，CAPG钻井液具有良好抑制性、润滑性和油层保护效果。

6. 油包水钻井液

油包水钻井液所具有的良好润滑性、抑制性、油气层保护等特性使其成为小井眼钻井适用的钻井液之一。

第七章　复杂情况预防与处理

钻井是一项复杂的系统工程，受地层本身的复杂性、工程的多样性、工程施工者的经验和掌握技术的差异性等诸多因素的影响，钻井作业潜藏着多种不安全因素。如果不切实提高预防和处理复杂情况的本领，极易发生各类钻井故障，既危及人身安全，又造成财产的巨大损失，甚至造成地下资源的严重破坏。

本章介绍与钻井液可能相关的钻井井下复杂情况、井下故障的分类及发生原因、征兆与诊断方法、预防处理技术方法及典型实例。并对一些钻井井下复杂问题预防与处理技术进行了阐述。

第一节　井壁坍塌的预防与处理

一、井壁坍塌的显示与判断

（1）振动筛上岩屑量增多，且混杂，岩屑形状不规则，尺寸过大，无钻头切削痕迹。

（2）泵压升高且不稳定，严重时会出现憋泵现象。

（3）扭矩增大，蹩跳钻现象严重。

（4）上提钻具遇卡，下放钻具遇阻；接单根、下钻不到底，遇阻、划眼，严重时发生卡钻或无法划至井底。

（5）井径扩大，出现糖葫芦井眼，测井困难。

二、井壁坍塌的危害与原因

井壁坍塌极易造成起下钻频繁遇阻、划眼，严重时划出新井眼，甚至卡钻。严重制约了钻井的速度，降低了经济效益，阻碍了油田勘探开发工作的进展。统计表明，井壁坍塌多发生在泥页岩层段。因为泥页岩地层是由片状黏土颗粒经沉积压实、脱水而形成的岩体，层理发育，富含天然裂缝、节理，遇水极易水化膨胀，强度低，各向异性强，是钻井过程中主要的不稳定地层。其次是弱胶结地层以及硬脆性地层，由于钻开井眼后应力场发生急剧变化，无法达到平衡，导致掉块、坍塌等情况的发生。

造成井壁坍塌主要有地质、物理化学、工艺三方面的原因。就某一地区或某一口井来说，可能是某一方面的原因为主，但对于大多数井来说是综合原因造成的。

（一）地质因素

1. 原始地应力

当井眼内某一方向的压力超过岩石的强度极限时，引起井壁岩石剥落或坍塌。

2. 地层的构造状态

地层的构造状态发生构造运动时，破坏了沉积岩原有的稳定性，大多数地层都保持一定的倾角，随着倾角的增大，地层的稳定性变差，60°左右的倾角，地层的稳定性最差。

3. 岩石本身的性质

由于沉积环境、矿物组分、埋藏时间、胶结程度、压实程度不同而各具特性，以下这些岩石是容易坍塌的：

（1）未胶结的或胶结不好的砂岩、砾岩、砂砾岩；

（2）破碎的凝灰岩、玄武岩及节理发育的泥页岩；

（3）不成岩的流砂、淤泥、煤膏层等；

（4）断层破碎带、泥页岩的组分等；

（5）盐膏层、膏盐层、膏泥岩、软泥岩等特殊地层；

（6）泥页岩孔隙压力异常。

（二）物理化学因素

1. 水化膨胀

（1）表面水化。带负电荷的黏土表面吸收水分子，降低了黏土表面能，同时水分子在黏土硅层面形成水化膜，其定向排列形成弹性斥力，降低了岩石的黏结强度。

（2）离子水化。黏土中的阳离子与钻井液中的阳离子进行交换，阳离子的水化使黏土表面形成水化膜，引起离子水化。滤液中的 OH^- 使黏土表面负电荷增多，导致黏土表面吸附更多的阳离子，使得黏土的水化能力增强。

（3）渗透水化。泥页岩中电解质浓度高于钻井液中电解质浓度时，水分子由电解质浓度较低的钻井液渗入电解质浓度较高的泥页岩中，形成很高的渗透压，并且渗透水化是在泥页岩内部进行，它对井壁稳定有很大的破坏作用；同时使黏土表面的阳离子形成双电层，产生层间斥力，可使晶层进一步推开，当泥页岩出现屈服时，其渗透率将明显增加。因此，由流体渗透诱发的泥页岩破坏是一个自行加速的过程。

2. 毛细管作用

泥页岩中有许多层面和纹理。在构造力作用下形成许多微细裂纹，毛细管水进入泥页岩，从而削弱了岩石颗粒之间和泥页岩层面之间的黏结力。在侧压力作用下，岩石向井内运移，从而产生坍塌。

3. 流体静压力

当钻井液液柱压力高于泥页岩的孔隙压力时，钻井液产生滤失，引起地层层面水化，强度降低，裂缝裂解加剧。同时，井壁坍塌也与时间密切相关。钻井液与井壁接触到一定时间后，产生水化膨胀坍塌。新的井壁与钻井液接触，达到一定时间后，又会产生新的水

化膨胀坍塌。

（三）工艺因素

1. 钻井液液柱压力

钻井液的液柱压力不能小于井眼的围岩压力和地应力，应平衡于地层的孔隙压力和不能大于地层的破裂压力；因此必须合理确定钻井液密度范围。

2. 钻井液性能及流变性

钻井液的循环排量大，返速高，呈紊流状态，易冲蚀井壁，引起坍塌；高黏切、低滤失的钻井液有助于防塌，也有利于携岩，但不利于提高钻速。

3. 井斜与方位

斜井的稳定性比直井差。斜井的稳定性与井斜角有很大关系，位于最小水平主应力方向的井眼稳定；位于最大水平主应力和最小水平主应力方向中分线的井眼较稳定，而位于最大水平主应力方向的井眼最不稳定。

4. 钻具组合

底部钻具组合与井壁间隙小，易产生激动压力和抽吸压力，从而导致井壁失稳。

5. 钻井液液面下降

起钻未灌浆或灌浆不够或钻井液倒返或突发性的井漏，都将造成钻井液液面下降，井内液柱压力降低，从而不能有效平衡地应力而产生坍塌。

6. 压力激动

开泵过猛或下钻速度过快，易形成压力激动；起钻速度过快或泥包钻头易产生抽吸压力。使液柱压力小于地层坍塌压力造成坍塌。

7. 井喷

发生井喷后，液柱压力急剧变化，高速喷出的流体冲刷井壁，冲垮了薄弱地层，引起井壁坍塌。

8. 气体钻井

气体钻井时，钻遇含水层、地应力大的地层，易发生井壁坍塌。

三、井壁坍塌的预防

（一）活度平衡防塌

保持井壁稳定，关键针对泥页岩水化效应，其实质是防止水相迁移。泥页岩吸水膨胀，泥页岩脱水变脆，易发生掉块剥落坍塌，最好使井壁岩石与井眼内没有水迁移，保证活度平衡防塌。

钻井液中电解质浓度小于泥页岩水中的电解质浓度，钻井液中水分自发向泥页岩渗透，泥页岩吸水膨胀；反之泥页岩脱水，故活度平衡为最有效防塌理论。

（二）力学防塌

根据地层孔隙压力、围岩压力和破裂压力，确定合理的钻井液密度，通过钻井液液柱压力来平衡地层的围岩压力和地应力，防止地层坍塌。合理的钻井液密度可以减少井壁坍塌现象的发生。选取的钻井液密度必须大于围岩压力和地应力，小于破裂压力，结合地应力测试数据选取适中的值作为钻井液密度计算依据，计算出钻井液密度使用范围值。

（三）封堵防塌

对孔隙和微裂缝采取封堵的手段，阻止水进入孔隙和微裂缝。一般采用封堵材料：沥青类、聚合醇类（有浊点的）、乳化石蜡类、超细目碳酸钙类、其他可变形类封堵材料，让其在近井壁处形成封堵层，从而起到阻止水进入深部造成周期性坍塌。

封堵材料的加量一般采用4∶3∶2的比例，坍塌严重的地层沥青类（水基钻井液使用低软化点的沥青类产品，软化点为70℃和110℃）加量控制在4%～6%，聚合醇类和石蜡类控制在3%～4%，超细目碳酸钙控制在2%～3%。中等程度和弱的坍塌依次递减。作为封堵，要求封堵材料总量至少达到3%～4%，否则难以达到封堵目的。

（四）工艺防塌措施

1. 采取适当的工艺措施

（1）设计合理的井身结构。表层套管封上部松软地层；明显的漏层其上部应用套管封隔；同一裸眼段不能喷、漏层共存。

（2）减少套管鞋以下的口袋长度。

（3）调整钻井液性能使其适应钻进地层

①对于胶结差的砾石层、砂层，钻井液应具有合适的密度和较高的黏切；

②对于应力不稳定的裂缝发育的泥页岩、煤层、泥煤混层，钻井液应具有较高的密度和适当的黏切和尽可能低的滤失量；

③控制钻井液的pH值在8.5～9.5之间，减弱高碱性对泥页岩的强水化作用；

④必要时，可采取混油的方式；

⑤适当提高钻井液的矿化度，使之与泥页岩中水的矿化度相当或稍高；

⑥引入金属阳离子，如K^+、Ca^{2+}、Al^{3+}、Si^{4+}等，与泥页岩表面的Na^+交换，可有效降低泥页岩的膨胀压。

（4）保持钻井液液柱压力。起钻时应连续或定时灌浆；停工时，应定时向井内补充钻井液；钻柱或套管柱下部装有止回阀时，要定期向管柱内灌满钻井液，防止止回阀挤毁而使钻井液倒流，防止液柱压力下降导致井壁坍塌。

（5）减少压力激动。控制起钻速度，减少抽吸压力；下钻后及接单根后不宜开泵过猛，应先小排量顶通，再逐渐增加排量，防止憋漏地层。

（6）对于薄弱地层，钻进时要限制循环压力，以免压漏地层。

2. 提高钻井液的封堵能力

沥青、聚合醇是常用的封堵材料。正压差作用下，改性沥青类产品会发生塑性流动，封堵地层层理与裂隙，提高对裂缝的黏结力，在井壁处形成具有护壁作用的滤饼。聚合醇的浊点效应是其具有封堵能力的重要特征，推荐加量3%。

四、井壁坍塌的处理

1. 泥页岩垮塌

（1）若出现返出物稍多，砂样混杂，代表性差，呈颗粒状或片状；钻井液密度和滤失量上升，滤饼松软，含砂增加；有轻微蹩跳现象，起钻遇卡，下钻不到底等现象时，首先适当提高钻井液黏度带砂，清洗井底，增加体系中页岩抑制剂的含量，如沥青粉等，提高钻井液抑制性和封堵页岩微裂缝能力，并适当提高钻井液密度。若钻井液提高黏度或密度后仍不能带砂，可用水泥补壁。

（2）若出现返出物代表性极差，大颗粒多，大部分粒径大于5mm，砂样混杂比大于30%以上；钻井液密度上升；泵压忽高忽低，有憋压现象，接单根困难，反复划眼划不下去等现象时，应提高钻井液黏度及时带出垮塌物，重点是动切力，必要时转换为抑制性更强的钻井液体系。适当提高钻井液密度以平衡地层压力。划眼时，适当增加排量配合钻井液流变性以利于带出垮塌物，同时划眼、接单根速度要快，防卡防堵水眼。起下钻遇阻卡不可强提硬压致卡死，应采取防卡措施。

2. 破碎性垮塌

（1）及时提高钻井液黏切带出垮塌物。

（2）严格控制HTHP滤失量和滤饼厚度，并加入防塌剂，增强地层的胶结力，改善滤饼质量。

（3）加入表面活性剂，或加入单向压力封堵剂。

（4）根据裸眼段地层承压能力，适当提高钻井液密度。

（5）适当改变钻井液流变性，特别是削弱钻井液胶凝强度，控制起下钻速度。

（6）每钻完一个单根划2~3次，每钻进100~200m进行一次短程起下钻。

3. 工程措施不当引起的垮塌

一旦发生井塌，井下存在掉块，影响正常钻井作业时，则首先应该遵循上述原则，采取措施；其次要“赶到底、钻碎它、带出来”。

“赶到底”——即下入牙轮钻头，将大掉块尽可能地赶到井底。

“钻碎它”——即采取大钻压、慢转速、小排量，将大掉块尽可能地研磨成小碎块。

“带出来”——即钻碎一段时间后，将排量开到最大同时旋转钻具，循环一到两周或更长时间（必要时可用部分高密度稠浆段塞将其带出地面，效果更好），直到振动筛无大量塌块为止；然后将钻具提到一定高度，减小排量或停泵一段时间，钻具小幅度上提下放活动。经一定时间后，再将钻具放到井底，判断是否还存在掉块。如果仍有掉块，则按照上述处理方法，反复处理，直到井下恢复正常为止。

五、防塌钻井液

防塌钻井液体系有很多种，常用的钻井液体系有：钾盐钻井液、硅酸盐钻井液、烷基糖苷钻井液、聚合醇钻井液、胺基抑制钻井液、油基钻井液。

以上这些防塌钻井液体系中的防塌处理剂，可单独使用，也可混合使用，混合使用时可产生协同效应，提高泥页岩与钻井液之间的膜效率，降低了渗透压，甚至还可以使泥页岩脱水，井壁更加稳定。

第二节　井漏的预防与处理

井漏是钻井工程中最普遍最常见世界性难题之一，井漏诱发的井壁失稳、因漏致塌、致喷问题是长期以来制约油气勘探开发速度的主要技术瓶颈，井漏的发生不仅会给钻井工程带来损失，也为油气资源的勘探开发带来极大困难。

一、井漏的类型

钻井过程中，钻井液流入地层的现象，称为钻井液的漏失。井漏的特征与地下孔、缝（洞）的性质、井壁上的漏失面积、钻井液性能和压差等有关。现场通常按漏速、漏失地层通道和漏失原因进行分类。

（一）按漏速分类

表7-1所示，按漏速可将漏失分为五类。对于孔隙型地层，微漏和小漏称为渗滤性漏失，中漏和大漏称为部分漏失，全部失返的情况称为完全漏失。

表7-1　按漏速分类表

漏失级别	1	2	3	4	5
漏速/（m^3/h）	≤5	5~15	15~30	30~60	≥60
程度描述	微漏	小漏	中漏	大漏	严重漏失

（二）按漏失通道分类

按漏失通道形成的原因分为自然漏失通道和人为漏失通道两大类；按漏失通道的形状分为孔喉、裂缝、溶洞和混合型。

（三）按漏失原因分类

按井漏发生的原因可以将井漏分为渗透性漏失、裂缝性漏失和溶洞性漏失三大类。

1. 渗透性漏失

这类井漏多发生在胶结疏松的砂层、砂岩、砾岩等地层中。由于地层的渗透性较好，当渗透率超过$14\times10^3\mu m^3$，或者平均粒径大于钻井液中数量最多颗粒粒径的三倍时，在压差作用下，钻井液将流入岩层孔隙里，但滤饼的形成可阻止或减弱漏失的程度，因此渗透性漏失的漏速不大，一般在$10m^3/h$以内。

2. 裂缝性漏失

钻井中遇到的各种类型的岩层均可能存在自然裂缝。在自然裂缝发育的地层中钻进，都会发生不同程度的钻井液漏失。在破碎地层中钻进时，常会随着井下蹩跳、钻速加快等

现象的出现而发生井漏，其漏速一般在20～60m^3/h不等。

3. 溶洞性漏失

在某些灰岩地层中，经地下水长期溶蚀而形成溶洞。当钻遇溶洞时，会发生钻具放空，随之失去循环，钻井液只进不出。漏速一般在60m^3/h以上，井漏后往往会造成井喷或井塌卡钻故障，属最严重的井漏。

二、漏层位置的确定及井漏原因

（一）井漏位置的确定方法

1. 观察钻进情况

当钻开天然裂缝性岩层时，钻井液通常会突然漏失，并伴随有扭矩增大和憋跳钻现象。如上部地层没有发生过漏失，说明漏层在井底。

2. 观察岩心

通过对岩心的观察，了解地层的岩性和物性，综合分析判断漏层层位。

3. 综合分析钻井过程中的各种资料

综合分析钻井过程中钻井参数、钻井液性能、地层压力、地层破裂压力、地质剖面、岩性、发生过漏失的层位再次漏失的可能性、邻井同层段钻井情况等资料，判断漏失的位置。

①根据起下钻速度、泵压、排量的变化和可能产生激动压力的大小，分析发生过漏失的层位再次漏失的可能性。

②根据地层压力和地层破裂压力的资料对比，分析最低压力点位置发生井漏的可能性，如油、气、水层及套管鞋附近（一般为套管鞋以下10m左右）。

③根据地质剖面图和岩性对比，裂缝发育的层位往往会发生井漏。

④和邻井相同井段进行对照分析，邻井已发生井漏的层位发生井漏的可能性较大。

⑤如果钻井液性能没有发生变化，在正常钻进中发生了井漏，则漏失层即钻头刚钻达的位置。

⑥如果钻进中有放空现象，放空后即发生井漏，则漏失层即放空井段。

⑦下钻时观察钻井液返出情况，每下一立柱，井口应返出与钻具体积相同的钻井液量。当钻具下入后，井口没有钻井液返出，说明有可能发生了漏失，漏失的位置应在钻头以下。

4. 仪器测定法

如果漏层位置不易确定，可采用以下仪器测定方法。

（1）螺旋流量计法。

螺旋流量计为一带螺旋叶片的井底流量计，叶片上部有一圆盘和记录装置（照相装置），下部有一导向器。将流量计下到预计漏层附近，然后定点向上或向下进行测量，每次测量时，从井口灌入钻井液，如仪器处于漏层以下，钻井液静止不动，叶片不转；如仪器处于漏层以上，下行的钻井液冲动叶片，使之转动一定角度，上部的圆盘也随之转动，转动的情况由照相装置记录下来，这样就可以确定漏层位置。

（2）井温测定法。

在有可能下入井温仪器时，应先测一条正常的地温梯度线，然后再泵入一定量的钻井液，并立即进行第二次井温测量，由于新泵入的钻井液温度低于地层温度，在漏失层位会形成局部降温带，对比两次测井温的曲线，发现有异常段即为漏失段，两次井温测量不必起出仪器，应连续进行作业。

（3）放射性测井法。

用伽马测井测出一条标准曲线，然后替入加了放射性示踪物质的钻井液，并把它挤入漏层，再进行放射性测井，根据放射性异常，即可找出漏层位置。此法测量非常准确，但不经济，同时有放射性危害。

（4）RFT 测井法。

先测一个微电极曲线，在曲线上找到地层压力最低的井段，即漏失井段。

（5）电测曲线综合分析法。

井漏之后，利用电测的四条曲线即微电极、自然电位、井径、声波时差进行综合分析，可以判断漏层位置。若某层漏入大量钻井液，则微梯度及微电位电极系的电阻率差值缩小，自然电位的幅度变小，井径变小，而声波时差变大。

（6）钻井液电阻测定法。

在裸眼井段，分段泵入不同矿化度（矿化度相差6%左右）的钻井液，或者分段泵入钻井液和原油，测一条钻井液电阻率曲线，然后在泵入或漏失部分钻井液后，再测一条钻井液电阻率曲线，两条曲线对比，即可找出漏层位置。若对漏层位置仍不十分清楚，可再泵入部分钻井液后，再测一条钻井液电阻率曲线，三条曲线对比确定漏层位置。

（7）声波测试法。

碳酸盐岩地层用声波测井法找漏层的效果较好，因为在漏失层段弹性波运行间隔时间急剧增大，而纵向波幅度相对参数 AP/AP_{max} 则大大衰减甚至完全衰减。漏层上下的非渗透性致密岩层的 Δt_s 为 155 ~ 250μs/m，AP/AP_{max} 参数分布为多模态形式；Δt_s 为 250 ~ 750μs/m，AP/AP_{max} 为 0 ~ 0.1，为判断漏层的主要依据。

（8）传感器测试法。

用传感器测量井内钻井液流速压头的变化来判断漏层的位置。在圆柱形壳体内装感应式传感器并充满液体，壳体上端以波形弹性膜片封盖，下端是底板，其孔眼接有可使仪器内外达到静压平衡状态的橡胶补偿器。传感器电枢用柱形螺旋弹簧压贴在膜片的中心部位，以便把膜片的移动转换成电信号。测量时，把仪器下到井中预计漏层附近，向井内灌入钻井液。如果仪器在漏层以上，由于有钻井液流经仪器而进入漏层，故有信号输出，反之则没有信号输出，以此确定漏层位置。或者把仪器下到井底，在匀速灌入钻井液的情况下，匀速上提仪器。在漏层以下，仪器与钻井液之间的相对速度即仪器的上提速度；在漏

层以上时，仪器与钻井液之间的相对速度是仪器上提速度与钻井液下行速度之和。显然，漏层以上的信号大于漏层以下的信号，这样就很容易找到漏层位置。

（9）自动测漏装置。

在钻进中测定漏层深度的自动化装置，其原理是用压力传感器测立管压力，用流量传感器测钻井液出口流量。井漏时，压力下降信号沿钻柱内钻井液液柱传递到压力传感器，流量减小信号沿环空钻井液液柱传递到流量传感器，因两者传输速度相同，按其传输时差即可确定漏层深度。该装置最大优点是在钻进中可随时测出漏层深度，特别是能测出不在井底的漏层深度。

（10）封隔器测试法。

在钻柱上带一个封隔器，下入裸眼井段循环，只需钻井液从封隔器以上循环，不许钻井液从封隔器以下循环。当封隔器处于漏层以上时可以正常循环，等封隔器处于漏层以下时则失去循环。若第一次坐封能恢复正常循环，则应向下找漏层；若第一次不能恢复正常循环，则应向上找漏层。使用封隔器测试条件是井眼稳定，不塌不卡，坐封井段井径规则。

（二）井漏原因

1. 地质因素

（1）渗透性地层。

砂岩、砾岩、含砾砂岩这类地层渗透率高，连通性好，易发生井漏。

（2）天然裂缝、溶洞。

天然裂缝主要存在于灰岩和砂岩中，而溶洞一般只出现在灰岩地层。当钻开这些地层时，很容易发生井漏，而且漏速快，漏失量大。

2. 人为因素

一是注水开发造成多压力层系，并造成地层破裂压力的变化，二是施工过程中措施不当，如加重不均匀、下钻速度过快、开泵过猛等人为因素易造成井漏，而且主要是诱导裂缝。诱导裂缝分为两种，一种是由于施加的外力大于地层岩石的破裂压力，造成岩石破碎形成的裂缝，另一种是外力使天然闭合裂缝开启形成的裂缝。

三、井漏的预防

1. 设计合理的井身结构

设计部门根据地质设计及邻井钻井资料，依据待钻井预测地层孔隙压力、坍塌压力和破裂压力剖面，确定钻井液密度，使其所产生的液柱压力低于该裸眼井段中最低的破裂压力，以防止因压裂地层而发生井漏。如上述条件无法满足，则应下套管将低破裂压力地层与高压地层加以分隔。

2. 降低井内的动态压力

（1）合理的钻井液密度与钻井液类型，实现近平衡压力钻井。

为防止井漏或井喷的发生，在确定裸眼井段钻井液密度时，应使钻井液所产生的静液柱压力低于最低破裂压力或漏失压力，但高于最高孔隙压力。

对于裂缝、孔洞十分发育的地层，由于钻井液进入地层的流动阻力小，地层的漏失压力与孔隙压力十分接近，为了防止井漏，所确定的钻井液密度，应尽可能接近地层孔隙压力，实现近平衡压力钻井。

对于低漏失压力地层，可依据漏失压力大小，选用低固相聚合物、水包油、油包水、充气、泡沫钻井液或空气钻井，进行近平衡压力钻井。

（2）降低环空压耗。

①保证钻屑携带的前提下，尽可能降低泵量和钻井液的黏度。

②选择合理的钻具结构，增大环空间隙，尽可能不使用大尺寸扶正器。

③加强固控，改善净化条件，减少钻屑含量，降低环空当量钻井液密度。

（3）控制激动压力。

下钻时应控制下钻速度，避免产生过大的激动压力，尤其小间隙井眼。下钻引起的激动压力为静液柱压力的20%～100%，在这种交变载荷下，极易发生井漏。

控制激动压力的措施如下：

①下钻、接单根、下套管时应控制下放速度，下入一柱钻具或套管的时间必须超过45s。

②下钻过程可采取分段循环；小排量开泵，控制开泵泵压，先转动转盘后开泵，严防泵压过高，待泵压正常后，再增大泵量至正常值。

③因井塌引起下钻遇阻时，须缓慢开泵，并降低泵量；划眼时控制速度，严防憋泵引起井漏。

④钻进时，防止钻头泥包。可采取以下措施：在易缩径地层钻井时，采用抑制性钻井液，选用合理钻井液密度，防止因井径缩小而减小环空间隙；使用弱胶凝强度的钻井液，钻井液静切力随时间增长幅度小。并在钻进过程应保持钻井液性能稳定，避免钻井液性能突变而引起压力激动；使用高密度钻井液在小井眼井段钻井时，应在保证悬浮加重剂的前提下，尽可能降低钻井液动切力和静切力。

3. *提高地层的承压能力*

通过人为办法封堵近井筒漏失通道，增大钻井液进入漏失层的阻力来提高地层承压能力。一般可采取以下三种方法：

（1）调整钻井液性能。

钻进孔隙型漏层时，可通过增加钻井液中膨润土含量或加入增黏剂来提高钻井液黏度、动切力、静切力，达到提高漏失层承压能力来实现防漏的目的。这种方法适合于轻微渗透性漏失层、浅井段流沙层和砾石层的漏失。

（2）随钻堵漏。

钻遇孔隙型或孔隙-微裂缝型地层前，循环时加入随钻堵漏材料，在压差作用下进入

漏层，封堵漏失通道，提高地层承压能力，起到防漏作用。

堵漏材料的种类与加量，应依据漏失性质、漏层孔吼直径、裂缝开口尺寸进行选用。一般加量超过4%。

（3）先期堵漏。

下部存在高压层，孔隙压力超过上部地层漏失压力或破裂压力，且这类井又受条件制约而无法采用下套管将上部地层封隔，进入高压层前，必须采用按下部高压层的孔隙压力确定钻井液密度钻进，必然引起上部地层漏失。为了防止因上部地层漏失而引起的井涌、井喷等复杂情况的发生，在进入高压层之前必须先期堵漏，提高上部地层承压能力。

其程序如下：

①破裂实验：进行破裂压力试验，求得上部易漏地层漏失压力或破裂压力。

②堵漏：依据漏层特性选择方法、堵剂类型与数量。堵漏液注入井中后，井口加压将其挤入地层中。地层吸收量小时可挤入4～6m^3；吸收量大时可挤入8～12m^3。挤完后，静止48h，然后下钻分段循环到井底。待井内全部剩余堵漏液返至地面后，再调整好钻井液性能，使其符合设计要求。

③试漏：起钻具至安全位置或技术套管内，加压试漏。当试漏时的当量密度超过下部地层设计钻井液密度高限时，方可加重钻开下部高压层。

四、井漏的处理

1. 常用堵漏方法

（1）静止堵漏。

钻头起至安全位置，静止12～24h后再循环即可。其原理是井内钻井液静止一段时间后，钻井液中的固相在正常滤失和形成内滤饼的过程中沉积在漏失层内，封堵孔隙。这种堵漏方法适用于渗透性漏失。

（2）随钻堵漏。

钻井过程中遇到井漏，在循环状态下把随钻堵漏剂加入到钻井液中，进行边钻边堵漏的方法。与停钻堵漏相比，优点是可以节省时间。该方法适用于微小裂缝或孔隙性地层引起的部分漏失和长段易破碎地层引起的井漏。

（3）桥浆堵漏。

是指由纤维状、颗粒状、片状堵漏材料组成的桥塞剂配制成专用堵漏液进行堵漏的方法。其原理是先在漏失地层“架桥”，再充填和嵌入裂缝，最后膨胀封堵裂缝。桥浆堵漏适用于孔隙性漏失和裂缝性地层引起的压差性井漏。有以下三种方法：

①间接挤替法：堵漏时，将光钻杆下至漏层底部，并把堵漏液替到漏失井段，起钻至堵漏液上方，关井小排量反复挤压。

②直接挤替法：堵漏时，将光钻杆下至漏层顶部，当堵漏液流出钻具时，关井小排量反复挤压。

③循环加压法：堵漏时，将光钻杆下至漏层底部，并把堵漏液替到漏失井段，起钻至堵漏液上方，逐步提高排量循环。

（4）高滤失堵液堵漏。

①狄塞尔（DSR）堵漏。

狄塞尔堵漏剂是惰性材料和化学活性物质的混合物，具有机械桥塞与化学胶结双重作用的堵漏剂。DSR 堵漏液进入到漏层后，在井下压差作用下迅速滤失，堵漏液里的固相组分在漏失通道中聚集、变稠，形成堵塞滤饼，继而压实，填充漏失通道，达到堵漏的目的。

堵漏液配方为：3% ~4% 抗盐土 +0.1% ~0.2% Na_2CO_3 +0.1% ~0.2% NaOH +10% ~20% DSR +6% ~10% 蚌壳渣 +6% ~10% 核桃壳。

主要工艺要点：施工前，起出原钻具，下入光钻杆，下至漏失层顶部或井底，替入堵漏液，在堵漏液出钻具时视其具体情况采取开井或关井挤堵，替完起钻静止 24h。根据漏层情况，还可加入适量中细纤维等，使其滤失量达 100mL 以上，黏度达 80s 以上，在替入狄塞尔堵漏液的同时，也可加入一定量的促凝水泥，水泥稠化时间略长于替入堵漏液的施工时间，以提高堵漏成功率。堵漏材料的规格和数量应根据漏层性质灵活搭配。

②高炉矿渣—钻井液堵漏（MTC 堵漏）。

高炉矿渣是非金属产物，主要由硅酸盐和钙、镁及其他碱基铝酸盐等组成，由高炉矿渣和钻井液配制的堵漏液，其黏度可以用普通钻井液的降黏剂或增黏剂调节，加入木质素磺酸盐可延长凝固时间，提高活化剂浓度可缩短稠化时间，增加碱的浓度能改善早期的抗压强度。MTC 堵漏液可用钻井泵送到漏层位置并加压挤入漏层 6 ~8m^3，静止 24 ~36h 堵漏。根据漏层性质还可灵活复配其他堵漏材料，获得更佳的堵漏效果。

（5）凝胶堵漏。

由化学凝胶和不同形状、不同尺寸的惰性颗粒及毫米级的纤维材料配制成的堵漏液，堵漏机理是在漏失的孔隙中通过架桥、连接、支撑、滞留等作用形成骨架，封堵孔隙，进而提高抗压强度，增强堵漏效果。由于凝胶中含有多种膨胀颗粒，具有较强的可变形能力，适用于不同类型的漏层。

（6）自适应堵漏。

堵漏液由胶束聚合物、可变形的弹性粒子和填充加固剂组成。随着聚合物浓度的增加，大量不同尺寸的胶束在岩石表面形成封堵层。封堵层中的胶束是可变形的，如果压力升高，胶束被压缩，降低封堵层的渗透率，阻止钻井液进入漏层。可变形的弹性粒子具有较好的弹性和一定的可变形性，能够适应不同形状和尺寸的孔隙和裂缝。填充加固剂进入由弹性粒子和胶束聚合物形成的封堵层的微孔隙，进一步降低封堵层的渗透率，增强封堵层强度。堵漏液进入漏层后有一定的扩张填充和内部压实的双重作用，同时具有架桥和充填的双重功能，能够较好的封堵孔隙和裂缝。

（7）水泥浆堵漏。

下光钻杆至堵漏要求的井深位置，依次注入前置隔离液、水泥浆、后置隔离液。当水泥浆出钻具时，则关井挤注并顶替钻井液，把水泥浆全部替出钻具，然后起钻至安全位置或全部起出，关井候凝 24～36h。起钻过程中，应向井内灌注钻井液，灌注量应与钻具排量相等。该方法适用于所有井漏。

（8）暂堵法。

该法是指应用暂堵材料对油气层进行封堵，在油气井投产后采用相应的解堵剂进行解堵的一种堵漏方法。此法主要用于封堵渗透性和微裂缝地层漏失，并能有效地减少因井漏引起的油气层损害。各油田目前已广泛采用单向压力封堵剂、石灰乳，易酸溶、油溶的堵剂等暂堵法。

（9）强行钻进下套管封隔漏层。

对于浅部地层的长段天然水平裂缝及溶洞，钻井过程中发生有进无出的严重井漏，采取常规堵漏方法无效时，可采用清水或廉价的轻质钻井液强行钻进，在完全钻过漏层后，下套管封隔。

2. 处理井漏的原则

（1）分析井漏发生的原因，确定漏层位置、类型及漏失严重程度。

（2）施工前应进行科学的施工设计、精心施工。

（3）如果条件许可，应尽可能将漏层钻穿，以免重复处理同样的问题，增加处理时间。

（4）施工时如果能起钻，应尽可能使用光钻具，下至漏层顶部。

（5）根据漏失性质，正确选择堵剂和堵液注入方法，尽可能使 2/3 的堵液进入漏层。

（6）施工过程中应不断地活动钻具，避免卡钻。

（7）采用桥堵堵漏，应卸掉循环管线及泵中的滤清器和筛网等，防止因堵塞憋泵伤人。

（8）憋压试漏时应缓慢进行，压力一般不能超过 3MPa，避免造成新的诱导裂缝。

（9）施工完成后，各种资料应收集整理齐全、准确。

3. 堵漏方法的选择

（1）渗透性漏失。

①若漏失量不大，可加入随钻堵漏剂，继续钻进；若继续漏失，停止钻进，起出钻具，静止堵漏。

②降低钻井液密度，适当调整钻井液黏切。

③钻井液中加入堵漏材料（石棉粉、暂堵剂等）。

（2）裂缝性漏失。

①小缝、小漏加细微颗粒和纤维物质（云母片、石棉粉、单向压力封闭剂等）。

②大漏使用桥接剂（贝壳渣、胶粒、膨胀型堵剂及复合堵剂等）。

③严重漏失使用可凝固的材料（石灰乳、柴油-膨润土浆、水泥、重晶石等）。

(3) 溶洞性漏失。

①充填与堵剂复合（投粗砂、碎石、水泥球等）。

②借助于井下工具（封隔管等）。

③边漏边钻、强行穿过后下技术套管。

第三节 卡钻预防与处理

所谓卡钻就是指钻具在井下既不能转动又不能上下活动而被卡死的现象。如果对井塌、井漏和井喷等各种井下复杂情况和故障处理不当，最后都可能导致卡钻。钻进过程中，若采用的工程或钻井液技术措施不当也会发生卡钻。

卡钻按其性质分为压差卡钻、沉砂卡钻、井塌卡钻、砂桥卡钻、缩径卡钻、键槽卡钻、泥包卡钻等。

一、压差卡钻

当井下钻具静止时间较长时，在钻井液液柱压力与地层压力的压差作用下，钻具的一部分会贴于井壁，与井壁滤饼黏合在一起，静止时间越长则钻具与滤饼的接触面积越大，由此而产生的卡钻称为压差卡钻，也称为黏附卡钻或滤饼卡钻。

（一）原因

压差卡钻的产生是和滤饼的黏滞系数、滤饼与钻具的接触面积、钻井液液柱压力与地层压力之差、钻具在井内静止时间等因素有关。滤饼的黏滞系数越大，滤饼与钻具的接触面积越大，钻井液液柱压力与地层压力之差越大，就卡的越紧。这种卡钻多发生在钻井液摩阻系数过大、高渗透性地层、压差过大、钻具在井内静止不动等情况下。

（二）现象

(1) 初期显示是扭矩和拉力增加，这与井内摩擦阻力增加有关。

(2) 卡钻后钻井液循环不受影响，泵压正常稳定。

(3) 钻具不能活动和转动。

(4) 压差卡钻一般是钻具长时间静止不动和操作不慎造成的，接单根也可能发生压差卡钻。

(5) 卡点位置在钻柱部分，随着时间的延长而上移。

（三）预防与处理

1. 压差卡钻的预防

(1) 工程方面：

①采取加扶正器、用较小直径较短长度的棱形或螺旋形钻铤、控制好井斜及方位的变化等措施减少钻具与井壁的接触面积，降低压差卡钻的发生概率。

②谨慎操作，勤活动钻具，减少钻具静止时间。

（2）钻井液方面：

①尽可能采取近平衡压力钻进，降低井底压差。

②维持较低滤失量。若滤失量大，则滤饼厚而松软，钻具与井壁的接触面积便会增大，发生压差卡钻的概率就会升高。

③降低钻井液中的多余固相，提高滤饼质量和钻井液的润滑性能。降低钻井液中的多余固相可降低滤饼的摩擦系数；提高滤饼质量，则滤饼薄而坚韧，滤饼的摩擦系数也小；加入各种润滑剂，提高钻井液的润滑性能，包括混油和加入适用的润滑剂。这些措施均可降低发生压差卡钻的概率。

④选择与地层相配伍的钻井液类型。选择钻井液类型时，钻井液的润滑性也是需要考虑的重要因素之一。油基钻井液、油包水乳化钻井液、聚合物钻井液等具有良好的润滑性，能大大降低压差卡钻的风险。

2. 压差卡钻的处理

（1）浸泡解卡法。

向井内注油基解卡液、水基解卡液、碱水、饱和盐水、酸等至浸泡卡点位置，改变钻具润湿性，泡松滤饼，降低黏滞系数，减少与钻具的接触面积，减少压差，从而活动钻具解卡。

一般泥页岩、砂岩、孔隙度较高的砂砾岩，使用油基解卡剂浸泡最为有效，解卡剂有固体和液体之分，是由柴油、氧化沥青粉、油酸、环烷酸、石灰、有机土及快速渗透剂等主要组分组成，目前有两种配方，见表7-2。现场不同密度SR-301解卡剂配制的配方见表7-3。

表7-2　解卡剂配方

材料名称	配方A		配方B	
	规格	用量	规格	用量
柴油	0#或10#	$100m^3$	0#或10#	$100m^3$
氧化沥青	软化点150℃，80目粉状	12t	软化点150℃，80目粉状	20t
有机土	80~100目	1.6t	胶体率90%	3t
油酸	酸价190~205，碘价60~100	1.8t	酸价190~205，碘价60~100	2t
快T	渗透力为标准的100±5%	1.6t		1.6t
石灰	120目	3t	120目	40t
烷基苯				2t
SPAN-80				0.5t
水		$5m^3$		$5m^3$
重晶石	200目，密度≥$4.2g/cm^3$	加至需要密度	200目，密度≥$4.2g/cm^3$	加至需要密度

注：此表是$100m^3$柴油的量的配方，实际配制过程中应按所需解卡液用量等比配制。

表 7-3　SR-301 解卡剂配制

密度/（g/cm^3）	SR-301/t	柴油/m^3	重晶石/t	水/m^3
0.95	0.270	0.650	0.00	0.160
1.10	0.258	0.623	0.19	0.155
1.20	0.250	0.600	0.32	0.150
1.30	0.242	0.580	0.45	0.145
1.40	0.234	0.562	0.58	0.140
1.50	0.226	0.542	0.71	0.135
1.60	0.218	0.520	0.85	0.131
1.70	0.209	0.506	0.97	0.126
1.80	0.201	0.484	1.10	0.121
1.90	0.194	0.465	1.18	0.116
2.00	0.186	0.445	1.36	0.114

注：此表是 $1m^3$SR-301 解卡剂量的配方，实际配制过程中应按所需解卡液用量等比配制。

解卡液配制量计算：求得卡点位置后，要进行解卡液浸泡处理时，需要计算解卡液配制量。解卡液浸泡时，应使卡点以下钻具全部浸泡在解卡液中，并使钻杆内留有一定量的解卡液。

解卡液配制量 = 环空解卡液量 + 管柱内解卡液量

环空解卡液一般要求浸泡过卡点以上，不低于100m，还需考虑井径扩大率。

钻柱内解卡液量由浸泡时间确定，应考虑一定时间内的顶替量。（钻具内预留解卡液 $3 \sim 5m^3$）

解卡液用量按照式（7-1）计算：

$$Q = Q_1 + Q_2 + Q_3 = \pi \ (D^2 - d_1^2) \ Hk/4 + \pi d_2^2 h/4 + Q_3 \tag{7-1}$$

式中　Q——解卡液用量，m^3；

k——井径扩大率,%；

D——钻头直径，mm；

d_1——钻杆或钻铤外径，mm；

d_2——钻杆或钻铤内径，mm；

H——钻具外泡油高度（一般要求过卡点以上 50 ~ 100m），m；

h——钻具内解卡液高度，根据浸泡时间决定，m；

Q_1——黏卡段环空容积，m^3；

Q_2——黏卡段钻具内容量，m^3；

Q_3——预留顶替量，m^3。

浸泡期间应根据井下情况决定顶替间隔时间及顶替量。浸泡期间应按时活动钻具，不活动时将钻具压弯，以防卡点上移。

（2）负压解卡法。

当液柱压力低于井底地层压力时，形成负压差，该压差将对被卡管柱产生一个“推

力”，使其脱离井壁。负压值越大，地层流体进入井眼的速度越快，理论上解卡速度也越快；负压值太大，极易引起井涌，往往还未解卡已出现明显溢流，从而被迫关井，不仅造成施工紧张，而且关井后不易活动管柱，不易观察是否解卡；负压值太小，则达不到解卡目的。一般控制卡点处的负压差为1～2MPa，即有地层流体逐渐进入井眼，有一定的解卡力，又不至于出现大的井涌。

使用负压解卡法应注意：

①地层压力预测必须准确可靠，否则可能导致严重的井涌、井喷，或者负压太低不能解卡；

②若地层疏松，液柱压力不足以支撑井壁，易发生垮塌，堵塞环形空间，从而使卡钻恶化；

③替浆时往往出现高压管汇压力增高的现象，多数情况下压力都在20MPa左右，若高压管汇强度不够，就有可能发生破裂，从而诱发钻井液倒抽，引起井喷。所以在施工前必须对高压管汇试压，确保替浆安全，替浆时密切关注泵压变化，防止泵压过高，管汇刺漏。

二、沉砂卡钻

钻具静止的状态下，小排量循环或停泵后钻井液中大量岩屑下沉，埋住下部钻具的卡钻叫沉砂卡钻。

（一）原因

（1）上部地层在清水钻进或钻井液悬浮和携带岩屑能力差、钻速较快时，大量岩屑滞留于井内，停泵时岩屑大量下沉，埋住钻头、钻铤或部分钻具。

（2）下部地层，由于地层胶结不好，吸水膨胀、断层、破碎性地层或钻井液大幅度调整、性能较差等原因，引起掉块严重、井塌，使井眼扩大或形成砂桥，停泵静止时也容易发生沉砂卡钻。

（二）现象

卸开钻具，钻杆内倒返严重；接方钻杆开泵时泵压很高甚至憋泵；上提遇卡，下放遇阻，且不能转动或转动时扭矩很大。

（三）预防与处理

1. 沉砂卡钻的预防

（1）保证循环系统、净化系统安装质量，适当增加泵排量。

（2）接单根时尽量缩短停泵时间。

（3）出现沉砂现象，应控制钻速，调整钻井液性能或停钻，大排量循环，正常后再恢复钻进。

（4）下部地层剥蚀掉块严重，井径较大时，应配制携带性能好的高黏度的钻井液，带出掉块，并禁止在此井段开泵划眼。

(5) 起下钻遇阻卡不能强拉硬砸，应尽快循环和活动钻具。循环失灵，井口不返钻井液，应立即停泵放回水，使堆积的沉砂松动，活动钻具，起出后再划眼通井。

(6) 出现沉砂现象时，适当提高钻井液的黏度和切力，以增加悬浮岩屑、携带岩屑的能力。同时应注意开泵方式方法，以防憋漏地层。

2. 沉砂卡钻的处理

一旦沉砂卡钻卡死后，可采取爆炸松扣和套铣等处理方法。下部被卡钻具难以套铣或震击无效时，则填井侧钻。

三、井塌卡钻

一般发生在吸水膨胀的泥页岩、胶结不好的砾岩、砂岩等地层。

(一) 原因

(1) 钻井液性能不能满足井壁稳定的需求。

(2) 钻井液密度低，井内的液柱压力不能平衡地层压力，致使倾角大或胶结不好的地层垮塌，或因井漏使液柱压力失去平衡所致。

(3) 起钻未灌满钻井液、井漏或钻头泥包产生的抽吸作用等引起垮塌。

(4) 裂缝或断层性地层。

(二) 现象

(1) 大块滤饼和小块岩石脱落，换钻头后下钻下不到底。

(2) 钻井液中携带有大块未切削的上部岩石。

(3) 钻进中突然发生憋钻，上提遇卡，泵压升高，憋泵甚至不能转动钻具。

(4) 划眼困难，常需多次反复划眼才有好转。

(三) 预防与处理

1. 井塌卡钻的预防

(1) 使用低滤失量、高矿化度和适当黏度的防塌钻井液。

(2) 钻到易塌地层时，适当提高钻井液密度。

(3) 保证钻井液液柱高度，起钻时及时灌浆。

(4) 避免钻头泥包和抽吸造成的井壁坍塌。

2. 井塌卡钻的处理

(1) 坍塌卡钻刚发生时，要停钻，坚持循环和活动钻具，同时调整钻井液性能，适当提高密度和黏切，尽可能把坍塌岩屑循环出来。

(2) 钻进时一旦卡死，由于钻头在井底，可用小排量憋压，施加正转扭矩，力求把塌块弄松，建立循环，然后轻提慢转倒划眼，清除塌块。

(3) 起钻时遇卡，切勿大力上提，可猛放或开小排量憋压猛放，建立循环后采用轻提慢转倒划眼来解除。

(4) 严重的井塌无法循环和活动钻具时，则从卡点以上一个单根处倒开，起出上部钻

具，然后用套铣加倒扣的方法分段倒出被卡钻具。若落鱼悬空时，则用倒扣套铣矛接套铣筒对好鱼顶后套铣的方法处理。

四、砂桥卡钻

钻松软易塌或易溶（盐岩）地层时，在钻井液浸泡下造成井径扩大（俗称大肚子井段），上返速度在井径扩大处降低，如果钻井液携带岩屑能力较差，会使岩屑聚集于大肚子。停泵后，岩屑下沉至井眼瓶径处形成砂桥，当钻具起至该处时便会卡死。

（一）原因

（1）井眼不稳定，井径不规则，有大肚子井段。

（2）钻井液携砂能力差，井眼净化能力弱。

（3）钻井液静止时间较长，钻井液悬浮能力差。

（4）下钻速度过快，开泵过猛。

（二）现象

（1）钻井液出口流量减少，甚至完全不能返出；接单根或者起钻卸开立柱后，钻井液倒返甚至喷势很大。

（2）开泵时泵压增高，甚至憋泵。

（3）扭矩增大，上提遇卡、下放遇阻，钻具不能活动。

（4）起钻时卡点固定。

（三）预防与处理

1. 砂桥卡钻的预防

（1）保持井壁稳定，防止出现大肚子井眼。

（2）提高钻井液的携砂能力和悬浮能力，在条件允许的情况下提高泵排量。

（3）起钻或接单根前增加钻井液的循环时间，并缩短接单根时间。

（4）停泵前将钻具提离井底，勤活动钻具。

（5）发现泵压较高和岩屑返出较少时控制钻速，加大排量洗井。

2. 砂桥卡钻的处理

（1）尽量小排量顶通，设法建立循环，配合慢转破坏砂桥，还可泵入一定量高黏切钻井液把沉砂循环出来。

（2）若不能建立循环，用震击器震击解卡。

（3）若钻进时卡死，则从卡点以上一个单根处倒开，起出自由钻具，下套铣筒套铣和对扣打捞处理。

（4）若起钻时卡死，则从卡点以上一个单根处倒开，起出自由钻具，由于落鱼悬空，故应用倒扣套铣矛接套铣筒下到鱼顶，先对扣再套铣，防解卡后落鱼落井顿钻。

（5）解卡后，应下钻至卡点位置划眼，破坏砂桥，配稠浆，将沉砂循环携带出来。

五、缩径卡钻

缩径卡钻常发生在膨胀性地层（如膨胀页岩、白垩岩等）、岩盐层和渗透性良好的砂岩。

（一）原因

（1）水敏性地层吸水膨胀，井径缩小；地层渗透率大，钻井液性能较差，滤失量大，固相含量高，造成滤饼厚，使得井径变小，起下钻有遇阻、卡现象，硬提、猛压而造成卡钻。

（2）钻头磨损严重，后期井径变小，新钻头下入小井眼内硬压造成卡钻。

（3）岩盐层塑性流动。由于岩盐层温度高，钻开时的钻井液密度低，液柱压力无法平衡上覆岩层压力，岩盐层发生塑性变形并向井眼内蠕动，从而造成钻进或起下钻遇阻、遇卡，严重时造成卡钻。

（4）漏层或渗漏层，由于桥塞（堵漏剂）集结于漏层处，在其上面形成厚滤饼，黏结固体颗粒致使井径缩小，当钻具起下至该处时若操作不慎亦可造成卡钻。

（二）现象

（1）遇卡的位置固定。

（2）循环时泵压增大。

（3）上提困难，下放容易，下钻时摩阻增大。

（4）起出的钻杆接头上部经常有滤饼。

（三）预防与处理

1. 缩径卡钻的预防

（1）调整好钻井液性能，降低滤失量，提高滤饼质量，防止滤饼过厚。

（2）钻特殊岩层（如岩盐层），及时提高钻井液密度，防止地层蠕变。

（3）当新入井钻头与已应用的上一个钻头的直径差达2～3mm时，起出后，应注意下钻遇阻，及时采取措施。

（4）下钻遇阻时，不能硬压，应接方钻杆划眼或扩眼，钻压5～10kN，直到畅通无阻，方可继续下钻。

（5）起钻遇卡时，不能猛提，遇卡一般不超过原悬重100kN，接方钻杆循环，轻提慢转倒划眼。

2. 缩径卡钻的处理

（1）上提、下放和转动钻具解卡。

（2）上击、下击解卡。

（3）对于水化膨胀引起的缩径卡钻，应该对钻具遇卡的反方向施加力，建立循环，谨慎划眼。

（4）浸泡解卡。井内泡油、泡盐水、泡酸或采用清水循环。同时进行上击，一旦解卡

应进行划眼来调整井眼。

（5）倒扣或爆破松扣，套铣解卡。

（6）以上方法都失效时，填井侧钻。

六、泥包卡钻

泥包卡钻是指在上提钻具过程中，因钻头或扶正器泥包而遇阻造成的卡钻。

（一）原因

（1）钻遇松软的泥岩时，切削物不成碎屑，难以分散，黏附在钻头或扶正器周围。

（2）钻井液循环排量小，岩屑不足以携离井底，重复磨碎后黏附在钻头或镶嵌在牙齿间隙中。

（3）钻井液性能差，井壁形成松软的厚滤饼，起钻过程中堵塞扶正器或钻头周围空间。

（4）钻具刺漏，部分钻井液循环短路，到达钻头的钻井液量少，钻屑带不上来，黏附在钻头上。

（二）现象

（1）钻进时，机械钻速降低，转盘扭矩增加，有憋钻或泵压上升现象。

（2）上提钻具有阻力，阻力的大小随泥包的程度而定。

（3）起钻时，随井段的不同，阻力有所变化。一般都是软遇阻，即在一定阻力下一定井段内，钻具可以上下活动，但阻力随着钻具的上起而增大，只有到小井径处才会遇卡。

（4）起钻时，井口环形空间的液面不降，或下降很慢，或随钻具的上起而外溢。钻杆内看不到液面（刺漏）。

（三）预防与处理

1. 泥包卡钻的预防

（1）要有足够的排量。

（2）使用低黏度、低切力的钻井液。

（3）控制机械钻速，增加循环时间。

（4）注意观察泵压和钻井液出口流量变化。

（5）发现泥包现象，停止钻进，提起钻具，高速旋转，快速下放，利用钻头离心力和高速冲刷力将泥包物清除。

（6）发现泥包现象，不能在连续遇阻或有抽吸作用的情况下起钻，否则可能造成井喷或抽垮地层，应该边循环钻井液边起钻，到正常井段后再正常起钻。

（7）加强固相控制，保证钻井液有足够的容固空间。

2. 泥包卡钻的处理

（1）增加泵排量，降低钻井液的黏度和切力。

（2）强力活动钻具。

（3）使用震击器震击。

（4）倒扣套铣。

七、键槽卡钻

键槽卡钻多发生在全角变化率大、形成狗腿的井段。

（一）原因

钻进时，钻具紧靠狗腿井段旋转，起下钻时钻具在狗腿井段上提下压，由于长时间与钻具摩擦，在井壁突起部分磨成一条深槽，其最大宽度比钻杆接头稍大而小于钻头直径。当上提钻柱时钻杆接头、钻头、稳定器、磨鞋等进入键槽时，便可能造成卡钻。随着井眼加深和起下钻次数增多，键槽将随之加深，若不及时处理，最后将起不出钻具。

（二）现象

（1）键槽的形成是由于钻杆与井壁磨削而成，所以钻杆磨损发亮，接头台肩有明显磨损。

（2）下钻不遇阻，但起钻至“狗腿”大的地方会突然遇卡，当未卡死时，不能上提，但下放畅通，转动无阻力，遇卡位置较固定，卡钻后循环时泵压正常。

（3）钻进不憋跳，但每次起钻至该位置就遇卡，起出钻头不泥包。

（4）键槽卡钻现象是慢慢形成的，若不及时采取措施，卡钻现象将越来越严重，直至卡死。

（三）预防与处理

1. 键槽卡钻的预防

（1）保证井身质量，减少井斜方位变化率。

（2）提高钻井速度，减少起下钻次数。

（3）使用斜坡钻杆。

（4）及时采用破键器破除键槽。

（5）在比钻杆接头稍大的钻铤顶部加过渡接头。

（6）控制下钻速度，避免键槽快速形成。

（7）严格控制起钻遇卡吨位，避免上提卡死钻具。

2. 键槽卡钻的处理

（1）大力下压，不能强提。反复上下活动钻具，改变活动方向，以求解卡。若长时间活动钻具无效，只有采取倒划眼的办法，才是唯一可靠的方法。

（2）上接随钻震击器，一旦遇卡可启动下击器解卡，震击器外径不得大于钻杆接头外径。

（3）使用破键器破坏键槽。

（4）套铣解卡。

（5）对石灰岩、白云岩，可用盐酸浸泡解卡。

第四节 井涌的预防与处理

井内流体层压力大于钻井液或洗井液柱静压力时，流体层中的流体或气体将侵入井筒内，井侵发生后，井口返出的钻井液量大于泵入液量，停泵后井口钻井液自动外涌的现象称为井涌。井涌往往是井喷的先兆，也是一种主要的油、气、水显示。溢流发现的越早，地层流体进入井内的就越少，井口压力就越低，处理的风险就越小。若不及时控制，将会酿成重大的安全事故。

井控是指油气勘探、开发、地下储气全过程的井口控制与管理，是一项系统工程，涉及井位选址、地质与工程设计、设备配套、维修检验、安装验收、生产组织、技术管理、现场管理等项工作，需要设计、地质、生产、工程、装备、监督、计划、财务、培训和安全等部门相互配合，共同把关。

一、溢流显示与发现

（一）钻进过程中溢流的显示与发现

（1）钻井液池液面升高。

（2）钻井液返流速度增加。

（3）停泵后井口存在溢流现象。

（4）钻时突然变快或放空。

（5）循环泵压下降及泵速增加。

（6）钻井液性能发生变化：流体（油、气、水）侵入钻井液，会使钻井液密度和黏度上升或下降。天然气侵入钻井液，会使钻井液密度下降，黏度增加；地层淡水侵入钻井液，会使钻井液密度和黏度都下降。

（7）钻具悬重发生变化。

（8）返出的泥岩岩屑变大，棱角分明；返出的钻井液在槽面上有油花、气泡；有硫化氢溢出时，钻井液变暗，同时可嗅到臭鸡蛋味；钻遇盐水层，则钻井液中氯离子含量增加；钻遇油气层，则气测时的烃值升高。

（二）起下钻时的溢流的显示与发现

起下钻检测井涌的方法是核对钻具排代量是否与钻井液灌入或排出量相等。起钻时，当灌入钻井液量小于起出钻具的排量时，则说明井内发生了溢流。下钻时，当钻井液返出量大于下入钻具排量时，则说明井内发生了溢流。

（三）起钻完后溢流的显示与发现

起钻完，应将井内钻井液灌满，并观察井口是否有外溢，如发生外溢，则说明发生了溢流。

二、溢流的原因、预防与检测

（一）溢流的原因

1. 井内钻井液静液柱压力低于地层孔隙压力

（1）对地层压力掌握不准确，设计钻井液密度偏低。

①开发区注水造成地层压力升高。

②对新探区、新区块地层压力不熟悉。

（2）井内钻井液液柱高度下降。

①起钻时灌入的钻井液量不够。

②井漏引起井内钻井液液柱高度下降。

（3）钻井液密度下降。

①钻开异常高压油气层时，油气侵入钻井液，引起钻井液密度下降，静液柱压力减小。

②处理事故时，向井内打入原油，造成静液柱压力减小。

③向井内钻井液混油造成静液柱压力下降。

④为追求钻速，盲目降低钻井液密度。

⑤忽视气侵影响，且在井内较长时间的恶性循环。

⑥钻遇浅层气。

（4）起钻抽吸产生井涌。

①所下钻柱结构及工具与井眼配合不适当导致环空间隙小。

②起钻速度过快，尤其在油气层井段起钻速度过快。

③钻井液性能差，特别是高黏切情况时。

（5）环空流动阻力消失。

停止循环时，作用在井底的环空流动阻力消失，使井底压力减小。

2. 人为因素

（1）进入油气层，井眼内钻井液长时间处于静止状态。

（2）不负责任的工程设计，管理松懈，松弛的劳动纪律，违纪违章作业，极差的井控技术素质。

（3）调整井区块，不进行邻井动态压力调研。邻井不停注、泄压。

3. 其他原因

（1）中途测试没有控制好。

（2）井眼轨迹没有控制好，钻到邻井中去。

（3）以过快的速度钻穿含气砂层。

（4）射孔时没有控制好。

（5）固井时，水泥浆失重。

（二）溢流的预防

加强溢流预兆显示的观察，做到及时发现溢流。“坐岗”观察溢流显示的人员应在进入油气层前100m开始“坐岗”，发现溢流应立即报告司钻。

1. 钻进过程中

（1）钻井队应严格按工程设计选择钻井液类型和密度值。钻井中要进行以监测地层压力为主的随钻监测，绘出全井地层压力梯度曲线。当发现设计与实际不符合时，应按审批程序及时申报，经批准后才能修改。但若遇紧急情况，钻井队可先处理，再及时上报。

（2）发生卡钻需泡油、混油或因其他原因需适当调整钻井液密度时，井筒液柱压力不应小于裸眼段中最高地层压力。

（3）每只钻头入井开始钻进以及每日白班开始钻进前，都要以1/3～1/2正常流量测一次低泵速循环压力，并做好泵冲数、流量、循环压力记录。当钻井液性能或钻具组合发生较大变化时应补测。

（4）发现气侵应及时排除，气侵钻井液未经排气不得重新注入井内。

（5）若需对气侵钻井液加重，应在对气侵钻井液排完气后停止钻进的情况下进行，严禁边钻边加重。

（6）钻进中注意观察钻时、放空、井漏、气测异常和钻井液出口流量、流势、气泡、气味、油花等情况，及时测量钻井液密度和黏度、氯根含量、循环池液面等变化，并做好记录。

（7）钻进中发生井漏，应将钻具提离井底，方钻杆提出转盘，以便关井观察。采取定时、定量反灌钻井液措施，保持井内液柱压力与地层压力平衡，防止发生溢流，并采取相应措施处理井漏。

2. 起下钻过程中

（1）下列情况需进行短程起下钻，检查油气侵和井涌：

①钻开油气层后第一次起钻前；

②井涌压井后起钻前；

③钻开油气层井漏堵漏后或尚未完全堵住起钻前；

④钻进中曾发生严重油气侵但未井涌起钻前；

⑤钻头在井底连续长时间工作后需刮井壁时；

⑥需长时间停止循环进行其他作业（电测、下套管、下油管、中途测试等）起钻前。

（2）一般情况下试起10～15柱钻具，再下入井底循环一周，若钻井液无油气侵，则可正式起钻；否则，应循环排除受侵污钻井液并适当调整钻井液密度再起钻；起钻前保持钻井液有良好的造壁性和流变性。

（3）特殊情况时（需长时间停止循环或井下复杂时），将钻具起至套管鞋内或安全井段，停泵确定起下钻周期或需停泵工作时间，再下至井底循环一周观察。

（4）起钻前充分循环井内钻井液、使其性能均匀，进出口密度差不超过0.02g/cm³。

(5) 起下钻过程中注意观察、记录、核对起出（下入）钻具体积和灌入（流出）钻井液体积；观察悬重变化以及防钻头水眼堵塞后突然打开引起的井喷。起钻过程中严格按规定及时向井内灌满钻井液，并做好记录、校核、及时发现异常情况。

(6) 钻头在油气层中和油气层顶部以上300m井段内起钻速度不得超过0.5m/s。

(7) 疏松地层，特别是造浆性能强的地层，遇阻划眼时应保持足够的流量，防止钻头泥包。

(8) 起钻完成后，及时下钻，严禁在空井情况下进行设备检修。

3. 电测、固井、中途测试过程中

(1) 电测前井内情况应正常、稳定；若电测时间长，应考虑中途通井循环再电测。

(2) 下套管前，应换装与套管尺寸相同的防喷器闸板；固井全过程（起钻、下套管、固井）应保证井内压力平衡，尤其防止注水泥候凝间因水泥失重造成井内压力平衡的破坏，甚至井喷。

(3) 中途测试和先期完成井，在进行作业以前观察一个作业期时间；起、下钻或油管应在井口装置符合安装、试压要求的前提下进行。

(三) 溢流的监测

《钻井井控技术规程》中指出，及时发现溢流显示是井控技术的关键环节。从打开油气层到完井，要落实专人坐岗观察井口和循环池液面变化，发现溢流，及时报告。

地层压力的增加或钻井液液柱压力的减少就是溢流的警告信号，地层流体向井内流动和各种显示就是溢流的具体显示。溢流的监测应从钻井设计开始。

(1) 钻井设计时的溢流监测。钻井设计时应先对邻井资料进行地层对比、地质预报分析，得到预计的压力剖面和可能的溢流点，方可做出钻井液的最后设计。在钻井设计中要做到：①使套管、地层压力梯度的设计具有相容性；②提出监测与防喷设备的选择与安装要求；③预计地层的各种特性（岩性、压力预计可能的溢流地层）；④提出溢流或井喷时的应急预案和注意事项。

(2) 钻进时溢流的监测。钻进时，机械钻速、录井岩屑以及钻井液性能的各种变化，可用来监测地层压力的变化。

①机械钻速的变化。钻速突变，表明钻头已钻到地层压力超过井内压力的地层。如果钻遇异常压力地层，应停钻检查出口流量情况，若停泵仍然外溢，说明溢流已经发生，应提高钻井液密度，压稳地层。机械钻速也会随着地层的改变而发生变化，所以钻遇机械钻速突变要仔细分析原因，采取正确的技术措施。

②岩屑的变化。观察与分析岩屑的变化同样可以指示地层压力的变化情况。压差减小，大块页岩将开始坍塌。页岩单位体积重量的减少或页岩矿物成分的某些变化可能与地层压力的增加有关。

③钻井液性能的变化。发生溢流后，一般会引起钻井液性能的变化，出口钻井液密度降低，表明发生了油气水侵，若不及时调整钻井液密度，侵入量进一步增加，会导致溢流

的发生。

④钻井液液柱高度降低。发生井漏后，钻井液液柱高度会降低，钻井液液面的下降会导致液柱压力的降低，当静液压力降低到一定程度时，就有可能发生溢流。

⑤起钻时灌浆不正常。起钻速度过快或不及时灌浆，都将导致井内静液柱压力的降低，诱发溢流。在钻井实践中大多数都采用了“两勤两坚持、三校核、四观察”的早期发现溢流的措施。即“勤观察钻井液池液面变化；勤测量钻井液性能的变化。坚持坐岗观察溢流预兆；坚持打开油气层干部24h值班。校核井底压力与地层压力是否平衡；校核起钻时钻具排量与钻井液灌入量是否相等；校核下钻时下入钻具排量与返出钻井液量是否相等。遇到钻速突快或放空，停泵循环一周或停泵观察；钻遇憋跳钻、悬重发生突变、泵压发生变化，停钻循环观察；钻井液出口温度增幅大，返出岩屑量多并且快、大时，停钻循环观察；打开油层1m（气层0.5m），停钻循环观察”。

三、井喷失控的原因与危害

1. 井喷失控的原因

（1）关井不及时，钻井液受污严重。

（2）平时防喷演习工作做的不扎实，参与压井作业的人员配合不协调。

（3）压井液密度相对偏低。

（4）井口井控设备失灵。

2. 井喷失控的危害

（1）造成机毁人亡和油气井报废，带来巨大的经济损失。

（2）伤害油气层、破坏油气资源。

（3）井喷失控极易引起火灾和地层塌陷，影响周围居民的生命安全，污染环境，影响生产建设。

（4）打乱全面的生产节奏，影响全局生产。

（5）为控制井喷，造成巨大的经济投入。

（6）造成不良的社会影响。

第八章 钻井液污染的预防与处理

性能良好的钻井液是钻井施工安全的基本条件之一，但钻井过程中常有来自地层的各种污染物进入钻井液中，使其性能发生变化导致不符合施工要求。轻则影响到井壁的稳定、油气藏的保护，重则影响到井下安全。应及时调整钻井液性能，或者采用化学方法清除污染，才能保证钻进的正常进行。

第一节 黏土污染的预防与处理

一、现象

钻井液发生黏土侵后，密度、黏度、切力剧增，流动性变差，甚至失去流动性；滤失量略有下降，滤饼厚且疏松，含砂量上升较快。

二、预防与处理

（1）对于非加重钻井液应用大量清水在循环过程中按周加入，降低密度，再加入降黏剂和降滤失剂进行处理，同时加入聚合物抑制黏土的水化分散。

（2）对于加重钻井液应先使用与钻井液组分相同的稀钻井液进行稀释处理，使黏土含量达到要求后再加重，调整钻井液密度达到设计范围，再用聚合物进行处理。

（3）充分利用固相控制设备清除钻井液中的多余固相。

（4）加强钻井液的维护，确保钻井液性能稳定和井下安全。

三、注意事项

（1）在加水维护过程中，要保证钻井液中处理剂含量达到设计要求，确保井下正常。

（2）加水维护时应做到细水长流，同时配合加入聚合物，抑制黏土水化，既保证钻井液中黏土含量达到要求，又使钻井液性能稳定。

（3）钻井液黏土侵严重，黏度、切力过大，难以流动时，不应使用胶液进行处理，应用大量清水进行稀释后，再配合降黏剂处理。

第二节　盐/钙污染的预防与处理

一、盐侵的危害

所谓盐侵，是指含盐地层（包括岩盐、钾盐、石膏、芒硝等）中的钾、钠、钙以及氯、硫酸根等离子侵入钻井液，破坏钻井液稳定性，或造成钻井液流动困难的现象。其污染源主要来自配浆水、地下盐水层、盐岩层，从化学上讲，可分为钠盐、钾盐、镁盐、钙盐、硫酸盐或是这些盐的混合物，最普遍的是氯化钠。盐会絮凝淡水钻井液造成黏度和滤失量发生变化，如果盐污染更加严重或受二价离子（Ca^{2+}、Mg^{2+}）污染严重时，黏土颗粒发生聚沉，钻井液就会失去稳定性。

含有以氯化钠为主及其他水溶性无机盐类（如氯化钾、氯化镁、氯化钙、石膏及芒硝等）的地层称为盐膏层。江汉、中原、新疆等油田普遍存在盐膏层，埋藏深度从地表至5000m不等，盐膏层总厚度从几十米到二千多米，单层厚度从几厘米至八十多米。钻遇盐膏层给钻井施工带来以下危害：

（1）盐膏层溶解后使井径扩大，对携带岩屑不利，给起下钻带来困难，有时甚至发生沉砂卡钻或砂桥卡钻。

（2）盐岩、泥页岩的混杂夹层中，盐岩被溶解后使盐岩上部的泥页岩失去支托而易发生井壁坍塌；对于含盐膏、盐岩、泥岩的井段，由于盐膏溶解造成蜂窝状，使泥页岩整体结构强度显著降低而引起井壁跨塌。

（3）盐膏层井段夹层中的泥页岩，伊利石矿物含量较高，当钻井液侵入后易发生破碎剥落，使井壁不稳定。

（4）盐岩层在100℃以上可产生塑性变形，钻开后易发生缩径卡钻。

（5）盐膏、盐岩层下部常出现高压或高压盐水层，若控制不好易发生井涌或井喷。

（6）对钻井液造成严重污染，包括盐岩、石膏、盐水、高价阳离子及黏土，可使钻井液黏度、切力、滤失量上升，性能变化幅度大。

（7）地质资料失真，固井质量下降。

（8）进入盐膏层后，转盘负荷加重，有时打倒车，稍一停止即有卡钻现象；有时会有泵压不稳甚至憋泵现象。

二、盐水侵

1. 现象

盐水侵时，Cl^-离子含量剧增，滤失量增加很快。当盐水中含盐量不高，而侵入钻井液的盐水量很大时，钻井液的黏度、切力明显下降；当盐水中含盐量较高时，钻井液黏度、切力升高，流动性变差。

2. 预防与处理

钻井液被盐水污染时，可添加 NaOH 来提高钻井液的 pH 值，同时补充足够的降滤失剂来维持钻井液的稳定性。

（1）如果起下钻后出现大量涌入的盐水，应及时排放，以降低处理难度和成本。

（2）钻遇盐水层时，应提高钻井液密度，尽可能压死盐水层。

（3）在提高钻井液密度的同时，配合处理剂处理盐水侵，必要时将淡水钻井液转换成盐水或者饱和盐水钻井液。

（4）如果污染物是含钙盐水，则要考虑先用纯碱除钙，以避免钻井液处于过度絮凝状态。如果污染物是钠性盐水，除用淡水稀释外，还要及时补充抗盐性强的各种处理剂，如添加解絮凝剂和降滤失剂等。

（5）出现大量不断的盐水污染导致黏度降低时，用抗盐土或预水化膨润土浆能提黏和降低滤失量，但随着时间的推移，已水化的膨润土会发生去水化作用，除非能降低盐的浓度，有效的做法是先用处理剂处理预水化膨润土浆后，再均匀混到钻井液中去。

三、盐侵

1. 现象

当钻遇盐岩层时，由于井壁附近盐岩的溶解使钻井液中 NaCl 浓度迅速增大，从而发生盐侵。盐侵时钻井液的滤失量增大，滤饼增厚，Cl^- 含量升高，黏度、切力随钻井液中含盐量的增加先上升而后下降，pH 值也随着含盐量的增加逐渐降低，其原因是由于 Na^+ 将黏土中的 H^+ 及其他酸性离子不断交换出来所致。Cl^- 含量对钻井液性能的影响见图8-1。

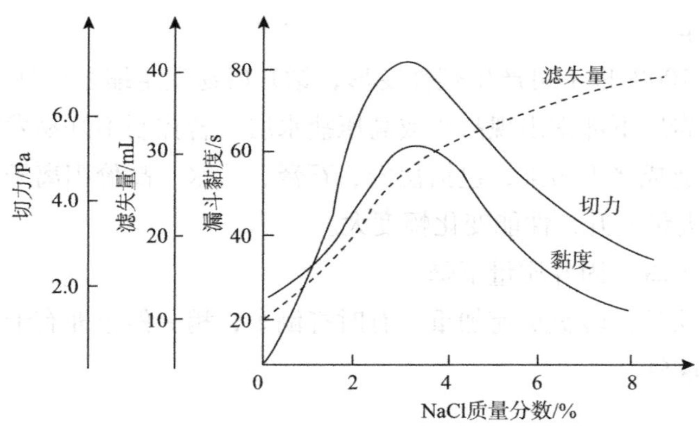

图 8-1　随 Cl^- 离子含量增加钻井液性能变化

2. 污染机理

Na^+ 的侵入会增加黏土颗粒扩散双电层中阳离子的数目，压缩双电层使扩散层厚度减薄，黏土颗粒表面的 Zeta 电位下降，颗粒间的静电斥力减小，水化膜变薄，颗粒间端-面和端-端连接的趋势增强，絮凝作用将导致钻井液中的黏土颗粒分布不均匀，使黏度、切

力和滤失量均逐渐上升。当 Na^+ 浓度增大到一定程度后，压缩双电层的现象更为严重，黏土颗粒的水化膜变得更薄，致使黏土颗粒发生面-面连接，聚结作用使分散度明显降低，因而钻井液的黏度和切力在分别达到其最大值后又转为下降，滤失量则继续上升，钻井液的稳定性变差。当 NaCl 浓度达到3%时，钻井液的黏度和切力分别达到最大值，但该分数值以及最大值的大小都不是固定不变的，而是依所选用的配浆土的性质和用量而异。

（三）预防与处理

（1）适当提高钻井液的密度，以克服盐岩的塑性变形。

（2）增加钻井液中聚合物及抗盐处理剂的含量，保持钻井液性能稳定。

（3）及时补充烧碱水，使钻井液的 pH 值保持在 8～10 之间。

（4）若黏切较高，可用降黏剂进行处理，并配合 LV-CMC 等降低滤失量，确保钻井液处于稳定状态。

（5）若盐层较薄，可对钻井液进行预处理，用新浆置换一部分井浆，降低膨润土含量和黏切，降低钻井液滤失量，确保穿盐层时性能不发生较大变化，穿完盐层后再调整钻井液性能，使之恢复穿盐层前的性能；若盐层较厚，可转换为饱和盐水钻井液。

四、钙、镁离子污染

（一）来源

钻井液中的 Ca^{2+}、Mg^{2+} 主要来源于以下几个方面：生产用水是硬水、钻遇石膏层、钻遇盐水层、钻水泥塞等。除在钙处理钻井液和油包水乳化钻井液中需要一定浓度的 Ca^{2+} 外，其他类型钻井液中 Ca^{2+} 均属污染离子。虽然 $CaSO_4$ 和 $Ca(OH)_2$ 在水中的溶解度都不高，但都能提供一定数量的 Ca^{2+}。试验表明，几万分之一的 Ca^{2+} 就足以使钻井液的性能和流动性改变。其主要原因由于 Ca^{2+} 易与钠蒙脱石中的 Na^+ 发生离子交换，使其转化为钙蒙脱石，同时发生无机絮凝，致使钻井液的黏度、切力升高，滤失量增大。

（二）现象

Ca^{2+}、Mg^{2+} 将使钻井液处于过度絮凝状态，使钻井液黏度、切力、滤失量大幅度上升，pH 值下降，流动性变差；若 Ca^{2+}、Mg^{2+} 含量过高，经过一定的时间后，钻井液中黏土上的 Na^+ 与 Ca^{2+} 发生离子交换，此时黏土的层间距缩小，致使黏土颗粒的水化膜减薄，造成钻井液黏度、切力急剧下降，滤失量继续增大。

（三）预防与处理

（1）首先对配浆水进行化验，Ca^{2+}、Mg^{2+} 含量高的水不能用于配浆。

（2）如果配浆水中 Ca^{2+} 或地层溶解的 Ca^{2+} 已对钻井液构成污染，一般用 Na_2CO_3 进行处理。

$$Ca^{2+} + Na_2CO_3 \longrightarrow CaCO_3 \downarrow + Na^+$$

（3）石膏（$CaSO_4/CaSO_4 \cdot H_2O$）污染时，可同时加入烧碱、纯碱进行处理。烧碱溶液使钻井液的 pH 值升高，纯碱可清除过量的 Ca^{2+}，根据所选择的钻井液体系使 Ca^{2+} 的含量保持在适宜范围。反应式如下：

$$CaSO_4 + Na_2CO_3 \longrightarrow Na_2SO_4 + CaCO_3 \downarrow$$

$$Ca^{2+} + 2OH^- \longrightarrow Ca(OH)_2 \downarrow$$

NaOH 和 Na_2CO_3 配合使用，即可清除过量的 Ca^{2+}，又可使钻井液的 pH 值保持在需要的范围内，最终恢复钻井液的性能。

（4）提高钻井液抗石膏污染能力。进入石膏层前对钻井液进行预处理，降低钻井液的膨润土含量及固相含量；对于较厚的石膏层，应及时转化为钙处理钻井液，同时添加足量的降滤失剂。

（5）若用海水和高含镁地层水作为配浆水便会遇到 Mg^{2+} 污染，常用 NaOH 处理。

第三节　油、天然气污染的预防与处理

一、现象

油气侵时，钻井液性能变化主要是密度明显下降，黏度、切力升高。

二、气侵的特点

（1）气侵的钻井液在不同深度的密度是不同的。接近地面时密度降低，但井底钻井液柱压力变化较小。这时不能以地面气侵钻井液密度乘以井深来计算液柱压力。

（2）由于抽吸或长时间停止循环（如因换钻头、修泵或电测等），井底积聚有相当数量的天然气气柱，上升膨胀时可能导致钻井液溢流。

（3）气侵溢流关井时，由于密度差的缘故，天然气会滑脱上升，最后积聚在井口。若井筒和井口装置无渗漏，则滑脱上升的天然气不会膨胀，体积不会变化；上升过程中，井口压力会逐渐增加。当气体升至井口时，钻井液液柱上增加了一个与溢流在井底相同的压力同时作用于井筒，而井口则作用有原来溢流在井底时的压力，此时，有可能形成过高的井底压力和井口压力。为了避免出现这种情况，气侵钻井液循环出井口时，要允许气体膨胀，释放部分压力，同时不要让井眼长时间关井而不循环。

（4）关井时气体上升而不膨胀的情况下，地层压力不等于井口压力加钻井液液柱压力，因此，不能用这个压力来计算所需钻井液密度。

三、气侵的处理方法

（1）循环钻井液除气法。

这种方法是借助固控设备在地面不断循环钻井液，使气泡有机会溢出，此法只能除去较大气泡。对直径较小的气泡，特别是高黏度钻井液中的气泡，循环除气的效果较差，所需时间也较长。

（2）机械除气法。

借助于各种除气设备，将侵入钻井液中的气体分离出去。机械除气器一般分为常压式、真空式、离心式三种。

四、油气侵的处理方法

（1）进行加重处理，压稳油气层，同时进行排油除气。

（2）侵污严重、黏切过高时，在加重处理的同时对钻井液进行降黏处理，便于排油除气。

（3）必要时加入适当的乳化剂，可使侵入的油均匀分散在钻井液中。

第四节　硫化氢污染的预防与处理

钻遇含 H_2S 地层时，如果所用钻井液液柱压力低于地层中 H_2S 压力，将造成钻井液中硫化物浓度急剧升高，达到溶解饱和后，H_2S 会以气体的方式向周围环境溢出。由于 H_2S 是一种剧毒、易燃易爆气体，当其浓度达到 1 ~ 5mg/L 时，即会对人体构成生理伤害，超过 800mg/L 将会导致窒息死亡。H_2S 气体对钻井液性能也会造成较大影响，威胁钻井安全。H_2S 对钻具和套管具有极强的腐蚀作用，主要表现为氢脆。

一、来源

钻井液中的 H_2S 主要来源于地层中的 H_2S 侵入，某些磺化有机处理剂以及木质素磺酸盐在井底高温下也会分解产生 H_2S。

二、现象

H_2S 水溶液呈酸性，将降低钻井液的 pH 值，导致部分处理剂的作用降低或失效，影响钻井液性能。随着 H_2S 不断侵入钻井液，钻井液密度降低，黏度上升，滤失量增大，颜色变为瓦灰色、墨色或墨绿色，甚至发生沉降、絮凝等现象，钻井液失去稳定性，此时体系可能发生固-液分离现象。此外，H_2S 会诱发钻具发生电化学腐蚀、氢脆和硫化物应力腐蚀，从而造成钻具断裂事故。

三、预防与处理

（1）钻开含硫地层前 50m，将钻井液 pH 值保持在 10 ~ 11 范围内，直至完井。

（2）提高钻井液抗 H_2S 污染能力。含硫处理剂的高温降解或两种处理剂间反应都可能产生 H_2S。因此，钻井液处理剂应具有较好的抗温性能，且尽量避免氧化型处理剂和还原型处理剂同时使用。

（3）已被 H_2S 污染的钻井液处理。在提高钻井液 pH 值的前提下，加入 $Zn_2(OH)_2CO_3$

或海棉铁，可除去侵入钻井液的 H_2S，恢复钻井液的性能，减缓钻具腐蚀，防止发生人员中毒事故。其化学反应式如下：

$$Zn_2(OH)_2CO_3 + 2H_2S \longrightarrow 2ZnS\downarrow + 2H_2O$$

实际处理过程中，H_2S 浓度一般较低，且是逐渐侵入的，需准确把握 $Zn_2(OH)_2CO_3$ 的加量。加入量过少或加入次数不足，难以有效除去侵入钻井液中的 H_2S；如果 $Zn_2(OH)_2CO_3$ 过量，钻井液中的 OH^- 浓度增大，黏度、切力将急剧上升，此时易采用生石灰处理，其化学反应式如下：

$$Zn_2(OH)_2CO_3 + CaO + H_2O \longrightarrow CaCO_3\downarrow + Zn(OH)_2\downarrow$$

第五节　碳酸根/碳酸氢根污染的预防与处理

一、来源

（1）钻井液配浆或处理过程中加入了过量的 CO_3^{2-}。

（2）空气中的 CO_2 在固控过程中溶解进入钻井液。

（3）有机化合物如木质素磺酸盐等在高温高压下的热降解；以及有些处理剂相互作用生成 CO_2。

（4）所钻膏盐地层中含有可溶性的碳酸盐。

（5）地层中的 CO_2 随地层流体侵入钻井液。

二、现象

钻井液受 CO_3^{2-} 和 HCO_3^- 污染后，黏度急剧升高，滤饼厚且虚，滤失量、动切力、稠度系数有明显增大，流动性差，触变性增强，加入降黏剂后效果不明显，处理频繁，稳定周期短，pH 值难以稳定，容易下降，钻井液中有大量气泡且消泡困难，颜色变深，发灰、发黑。

若钻遇含 CO_2 气体的地层，CO_2 气体侵入井筒，与钻井液中的水反应生成碳酸，造成钻井液 pH 值下降，黏切明显升高。

三、预防与处理

（1）当钻井液滤液分析所测得的 CO_3^{2-}、HCO_3^- 含量小于 2370mg/L 时，钻井液受到 CO_3^{2-}、HCO_3^- 轻度污染，对钻井液影响不大，性能基本稳定。通常可以通过提高 pH 值，使其大于 11.7 进行维护处理，使 HCO_3^- 转化为 CO_3^{2-}，进而与 Ca^{2+} 反应生成 $CaCO_3$ 沉淀。

（2）当钻井液滤液分析所测得的 CO_3^{2-}、HCO_3^- 含量大于 2370mg/L 或高达上万时，钻井液受到 CO_3^{2-}、HCO_3^- 严重污染，虽然使用多种降黏剂和降滤失剂进行大幅度的反复处理，都不能有效控制钻井液性能。在这种情况下，处理方法主要是向钻井液中提供一定数

量的 Ca^{2+}，使其在碱性环境下形成碳酸盐沉淀，清除 CO_3^{2-} 和 HCO_3^-。在现场调整处理过程中，要根据滤液分析测得的数据计算出相应的加量，其处理力度应控制在 50% ~60% 之间，考虑受钻井液 pH 值、固相含量、各种化学处理剂浓度和井下温度的影响，首先做好小型试验，然后按循环周加入，保证钻井液性能基本处于稳定状态和井下安全。

（3）当钻进至易垮塌和破碎的泥页岩、膏泥岩和页岩时，钻井液极易受到 CO_3^{2-}、HCO_3^- 污染，在此情况下，可使用适量的超细水泥做处理剂，一方面分散在钻井液中的超细水泥小颗粒在易垮塌地层较大的孔隙和微裂缝中起到填充作用，并在井壁上形成一层坚固的保护层，有效地封堵孔隙和微裂缝，防止井壁坍塌。其次，超细水泥中的硅酸根和氧化钙组分向钻井液中提供一定数量的钙离子，减少碳酸根、碳酸氢根污染。

（4）在高含 CO_3^{2-}、HCO_3^- 地层，应优先选择含有一定量的无机盐类钻井液，且在进入污染地层前需调整好相关组分含量，如钾钙基钻井液等。

（5）若地层 CO_2 含量高，钻井液进出口密度无法达到平衡，首先应提高钻井液密度，平衡地层压力，压稳 CO_2 气层，减少 CO_2 的侵入量。钻井液中添加 CaO 是解决因 CO_2 污染导致的钻井液黏度切力上升的一种方法。实际处理过程中，CO_2 是逐渐溶解侵入的。CaO 加量过少或加入次数不足，无法有效处理 CO_2 污染；若 CaO 加量过大，钻井液中的 Ca^{2+} 浓度增大，黏度切力急剧上升，此时钻井液处于过度絮凝状态，可采用适量的纯碱，有一定的处理效果。

四、注意事项

（1）大多数钻井液中碳酸根的浓度约在 1200 ~2400mg/L 之间，有些钻井液在其浓度超过一倍时不受影响，而有些在 1200mg/L 浓度时却大受影响，钻井液所能接受的碳酸根浓度取决于该钻井液的膨润土含量、固相含量、温度和各种化学材料的浓度。推荐不要把所有的碳酸根都反应完，至少要留有 1000 ~2000mg/L 浓度的碳酸根在钻井液中。

（2）维护处理要点：根据碳酸根的测试结果调整石灰加量；选用抗污染能力强的处理剂调整钻井液的性能；补充重晶石时应同时加入降滤失剂；不能用膨润土提高钻井液的黏度。

（3）pH 值的控制：用石灰水处理污染时，要把钻井液的 pH 值控制在 12 以内；当钻井液 pH 值大于 12 时，可用石膏进行处理。

（4）石灰水加量的控制：用石灰水处理污染时，要先做小型实验，根据污染程度确定石灰水的加量，否则会造成钻井液的二次污染。若由于现场条件所限，无法判定钻井液的污染程度时，可用清洁淡水配成 5% ~10% 的石灰水 2 ~5m^3，细水长流地整周加入，发现返出的钻井液恢复正常后，立即停止加入石灰水，剩余的石灰水另置存放或排入污水罐，并将药品罐内的残余物清除干净。

（5）提高钻井液抗 CO_2 污染能力。Ca^{2+} 可除去侵入的 CO_2，因而保持钻井液中存在适量的 Ca^{2+}，同时添加足量的降滤失剂，可提高钻井液抗 CO_2 污染的能力。

第九章 固相控制

第一节 钻井液中的固相物质

分散于钻井液中的固体颗粒称为钻井液中的固相。钻井液中的固相，主要来源于为满足钻井工艺的要求而人为加入和破碎岩石产生的钻屑。钻井液中的固相颗粒对钻井液的密度、黏度和切力有着明显的影响，而这些性能对钻井液的水力参数、钻井速度、钻井成本和井下情况有着直接的关系。钻井液中固相含量高时，在可渗透性地层形成厚的滤饼，容易引起压差卡钻和缩径；渗透率越高滤饼越厚，滤失量越大滤饼越厚，造成储层损害和井眼不稳定；造成钻头及钻柱的磨损就越严重；尤其是造成机械钻速降低。

一、钻井液中的固相物质

钻井液中的固相物质包括膨润土、加重材料和岩屑等。

（一）膨润土

膨润土是水化膨胀性强的活性黏土，其化学成分为含水硅铝酸盐，在水中可分散成极细的胶体颗粒（<2μm），形成稳定的胶体悬浮液。膨润土在钻井液中是一种有用的悬浮固相成分，因为它可赋予钻井液以下必须具有的性能：

(1) 流变性能，如黏度和切力。

(2) 在可渗透地层形成滤饼和稳固井壁，起到稳定井眼的作用。

(3) 携带、悬浮钻屑和加重材料的能力。

膨润土的阳离子交换能力（简称 CEC）是表示膨润土活性的一个参数，CEC 值越高，膨润土在一定浓度下形成高黏度悬浮液的能力越强。各种黏土矿物的 CEC 值见表 9-1。

表 9-1 各种黏土矿物的 CEC 值

黏土矿物	CEC 值/（meq/100g 干黏土）	黏土矿物	CEC 值/（meq/100g 干黏土）
蒙脱石	70 ~ 130	高岭石	3 ~ 15
蛭石	100 ~ 200	绿泥石	10 ~ 40
伊利石	10 ~ 40	凹凸棒石，海泡石	10 ~ 35

在钻井液中应尽可能使用 CEC 值高的膨润土，因为它在很低的浓度下就可使钻井液具有优良的性能。

为使钻井液具有必要的性能，钻井液中的膨润土的含量应控制在一定的范围内。钻井液中的膨润土含量不足，就不能获得理想的黏度和滤失量等性能，但是其含量如超过需要的范围，将使钻井液过度黏稠，滤饼很厚，这将导致钻头泥包。钻井液中岩屑过量积累，固控设备工作困难，过高的压力激动值使开泵困难或造成黏卡或憋漏地层等井下故障。

（二）加重材料

能够提高钻井液密度的物质称为加重材料。良好的加重材料应满足以下要求：

（1）密度较高。

（2）化学惰性。

（3）低的硬度和研磨性。

（4）对人体和环境安全。

重晶石（$BaSO_4$）是应用最广泛的加重材料，其理化指标见表9-2。

表9-2 重晶石的理化指标

项目	指标	项目	指标
密度/（g/cm^3）	>4.20	74μm以上颗粒/%	<3
以钙计可溶性碱土金属/（mg/kg）	<250	小于相当于直径6μm的球状颗粒/%	<30

除重晶石外，作为加重材料还有石灰石（$CaCO_3$）粉，赤铁矿（Fe_2O_3）或钛铁矿（$FeTiO_3$）粉等。

（三）岩屑

岩屑是钻井过程中被钻头破碎的地层岩石的碎屑和剥落坍塌造成的地层岩石碎块或碎屑，其成分主要是黏土、泥岩、石英、长石、石灰石、白云岩等。岩屑的密度范围为2.0~3.0g/cm^3，颗粒尺寸分布范围非常广泛，处于0.05~10000μm这样一个极宽的范围。

岩屑的岩石矿物成分差别较大，具有不同程度的活性或完全不具活性，尺寸范围差异极大。岩屑在钻井过程中会不断的分散或机械降级，当细岩屑达到一定数量时，影响机械钻速，并严重影响钻井液的性能。钻井液中岩屑的含量一般不应超过5%。

岩屑对钻井液的危害为：

（1）黏度升高。

（2）滤饼变厚、质量变差，钻井液和滤饼的摩擦性和研磨性升高，设备部件磨损加剧。

（3）压差卡钻的概率增加。

（4）机械钻速、钻头寿命和进尺下降。

（5）钻头泥包概率增加，压力激动升高，发生井漏和井塌的概率增加。

（6）钻井液处理用水和处理剂的数量增加。

（7）钻井液密度升高，造成一系列井下复杂情况和使油气层伤害加剧。

（8）钻井液排放数量增加。

二、固相的分类

（1）按其作用可分为两类：一类是有用固相（指活性黏土和商品固相），如膨润土、加重材料以及非水溶性或油溶性的化学处理剂；另一类是无用固相（当 D/B 值超过 2:1 后的固相物质视为无用固相），如钻屑、劣质土和砂粒等。钻屑是无用固相的主要来源，存在于钻井过程的始终。

（2）按密度分类可分为高密度固相和低密度固相。前者主要指重晶石、铁矿粉、方铅矿等加重材料；后者主要指膨润土和钻屑，还包括一些不溶性的处理剂，一般认为这部分固相的平均密度为 $2.6g/cm^3$。

（3）按固相性质分类可分为活性固相和惰性固相。凡是容易发生水化作用或与液相中其他组分发生反应的均称为活性固相，反之则称为惰性固相。前者主要指膨润土，后者包括砂岩、石灰岩、重晶石以及造浆率极低的黏土等。除重晶石外其余的惰性固相均被认为是无用固相，是固控过程中需要清除的物质。

（4）按固相粒度（即粗细程度）分类可分为三大类：粒径 $<2\mu m$ 的称为胶体；粒径在 $2\sim73\mu m$ 的称为泥；粒径 $>74\mu m$ 的称为砂（或称 API 砂）。钻井液中各种粒度的固相含量不等。各种粒度占固相总量的百分数称为级配。

一般情况下，非加重钻井液中固相的粒度分布情况见表 9-3。

表 9-3　钻井液中固相的粒度分布情况（使用典型分散性水基钻井液测定）

类别	外观描述	粒径范围/μm	对应目数	质量分数/%
砂	粗	>2000	>10	0.8～2
	中	250～2000	60～10	0.4～8.7
	中细	74～250	200～60	2.5～15.2
泥	细	44～74	355～200	11～19.8
	极细	2～44		56～70
黏土	胶粒	<2		5.5～6.5

三、固相控制的内容及意义

钻井实践表明，过量无用固相的存在是破坏钻井液性能、降低钻速、导致各种井下复杂情况的最大隐患。所谓钻井液固相控制，就是指在保存适量的所需固相的前提下，尽可能地清除无用固相，降低钻井液中细微颗粒的比例，保持合理的固相粒度和级配。通常将钻井液固相控制简称为固控。

钻井液固相控制技术应包括以下内容：

（1）及时从返至地面的钻井液中分离并清除岩屑，防止其进入井内。

（2）根据钻井液性能，清除多余的小于 $2\mu m$ 的膨润土颗粒，消除其使钻井液增稠和降低钻井机械钻速的不良效应。

（3）从各固控设备的底流中将钻井液的液相和重晶石与岩屑分离，并将它们送至循环

的钻井液中，以保持钻井液性能，防止钻井液液相、重晶石和添加剂的浪费。

钻井液固相控制是实现优快钻井的重要手段之一。正确、有效地进行固控可以降低钻井扭矩和摩阻，减少环空抽吸的压力波动，减少压差卡钻的可能性，提高钻井速度，延长钻头寿命，减轻设备磨损，改善下套管条件，增强井壁稳定性，保护油气层，以及降低钻井液费用，从而为科学钻井提供必要的条件。因此，钻井液固控是现场钻井液维护和处理工作中最重要的环节之一。

第二节　固相控制设备

钻井液固相控制系统主要包括钻井液循环罐、钻井液净化处理设备和电器控制设备三大部分。目前现场常用的机械固控设备包括：振动筛、除砂器、除泥器和离心机等。

一、振动筛

振动筛是一种过滤性的机械分离设备，利用高频振动作用将流经筛布上的钻井液实现固相分离，即颗粒直径大于筛孔的固相颗粒通不过筛孔而从筛布上向前移动，而小于筛孔直径的固相颗粒连同钻井液通过筛布而流入循环系统。

（一）振动筛的结构与工作原理

振动筛由筛架、筛网、激振器和减振器等组成。

振动筛是一种过滤性的机械固-液分离设备。它通过机械振动将粒径大于筛孔的固体和通过颗粒间的黏附作用将部分粒径小于筛孔的固体筛滤出来。从井口返出的钻井液流经振动筛的筛网表面时，固相从筛网尾部排出，含有粒径小于网孔固相的钻井液透过筛网流入循环系统，从而完成对较粗颗粒的分离作用。

（二）振动筛的使用

振动筛具有最先、最快分离钻井液固相的特点，担负着清除大量岩屑的任务。如果振动筛发生故障，其他固控设备（除砂器、除泥器、离心机等）都会因超载而不能正常、连续地工作。

振动筛的处理量亦称透液能力，是指单位时间内振动筛处理的钻井液量。影响振动筛处理量的因素，除其自身的运动参数外，还有钻井液类型、密度、黏度、固相粒度分布与含量，以及网孔尺寸等。振动筛能够清除固相颗粒的大小依赖于网孔的尺寸及形状，网孔尺寸的选择以钻井液覆盖筛网总长度的75% ~80%为宜。随着高频振动筛的普遍使用，在正常情况下，现场使用的筛布通常在100 目以上。部分通用筛网规格见表9-4。

表9-4　部分通用振动筛筛网规格

网孔基本尺寸/mm	金属丝直径/mm	筛分面积百分比/%	单位面积筛网质量/（kg/m^2）	相当英制目数/（目/in）
0.160	0.110	38	0.485	100
	0.090	41	0.409	

续表

网孔基本尺寸/mm	金属丝直径/mm	筛分面积百分比/%	单位面积筛网质量/(kg/m²)	相当英制目数/(目/in)
0.140	0.090 0.071	37 41	0.444 0.302	120
0.112	0.056 0.050	44 48	0.336 0.195	150 160
0.110	0.063 0.056	38 41	0.307 0.254	160
0.075	0.050 0.045	36 39	0.252 0.213	200

二、旋流器

（一）旋流器的结构与工作原理

用于钻井液固相控制的旋流器是一种带有圆柱部分的立式锥形容器，其结构如图 9-1 所示。锥体上部的圆柱部分为进浆室，其内径即旋流器的规格尺寸，侧部有一切向进浆口；顶部中心有一涡流导管，构成溢流口。壳体下部呈圆锥形，锥角为 15°～20°。底部的开口称作底流口，其口径大小可调。

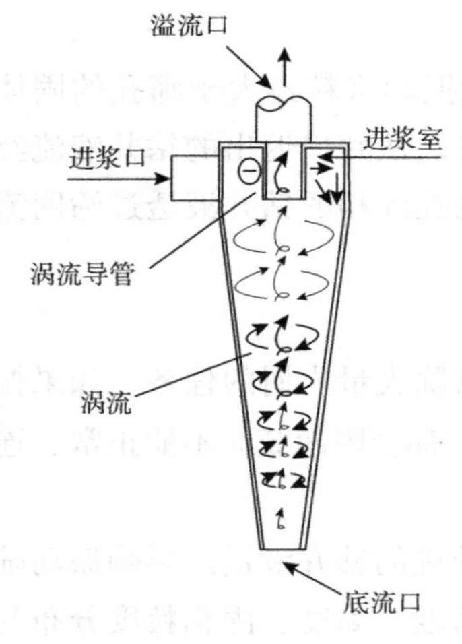

图 9-1　旋流除砂器

在压力的作用下，含有固体颗粒的钻井液由进浆口沿切线方向进入旋流器。在高速旋转过程中，较大较重的颗粒在离心力的作用下甩向器壁，沿壳体螺旋下降，由底流口排出；而夹带细颗粒的旋流液在接近底部时会改变方向，形成内螺旋向上运动，经溢流口排出。

根据斯托克斯定律，粒径小的颗粒比粒径大的颗粒沉降速度慢的多，而密度大的颗粒（如重晶石）比密度小的颗粒（如钻屑）沉降快。此外，如钻井液黏度越高，密度越大，则颗粒沉降越慢。当用离心的方法将重力加速度提高若干倍时，颗粒的沉降速度就会增大若干倍，这正是使用旋流器和离心机控制固相的基本原理。通常将这类固控措施称做强制沉降。

（二）旋流器的使用与调节

目前用于钻井液固控的旋流器多为平衡式旋流器。如果这种旋流器的底流口尺寸调节适当，那么在给旋流器输入纯液体时，液体将全部从溢流口排出；而含有可分离固相的液体输入时，固体将会从底流口排出，每个排出的固体颗粒表面都黏附着一层液膜。此时的底流口大小称做该旋流器的平衡点。

如果将底流口调节到比平衡点的开口小时，在平衡点与实际的底流开口之间会出现一个干的锥形砂层。当较细颗粒穿过砂层时会失去其表面的液膜，并造成底流口堵塞。这种

不合理的调节称之为“干底”。由“干底”引起的故障又称之为“干堵”。现场“干堵”的情况经常出现，往往采取用铁条等硬通的办法。如果发现“干堵”现象反复出现，正确的处理方法是尝试更换尺寸略大的底流口。

如果底流口的开度大于平衡点所对应的内径，那么将有一部分液体从底流口排出，这种调节称之为“湿底”。实际操作中，理想的平衡点很难调节和保持。在仅有“干底”和“湿底”两种选择的情况下，选择后者较多。只要液流损失不严重，可视为正常情况。

旋流器处于理想状态下工作时，含固相的稠浆从底流口呈“伞状”排出（图9-2）。当钻井液的固相含量过大，从而造成被分离的固相量超过旋流器的最大许可排量时，底流会呈“绳状”排出（图9-3），此时底流口容易发生堵塞。在这种不正常的工作状态下，许多处于旋流器清除范围之内的固相颗粒，会折回溢流管并返回钻井液体系。

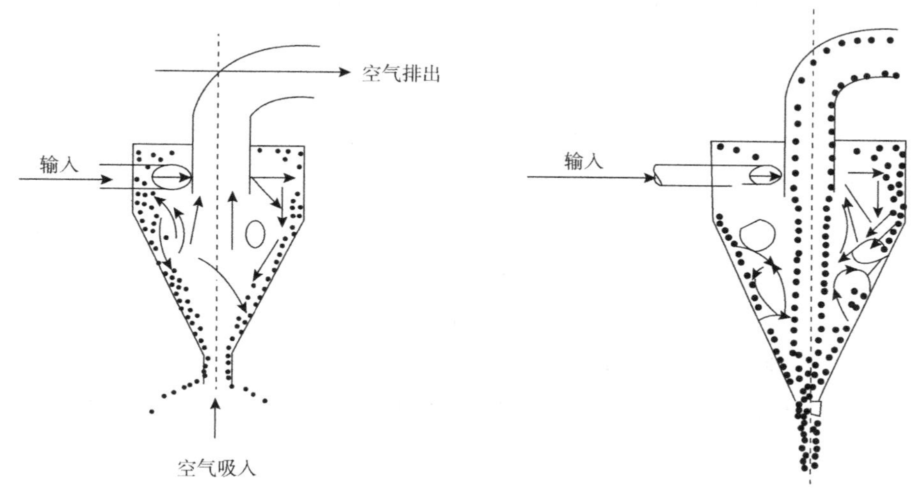

图9-2 底流呈“伞状”排出的旋流器　　图9-3 底流呈“绳状”排出的旋流器

由于“伞状”底流里较细颗粒的含量比“绳状”底流要高，而较细颗粒具有较高的比表面，因此“绳状”底流里单位质量固体的含液量比“伞状”底流少，亦即底流密度比“伞状”底流大些。但是，这并不意味着以“绳状”排出时的分离效率更高。

一般情况下，“绳流”排除可以通过调节底流口的大小来克服，但当固相颗粒输入严重超载时，旋流器出现“绳流”是不可避免的，这在多数地区钻遇上部疏松砂岩时普遍存在。此时只能通过改进振动筛的使用或增加旋流器的数目等措施来加以改善。

（三）旋流器的类型

旋流器的分离能力与旋流器的尺寸有关，直径越小分离的颗粒也越小。表9-5列出了各种尺寸的旋流器可以分离的固相颗粒直径范围。

表9-5 各种尺寸旋流器可分离的固相颗粒范围

旋流器直径/mm	50	75	100	150	200
可分离的颗粒直径/μm	4～10	7～30	10～40	15～52	32～64

需要注意的是，处于可分离粒径范围的某一尺寸的颗粒，特别是较细的颗粒，并不可

能100%从底流口排出。为了定量表示旋流器分离固相的能力，有必要引入分离点这个概念，即如果某一尺寸的颗粒在流经旋流器之后有50%从底流被清除，其余50%从溢流口排出后又回到钻井液循环系统，那么该尺寸就称做这种旋流器的50%分离点，简称分离点。表9-6列出了几种规格的旋流器在正常情况下的分离点。

表9-6　各种尺寸旋流器在正常情况下的分离点

旋流器直径/mm	300	150	100	75
分离点/μm	65～70	30～34	16～18	11～13

现场使用表明，某一尺寸的旋流器，其分离点并不是一个常数，而是随着钻井液的黏度、固相含量以及输入压力等因素的变化而变化。一般来讲，钻井液的黏度和固相含量越低，输入压力越高，则分离点越低，分离效果越好。实际使用中底流呈“伞状”排出时分离效果比呈“绳状”排出时好得多。

旋流器按其直径不同，可分为除砂器、除泥器和微型旋流器三种类型。

(1) 除砂器。通常将直径为150～300mm的旋流器称为除砂器。在输入压力为0.2MPa时，各种型号的除砂器处理钻井液的能力为20～120m^3/h。处于正常工作状态时，它能够清除大约95%大于74μm的钻屑和大约50%大于30μm的钻屑。为了提高使用效果，在选择其型号时，对钻井液的许可处理量应该是钻井时最大排量的1.25倍。

(2) 除泥器：通常将直径为100～150mm的旋流器称为除泥器。在输入压力为0.2MPa时，其处理能力不应低于10～15m^3/h。正常工作状态下的除泥器可清除约95%大于40μm的钻屑和约50%大于15μm的钻屑。除泥器的许可处理量，应为钻井时最大排量的1.25～1.5倍。

(3) 微型旋流器：通常将直径为50mm的旋流器称为微型旋流器。在输入压力为0.2MPa时，其处理能力不应低于5m^3/h。分离粒度范围为7～25μm。主要用于处理某些非加重钻井液，以清除超细颗粒。

三、钻井液清洁器

钻井液清洁器是一组旋流器和一台细目振动筛的组合。上部为旋流器、下部为细目振动筛。

钻井液清洁器处理钻井液的过程分为两步：

第一步是旋流器将钻井液分离成低密度的溢流和高密度的底流，其中溢流返回钻井液循环系统，底流落在细目振动筛上。

第二步是细目振动筛将高密度的底流再分离成两部分，一部分是重晶石和其他直径小于网孔的颗粒透过筛网，另一部分是直径大于筛孔的颗粒从筛网上被排出。

钻井液清洁器主要用于从加重钻井液中除去比加重材料粒径大的钻屑。其优点在于：既降低了低密度固相含量，又避免了大量加重材料的损失。

四、离心机

（一）离心机的结构与工作原理

钻井液固控用离心机主要是倾注式离心机，又称作沉降式离心机，其结构如图9-4所示。

工作机理：离心机工作时，钻井液通过固定的进浆管进入离心机，然后在输送器轴筒上被加速，并通过在轴筒上的进浆孔流入滚筒内。由于滚筒的转速极高，在离心力作用下，密度或体积较大的颗粒被甩向滚筒内壁，使固液两相发生分离。其中固体被输送器送至滚筒的小端，经底流口排出；含有细颗粒的流体以相反方向流入滚筒大端，从溢流口排出。滚筒内液层的厚度靠调节离心机端面上8~12个溢流孔来控制。输送器能够连续地推动沉降下来的固体颗粒向小端移动。当移至图中所示的干湿区过渡带时，由于离心力和挤压力的作用，大多数自由水被挤掉，而留在颗粒表面的主要是吸附水。

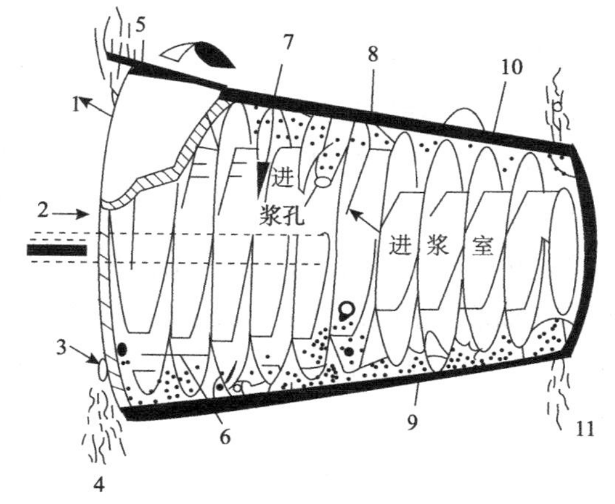

图9-4 离心机结构图

1—分离后的钻井液出口；2—钻井液进口；
3—溢流口；4—溢流液体；5—外壳旋转产生极高的离心力；
6—钻井液池液面由调节出口来控制；7—槽；
8—与外壳同方向旋转但较外壳转速略低的输送器；9—滤饼；
10—干湿区过渡带；11—底流口

（二）离心机的使用方法

在钻井液黏度、切力较高时，为了提高离心机的分离效率，可以对输入离心机的钻井液用水适当稀释，稀释水的加入速度为0.38~0.5L/s为宜。离心机的转速对分离颗粒粒度也有很大影响。根据斯托克斯定律，重晶石颗粒可与1.5倍于其粒径的低密度固体颗粒同时沉降。在使用离心机时，应注意选择合适的转速和处理量，以取得预期效果。

根据处理量大小、分离点、转速等，离心机分成了三种类型：

（1）重晶石回收离心机。转速1800r/min左右，低密度固相分离点6~10μm，高密度固相分离点4~10μm，处理量38~151L/min。这种离心机主要是将重晶石粉回收至钻井液体系中，而将一些低固相颗粒除掉。

（2）中速离心机。转速1900~2200r/min，分离点5~7μm（在未加重钻井液中），处理量378~756L/min。主要用来排除低密度的固相。

（3）高速离心机。转速2500~3300r/min，分离点2~5μm，处理量151~453L/min。用于双离心机组合使用时的第二台离心机，主要用来清除未加重钻井液中的低密度含量。

第三节　固相控制的方法

一、常用的固控方法

常用的钻井液固控方法有自然沉降法、机械清除法、稀释法和化学絮凝法等。

（1）自然沉降法是指井内返出的钻井液在地面循环过程中，因地面钻井液循环系统体积大、流速低，钻井液中的固相颗粒在重力作用下沉降到循环系统底部而被分离。及时、合理地清除地面循环系统（尤其是锥形罐）沉降物是重要的现场钻井液固控方法之一。

（2）机械法就是通过合理使用振动筛、除砂器、除泥器和离心机等机械设备，利用筛分和强制沉降的原理，将钻井液中的固相按密度和粒度大小不同而分离，并根据需要决定取舍，以达到控制固相的目的。与其他方法相比，这种方法处理时间短、效果好，并且成本较低，因此在整个钻井过程中，机械法自始至终都被使用。

（3）稀释法即可用清水或其他较稀的流体直接稀释循环系统中的钻井液，也可用清水或性能符合要求的新浆替换出一定体积的高固相含量的钻井液，使总的固相含量相对降低。稀释法应用时应遵循以下原则：

①稀释后的钻井液总体积不宜过大；

②部分钻井液的排放应在加水稀释前进行，不要边稀释边排放；

③一次性多量稀释比多次少量稀释的费用要少。

（4）化学絮凝法是在钻井液中加入适量的絮凝剂和固相化学清洁剂，使某些细小的固体颗粒通过絮凝作用聚结成较大颗粒，然后用机械方法排除或在沉砂池中沉除。现场实践中，这种方法与机械固控方法、自然沉降法一般同时采用，三者相辅相成，共同实现对钻井液固相的有效控制。实践证明采用固相化学清洁剂可以有效地降低钻井液中的低密度固相。

二、非加重钻井液的固相控制技术

非加重钻井液是指体系中不含加重材料的钻井液。

（一）钻屑体积与质量的估算

一口井在钻进过程中，每小时钻出的钻屑量可由下式求得：

$$V_s = [\pi(1-\Phi)d^2]/4 \times V_J \tag{9-1}$$

式中　V_s——进入钻井液的钻屑体积，m^3/h；

Φ——地层的平均孔隙度；

d——钻头直径，m；

V_J——机械钻速，m/h。

（二）膨润土和钻屑的粒度分布

为了选择适合的固控设备和方法，必须了解作为有用固相的膨润土和作为清除对象的

钻屑的粒度分布及范围。虽然膨润土和钻屑均属钻井液中的低密度固体，两者密度十分相近，但从图9-5中的粒度分布曲线可以看出，两类固相的粒度分布情况却有很大差别。膨润土的粒度范围大致在0.03～5μm之间，而钻屑的粒度处于0.05～10000μm这样一个较宽的范围。在小于1μm的胶体颗粒和亚微米颗粒中，膨润土所占的体积分数明显超过钻屑，而在大于5μm的较大颗粒中，则几乎全部是钻屑的颗粒。

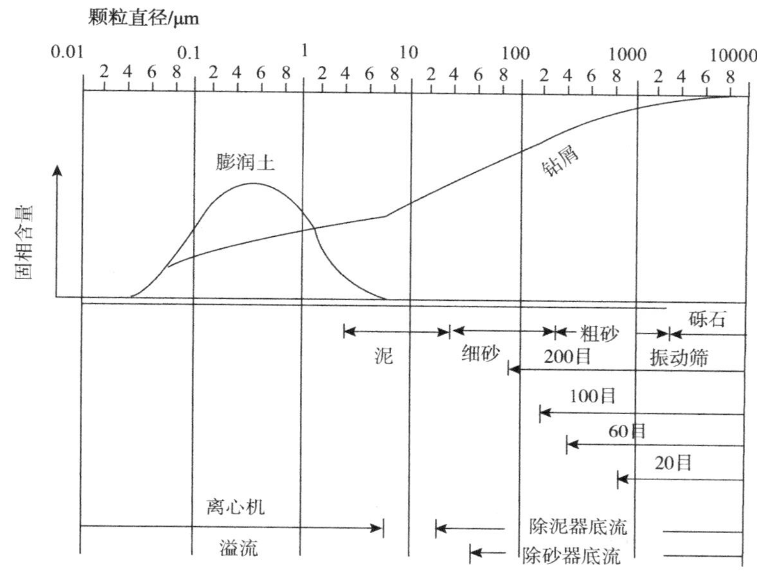

图9-5　非加重钻井液中膨润土和钻屑的粒度分布

图9-5还表示出各种固控设备清除固相颗粒的粒度范围。可以看出，各种振动筛的分离能力有很大区别，其中筛网为200目的细且振动筛可清除粒径大于74μm的砂粒；常规除砂器、除泥器可分别清除30μm和15μm以上的泥质颗粒；在离心机溢流中，主要含有粒径在6μm以下的微细颗粒。因此当钻井液中膨润土含量过高，只能采用化学絮凝或加水稀释的方法加以解决。

（三）非加重钻井液固控要点

非加重钻井液能否达到固控要求，在很大程度上取决于对各种旋流器的合理使用。各种固控设备（离心机除外）的许可处理一般不得小于钻井泵最大排量的1.25倍。在通过所有固控设备处理后，需对净化后的钻井液进行维护调整性能，包括适量补充化学处理剂和水，这是因为以上物质中的一部分会随着被清除的固相而失去。

三、加重钻井液的固相控制技术

（一）加重钻井液固控的特点

加重钻井液中同时含有高密度的加重材料和低密度的膨润土及钻屑。重晶石是最常用的加重材料，由于它在钻井液中的含量很高，因此其费用在钻井液成本中占有很大的比例。值得注意的是，大量重晶石的加入必然会降低钻井液容固空间，并对膨润土的加量有更为苛刻的要求。钻井实践表明，过量钻屑及膨润土的存在会造成加重钻井液的黏度、切力过高，失去正常的流动状态。此时如果不加强固控，仅依靠加水稀释来暂时缓解过高的黏度、切力，则只能造成恶性循环，不仅钻井液成本大幅度增加，而且常导致压差卡钻等复杂情况屡屡发生。因此对于加重钻井液来说，清除钻屑的任务比非加重钻井液更为重要和紧迫，并且其难度也比非加重钻井液要大得多。

（二）重晶石的粒度分布

按照要求，钻井液用重晶石粉细度为200～325目。从图9-6中典型的重晶石粒度分布曲线可以看出：小于2μm的颗粒约占8%；小于30μm的颗粒约占76%；小于40μm的颗粒约占83%。

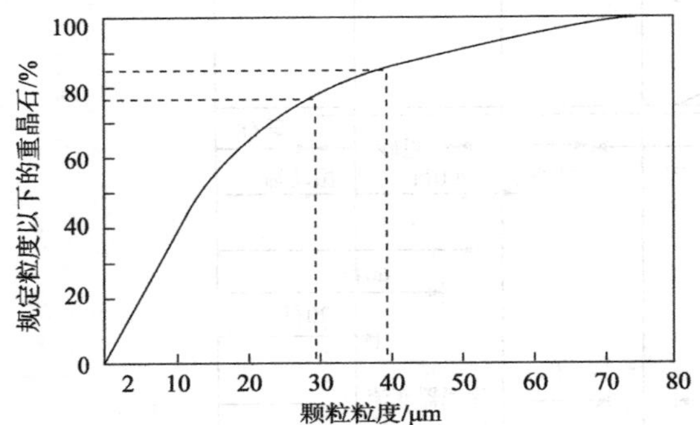

图9-6 典型的重晶石颗粒粒度分布曲线

加重钻井液中各种固相的粒度分布以及固控设备可分离固相颗粒的范围见图9-7。可以看出，常规除砂器和除泥器的可分离粒度范围均与重晶石粉的粒度范围发生部分重叠，因此加重钻井液一般不单独使用旋流器。这种情况下，用好振动筛对固相控制就更为重要。如能用200目细筛网，即可在钻井液中固相的粒度减小至重晶石粒度上限之前将大部分大于74μm的钻屑颗粒清除掉。若使用粗筛网，则应配合使用清洁器。

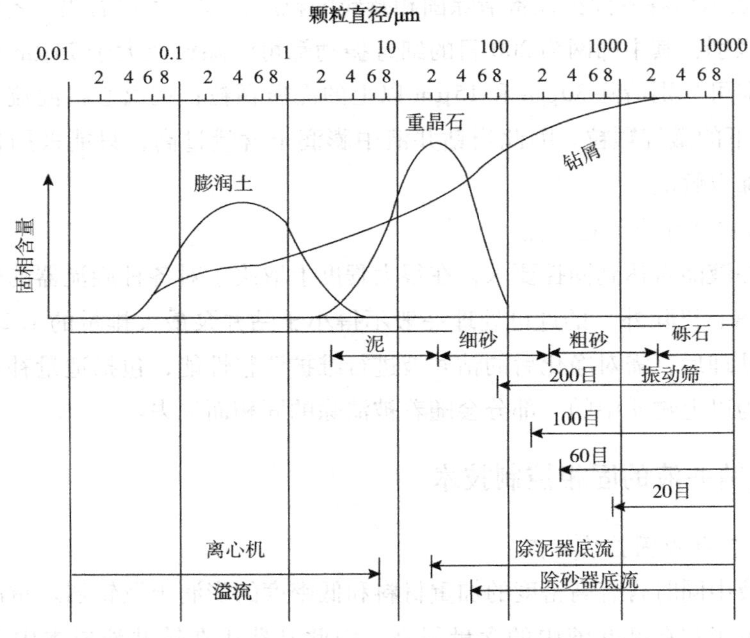

图9-7 加重钻井液中重晶石、膨润土和钻屑的粒度分布

（三）加重钻井液固控要点

加重钻井液固控的主要特点是，既要避免重晶石的损失，又要尽量减少体系中钻屑的含量。加重钻井液固控系统为振动筛、旋流器和离心机，其中振动筛和旋流器用于清除粒径大于重晶石的钻屑。对于密度低于 1.80g/cm^3 的加重钻井液，使用旋流器的效果十分显著，如果对通过筛网的回收重晶石和细粒低密度固相适当稀释并添加适量降黏剂，可基本上达到固控的要求。但是，当密度超过 1.80g/cm^3 时，旋流器的应用效果降低。

（四）重晶石回收技术

利用离心机回收重晶石是减少高密度钻井液固相控制时重晶石损失的一项重要手段。

1. 工艺流程

重晶石回收工艺流程见图 9-8。

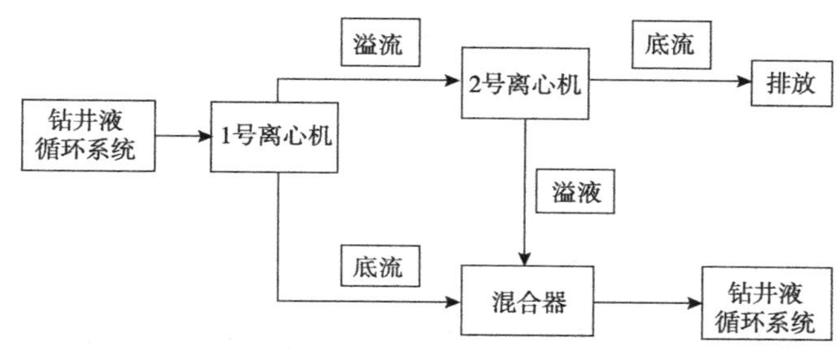

图 9-8 重晶石回收工艺流程示意图

2. 重晶石回收技术

低速离心机转速应根据钻井液密度（1.8～2.2g/cm^3）高低控制在 1000～1600r/min，循环钻井液经过低速离心机处理时，底流物（重晶石）直接进入循环系统，溢流液经高频离心机进一步清除固相。针对回收的重晶石难分散、易沉降的现象，选择配备有多组叶片大功率搅拌机的 16m^3 小罐回收重晶石，在混合罐中利用搅拌器使回收的重晶石充分分散，防止重晶石沉淀，提高重晶石回收再利用率。

回收过程中钻井液黏切出现较大变化时，变频离心机的处理量需及时调节，避免引起离心机溢流口堵塞、卡机现象。现场主要通过离心机转速、供浆量、混入适量清水的方式，保证离心机连续使用。

四、钻井液固相含量的计算

（一）钻井液中低密度固相含量的确定

1. 淡水钻井液体系（总矿化度小于 10000mg/L）

$$f_{lg} = [\rho_w f_w + (1 f_o f_w)\rho_B + \rho_o f_o \rho_m]/(\rho_B \rho_{lg}) \qquad (9-2)$$

$$f_B = 1 - f_w - f_{lg} - f_o \qquad (9-3)$$

式中 ρ_m——钻井液密度，g/cm^3；

ρ_w——水的密度，g/cm^3；

ρ_{lg}——低密度固相密度，g/cm^3；

ρ_B——重晶石密度，g/cm^3；

ρ_o——油的密度，g/cm^3；

f_w——水的体积分数；

f_{lg}——低密度固相的体积分数；

f_B——重晶石的体积分数；

f_o——油的体积分数。

只要测得钻井液密度 ρ_m，并用蒸馏实验测得 f_w 和 f_o，便可由式（9-2）求出低密度固相的体积分数 f_{lg}，然后再由式（9-3）可求出重晶石的体积分数 f_B。

2. 盐水钻井液体系

$$f_{lg} = [\rho_w' C_f f_w + (1 - f_o - C_f f_w)\rho_B + \rho_o f_o - \rho_m]/(\rho_B - \rho_{lg}) \tag{9-4}$$

$$f_B = 1 - C_f f_w - f_{lg} - f_o \tag{9-5}$$

式中，C_f 为考虑盐析出而引入的体积校正系数，ρ_w' 表示盐水（即钻井液滤液）的密度，单位为 g/cm^3；其他符号的意义同前。因此只要用 $AgNO_3$ 滴定法测得钻井液滤液中 NaCl 的浓度，C_f 与 ρ_w' 便可从表 9-7 中查得。

表 9-7　20℃时不同质量浓度 NaCl 水溶液的密度和 C_f 值

密度/（g/cm^3）	质量浓度/（mg/L）	质量分数/%	C_f
0.9982	0	0	1
1.0053	10050	1	1.003
1.0125	20250	2	1.006
1.0268	41100	4	1.013
1.0413	62500	6	1.020
1.0559	84500	8	1.028
1.0707	107100	10	1.036
1.0857	130300	12	1.045
1.1009	154100	14	1.054
1.1162	178600	16	1.065
1.1319	203700	18	1.075
1.1478	229600	20	1.087
1.1640	256100	22	1.100
1.1804	279500	24	1.113
1.1972	311300	26	1.127

（二）钻井液中膨润土含量的测定——亚甲基蓝试验（MBT）

亚甲基蓝试验能够测出钻井液中的阳离子交换容量—亚甲基蓝容量，也就是钻井液的膨润土含量。测定方法按照 GB/T 16783.1 中要求进行。

（三）稀释替换法降低钻井液固相含量的计算

$$M_f = (M_w C_w - M_w C_1)/C_w \tag{9-6}$$

式中 M_f——需要排放的钻井液体积，m^3；

M_w——钻井液总体积，m^3；

C_w——替换前钻井液固相含量百分数；

C_1——替换后钻井液固相含量百分数。

式中 C_1 为替换后钻井液固相含量百分数，即需要达到的钻井液固相含量，也可以是需要达到的钻井液低密度固相含量、钻井液膨润土含量或者钻井液密度。

第十章　保护油气层的钻井液技术

第一节　概述

钻井过程中减少油气层损害是保护油气层系统工程的第一个重要环节。油气层损害具有累加性，钻井中对油气层的损害不仅影响油气层的发现和油气井的初期产量，还会对今后各项作业造成油层损害的程度以及作业效果带来影响。因此搞好钻井过程中的保护油气层工作，对提高勘探开发的经济效益至关重要。

一、保护油气层的重要性和特点

保护油气层的重要性有以下几方面：①在勘探过程中，保护油气层工作的好坏直接关系到能否及时发现新的油气层、油气田和对储量的正确评价；②保护油气层有利于油气井产量及油气田开发经济效益的提高；③在油气田开发生产各项作业中，保护油气层有利于油气井的稳产高产。

保护油气层技术的特点：①是一项涉及多学科、多专业、多部门，并贯穿整个油气生产过程的系统工程；②具有很强的针对性；③在研究方法上采用三结合：微观研究与宏观研究相结合、机理研究与应用规律研究相结合、室内研究与现场实践相结合。

二、保护油气层技术的基本概念

地下油气藏在未开发或开采前是处于原始的未触动的封闭状态。为了将油气从其储层采出，就必须钻井以打开储层，使其通过这口井与地面的采集设备连通。从钻头刚一进入储层开始，直至这口井投入生产，会经过钻井、测井、中途测试、下套管、固井、射孔、替喷投产等技术工艺过程。储层与钻井液、水泥浆、射孔液等流体接触，承受来自钻头的冲击、各种流体液柱压力与储层压力的压差作用、流体的滤液和流体中各种固体颗粒的侵入、流体的冲刷，射孔弹的冲击和挤压以及产生的高温等因素影响，储层的物理、化学、热力学、电学状态和性能因此而发生变化。以上这些变化使得储层岩石的原始孔隙结构和状态发生变化，不同程度地阻滞了油气向井筒内流动，最终表现为油气的相对渗透率降低和油、气井产能的下降。可以用储层伤害前和伤害后的油气相对渗透率和油气的产能的变化来判断和评价油气层是否受伤害及其受伤害的程度。

1. 油气储层类型

按岩石性质储层可分为砂岩储层、灰岩储层以及页岩储层等类型。

（1）砂岩储层：砂岩储层具有孔隙结构特性。孔隙是油、气、水的储存和流动的空间介质。砂岩储层的孔隙多为砂岩颗粒及胶结物形成的孔隙，孔隙中的颗粒连接的狭窄部分形成了孔隙的喉道。砂岩储层的伤害大多是因固体颗粒堵塞喉道、液滴的闭锁和黏土颗粒的膨胀等原因造成的，尤其是直径小于 0.2μm 的微孔隙，会对流体的流动造成严重的阻滞堵塞。

（2）灰岩储层：灰岩储层中的孔隙、裂缝是油气的储存和流动空间。这些孔隙和裂缝非常复杂，各地的灰岩储层差异极大，有些地区灰岩储层具有很高的孔隙度和渗透率，蕴藏丰富，产能极高。

（3）页岩储层：页岩气是蕴藏于页岩层可供开采的天然气资源，其形成和富集有着自身独特的特点，往往分布在盆地内厚度较大、分布广的页岩烃源岩地层中。较常规天然气相比，页岩气藏的储层一般呈低孔、低渗透率的物性特征，气流的阻力比常规天然气大，所有的井都需要实施储层压裂改造才能开采出来。页岩气开发具有开采寿命长和生产周期长的优点，大部分产气页岩分布范围广、厚度大，且普遍含气，这使得页岩气井能够长期地以稳定的速率产气。

2. 地层岩心分析

岩心分析是认识油气层地质特征的必要手段。岩心分析包括：①地层矿物性质，特别是敏感性矿物的类型、产状和含量；②渗流多孔介质的性质，如孔隙度、渗透率、裂隙发育程度、孔隙及喉道的大小、形态、分布和连通性；③岩石表面性质，如比表面、润湿性等；④地层流体性质，包括油、气、水的组成，高压物性、析蜡点、凝固点、原油酸值等；⑤油气层所处环境，考虑内部环境和外部环境两个方面；⑥矿物、渗流介质、地层流体对环境变化的敏感性及可能的损害趋势和后果。

其中，矿物性质及渗流多孔介质的特性主要是通过岩心分析获得，从而体现了岩心分析在油气地质研究中的核心作用。油气层的敏感性评价、损害机理的研究、油气层损害的综合诊断、保护油气层技术方案的设计都必须建立在岩心分析的基础之上。所以，岩心分析是保护油气层技术这一系统工程的起始点和基础。

3. 储层储集空间与渗流通道

碎屑岩油气层的储集空间主要是孔隙，渗流通道主要是喉道。喉道是指两个颗粒间连通的狭窄部分，是易受损害的敏感部位。孔隙和喉道的几何形态、大小、分布及其连通关系，称为油气层的孔隙结构。对于裂缝型储层，天然裂缝既是储集空间又是渗流通道。根据基块孔隙和裂缝的渗透率贡献大小，可以划分出一些过渡储层类型。

4. 孔隙结构

孔隙结构是从微观角度来描述油气层的储渗特性。

油气层常见孔隙类型有：粒间孔、粒内溶孔、晶间微孔。碎屑岩储层通常粒间孔的含量越高，储层物性越好。

常用的孔隙结构参数有孔喉尺寸及其分布、喉道弯曲度和孔隙连通性。利用统计分布的方法，可以从毛管压力曲线和物性参数中求出任一岩样的孔隙结构参数，乃至油层段的孔隙结构参数平均值。

孔隙结构与油气层损害的关系表现为：①在其他条件相同的情况下，喉道越粗，不匹配的固相颗粒侵入的深度就越大，造成的固相损害程度就越严重。但滤液侵入造成的水锁、贾敏等损害的可能性较小；②孔喉弯曲程度越大，外来固相颗粒侵入越困难，侵入深度变小，而地层微粒易在喉道中阻卡，微粒分散/运移的损害潜力增加；③孔隙和喉道尺寸越小，且连通性越差，油气层越易受到与流体、界面现象相关的损害，如水锁、贾敏、乳化堵塞、黏土矿物水化膨胀等。

5. 孔隙度和渗透率

孔隙度与渗透率是从宏观角度来描述油气层的储渗特性。

孔隙度是衡量岩石储集空间多少及储集能力大小的参数。渗透率是衡量油气层岩石渗流能力大小的参数。它们是从宏观上表征油气层特性的两个基本参数，其中与油气层损害关系比较密切的是渗透率，它是孔喉的大小、均匀性和连通性三者的共同体现。对于渗透性很好的油气层来说，其受固相侵入损害的可能性更大；相反，对于低渗透性油气层来说，它更容易受到黏土矿物水化膨胀、分散运移、水锁和贾敏损害。

6. 敏感性矿物及特点

根据矿物与流体发生反应造成的油气层损害方式，可以将敏感性矿物分为四类：

（1）水敏和盐敏矿物。与矿化度（或活度）不同于地层水的水基流体作用产生水化膨胀、或分散/运移等，并引起储层渗透率下降的矿物，主要有蒙脱石、伊/蒙间层矿物。

（2）碱敏矿物。与高 pH 值工作液作用产生分散/运移、新的硅酸盐沉淀和硅凝胶体，并引起储层渗透率下降的矿物，主要有高岭石、长石和微晶石英。

（3）酸敏矿物。与酸液作用产生化学沉淀或酸蚀后释放出微粒，并引起储层渗透率下降的矿物。

（4）速敏矿物。在高速流体流动作用下发生脱落、分散/运移，并堵塞喉道的微粒矿物，主要有黏土矿物及粒径小于 37μm 的各种非黏土矿物，如微晶石英、菱铁矿、微晶方解石等。

因此，一般来说，黏土含量越高，由其造成的油气层损害程度也越大；在其他条件相同的情况下，油气层渗透率越低，黏土矿物对油气层造成损害的可能性就越大。

7. 油气层岩石的润湿性

岩石表面被液体润湿（铺展）的情况称为岩石的润湿性。岩石的润湿性一般可分为亲水性、亲油性和两性润湿三大类。油气层岩石的润湿性取决于矿物的晶体结构、地层流体的活性组分性质。钻井液侵入可以改变岩石的润湿性。

润湿性的作用表现为三个方面：①控制孔隙中油气水分布，对于亲水性岩石，水通常

吸附于颗粒表面或占据小孔隙角隅，油气则占孔隙中间部位，对于亲油性岩石，刚好出现相反的现象；②决定岩石孔道中毛管压力的大小和方向，毛管压力的方向总是指向非润湿相一方，当岩石表面亲水时，毛管压力是水驱油的动力，当岩石表面亲油时，毛管力是水驱油的阻力；③制约微粒运移，当油气层中流动的流体润湿微粒时，微粒容易随之运移，否则微粒难以运移。

油气层岩石的润湿性的前两个作用，可造成有效渗透率下降和采收率降低，而第三个作用对微粒运移有较大影响。

三、保护油气层技术的评价方法

油气层损害的室内评价是借助于各种仪器设备测定油气层岩石与外来工作液作用前后渗透率的变化，或者测定油气层物理、化学环境发生变化前后渗透率的改变，来认识和评价油气层损害的一种重要手段。它是油气层岩心分析的一部分，其目的是弄清油气层潜在的损害因素和损害程度，并为损害机理分析提供依据。在施工之前比较准确地评价工作液对油气层的损害，这对于优化后继的各类作业措施和设计保护油气层系统工程技术方案，具有非常重要的意义。

油气层损害的室内评价主要包括两方面内容：油气层敏感性评价和工作液对油气层的损害评价。

1. 油气层敏感性评价

为了正确地评价油气层损害，不能简单地随意挑选岩心来做实验，用于实验的岩心必须能代表所要评价的油气层的性质。

实验岩心的正确选择要经过以下两个环节：

（1）岩样的准备：①对井场或库存的岩心进行选取；②实验室岩样的接交；③岩心检测；④岩样钻取；⑤岩样的清洗（洗油，洗盐）；⑥岩样烘干；⑦用岩心渗透率仪测定各个岩样的孔隙度和气体渗透率，并求出每块岩心的克氏渗透率 K_∞。

（2）岩样的选取。对已测 K、Φ 的各个岩样作 $K-\Phi$ 关系图，绘制回归曲线。在曲线上找出要用的岩心样品，再根据测井和试井求出的 K、Φ 值，选出具有代表性的岩心备用，登记好每块岩心的出处（油田、区块、层位、井深）、号码、长度、直径、干重及 K、Φ 值。

油气层敏感性评价通常包括速敏、水敏、盐敏、碱敏、酸敏等五敏实验，具体实验方法按“砂岩储层岩心流动实验评价程序”执行，其目的在于找出油气层发生敏感的条件和由敏感引起的油气层损害程度，为各类工作液的设计、油气层损害机理分析和制定系统的油气层保护技术方案提供科学依据。

2. 工作液对油气层的损害评价

工作液包括钻井液、水泥浆、完井液、压井液、洗井液、修井液、射孔液和压裂液等。工作液对油气层的损害评价主要是借助于各种仪器设备，预先在室内评价工作液对油气层的损害程度，达到优选工作液配方和施工工艺参数的目的。

（1）工作液的静态损害评价。

该法主要利用各种静滤失实验装置测定工作液侵入岩心前后渗透率的变化，评价工作液对油气层的损害程度并优选工作液配方，应尽可能模拟地层的温度和压力条件。

（2）工作液的动态损害评价。

在尽量模拟地层实际条件下，评价工作液对油气层的综合损害（包括液相和固相及添加剂对油气层的损害），为优选损害最小的工作液和最优施工工艺参数提供科学的依据。动态损害评价与静态损害评价相比能更真实地模拟井下实际工况条件下工作液对油气层的损害过程，两者的最大差别在于工作液损害岩心时状态不同。静态评价时，工作液为静止的，而动态评价时，工作液处于循环或搅动的运动状态，显然后者的损害过程更接近现场实际，其实验结果对现场更具有指导意义。

（3）用多点渗透率仪测量损害深度和损害程度。

上述两种评价方法得出的结果，反映了沿整个岩心长度上的平均损害程度，但渗透率的降低并不一定在整个岩心长度上，也许只在前面某一段。因此，准确地测出工作液侵入岩心的真实损害深度，对于指导今后的生产具有非常重要的意义。目前广泛采用多点渗透率仪（即渗透率梯度仪）来测量工作液侵入岩心的损害深度和损害程度。将长岩心装入多点渗透率仪，测量损害前的基线渗透率曲线，然后用工作液损害岩心，再测损害后的恢复渗透率曲线，利用损害前后渗透率曲线对比求得损害深度和段损害程度。

第二节　钻井过程损害油气层机理

一、钻井过程中油气层损害原因

钻开油气层时，在正压差、毛细管力的作用下，钻井液的固相进入油气层造成孔喉堵塞，其液相进入油气层与油气层岩石和流体作用，破坏油气层原有的平衡，从而诱发油气层潜在损害因素，造成渗透率下降。

钻井过程中油气层损害原因可以归纳为以下五个方面。

1. 钻井液中分散相颗粒堵塞油气层

（1）固相颗粒堵塞油气层。钻井液中存在多种固相颗粒，如膨润土、加重剂、堵漏剂、钻屑和处理剂的不溶物及高聚物“鱼眼”等。钻井液中小于油气层孔喉直径或裂缝宽度的固相颗粒，在钻井液有效液柱压力与地层孔隙压力之间形成的压差作用下，进入油气层孔喉和裂缝中形成堵塞，造成油气层损害。损害程度随钻井液中固相含量的增加而加剧，特别是分散较细的膨润土影响最大。损害程度与固相颗粒尺寸大小、级配及固相类型有关。固相颗粒侵入油气层的深度随压差增大而加深。

（2）乳化液滴堵塞油气层。对于水包油或油包水钻井液，不互溶的油水二相在有效液

柱压力与地层孔隙压力之间形成的压差作用下，可进入油气层的孔隙空间形成油-水段塞；连续相中的各种表面活性剂还会导致储层岩心表面的润湿反转，造成油气层损害。

2. 钻井液滤液与油气层岩石不配伍引起的损害

钻井液滤液与油气层岩石不配伍可诱发以下损害：

（1）水敏。低抑制性钻井液滤液进入水敏油气层，引起黏土矿物水化、膨胀、分散、是产生微粒运移的损害源之一。

（2）盐敏。滤液矿化度低于盐敏的低限临界矿化度时，可引起黏土矿物水化、膨胀、分散和运移。当滤液矿化度高于盐敏的高限临界矿化度，亦有可能引起黏土矿物水化收缩破裂，造成微粒堵塞。

（3）碱敏。高 pH 值滤液进入碱敏油气层，引起碱敏矿物分散、运移堵塞及溶蚀结垢。

（4）润湿反转。当滤液含有亲油表面活性剂时，这些表面活性剂就有可能被亲水岩石表面吸附，引起油气层孔喉表面润湿反转，造成油气层油相渗透率降低。

（5）表面吸附。滤液中所含的部分处理剂被油气层孔隙或裂缝表面吸附，缩小孔喉或孔隙尺寸。

3. 钻井液滤液与油气层流体不配伍引起的损害

钻井液滤液与油气层流体不配伍可诱发油气层潜在损害因素，产生以下五种损害：

（1）无机盐沉淀。滤液中所含无机离子与地层水中无机离子作用形成不溶于水的盐类，例如含有大量碳酸根、碳酸氢根的滤液遇到高含钙离子的地层水时，形成碳酸钙沉淀。

（2）形成处理剂不溶物。当地层水的矿化度和钙、镁离子浓度超过滤液中处理剂的抗盐和抗钙镁能力时，处理剂就会盐析而产生沉淀。例如腐殖酸钠遇到地层水中钙离子，就会形成腐殖酸钙沉淀。

（3）发生水锁效应。特别是在低孔低渗气层中最为严重。

（4）形成乳化堵塞。特别是使用油基钻井液、油包水钻井液、水包油钻井液时，含有多种乳化剂的滤液与地层中原油或水发生乳化，可造成孔道堵塞。

（5）细菌堵塞。滤液中所含的细菌进入油气层，如油气层环境适合其繁殖生长，就有可能造成喉道堵塞。

4. 相渗透率变化引起的损害

钻井液滤液进入油气层，改变了井壁附近地带的油气水分布，导致油相渗透率下降，增加油流阻力。对于气层，液相（油或水）侵入能在储层渗流通道的表面吸附而减小气体渗流截面积，甚至使气体的渗流完全丧失，即导致“液相圈闭”。

5. 负压差急剧变化造成的油气层损害

中途测试或负压差钻井时，如选用的负压差过大，可诱发油气层速敏，引起油气层出砂及微粒运移。对于裂缝性地层，过大的负压差还可能引起井壁表面的裂缝闭合，产生应力敏感损害。此外，还会诱发地层中的原油组分形成有机垢。

二、钻井过程中影响油气层损害程度的工程因素

钻井过程损害油气层的严重程度不仅与钻井液类型和组分有关，而且随钻井液固相和液相与岩石、地层流体的作用时间和侵入深度的增加而加剧。

影响作用时间和侵入深度的因素可归纳为四个方面。

1. 压差

压差是造成油气层损害的主要因素之一，通常钻井液的滤失量随压差的增大而增加。因而，钻井液进入油气层的深度和损害油气层的严重程度均随正压差的增加而增大。此外，当钻井液有效液柱压力超过地层破裂压力或钻井液在油气层裂缝中的流动阻力时，钻井液就有可能漏失至油气层深部，加剧对油气层的损害。负压差可以减缓钻井液进入油气层，减少对油气层损害，但过高的负压差会引起油气层出砂、裂缝性地层的应力敏感和有机垢的形成，反而会对油气层产生损害。

平衡压力钻井时井内钻井液柱有效压力等于所钻地层孔隙压力，即压差为0。此时，钻井液对油气层损害程度最小。依据多次反复科学运算及多年现场试验验证，明确规定钻油气层时附加压力系数0.05～0.10，钻气层时附加压力系数0.07～0.15。为了尽可能将压差降至安全的最低限，钻进时应努力改善钻井液流变性和优选环空返速，降低环空流动阻力与钻屑浓度。起下钻时，调整钻井液触变性，控制起钻速度，降低抽吸压力。对于地层孔隙压力系数小于0.8的低压油气层，可依据实际的地层孔隙压力，降低压差，甚至可采用负压差钻井，可选用充气钻井、泡沫流体钻井、雾流体或空气钻井，减小对油气层的损害。

2. 浸泡时间

当油气层被钻开时，钻井液中的固相或液相在压差作用下进入油气层，其进入数量和深度及对油气层损害的程度均随钻井液浸泡油气层时间的增长而增加，浸泡时间对油气层损害程度的影响不可忽视。在钻井过程中，油气层浸泡时间从钻开油气层开始直到固井结束，包括纯钻进时间、起下钻接单根时间、处理故障与井下复杂情况时间、辅助工作与非生产时间、完井电测时间、下套管及固井时间。

为了缩短浸泡时间，减少对油气层的损害，可从以下几方面着手：

（1）采用优选参数钻井，并依据地层岩石可钻性选用合适类型的牙轮钻头或PDC钻头及喷嘴，提高机械钻速。

（2）采用与地层特性相匹配的钻井液，加强钻井工艺技术措施及井控工作，防止井喷、井漏、卡钻、坍塌等井下复杂情况或故障的发生。

（3）提高测井一次成功率、缩短完井时间。

（4）加强管理，降低机修、组停以及辅助工作和其他非生产时间。

3. 环空返速

环空返速越大，钻井液对井壁滤饼的冲蚀越严重，因此钻井液的动滤失量随环空返速

的增高而增加，钻井液中的固相和液相对油气层侵入深度及损害程度亦随之增加。此外，钻井液当量密度随环空返速增大而增加，因而钻井液对油气层的压差亦随之增高。

4. 钻井液性能

钻井液性能好坏与油气层损害程度高低紧密相关。因为钻井液中的固相和液相进入油气层的深度及损害程度均随钻井液静滤失量、动滤失量、HTHP 滤失量的增大和滤饼质量变差而增加。钻井过程中起下钻、开泵所产生的激动压力随钻井液的塑性黏度和动切力增大而增加。此外，井壁坍塌压力随钻井液抑制能力的减弱而增加，维持井壁稳定所需钻井液密度就要随之增高，若坍塌层与油气层在一个裸眼井段，且坍塌压力又高于油气层压力，则钻井液液柱压力与油气层压力之差随之增高，就有可能使损害加剧。

第三节 保护油气层钻井液

一、保护油气层对钻井液的要求

钻开油气层钻井液不仅要满足安全、快速、优质、高效的钻井工程施工需要，而且要满足保护油气层的技术要求。通过多年的研究与实践，可归纳为以下几个方面。

（1）钻井液密度可调，满足不同压力油气层近平衡压力钻井的需要。

不同地区的油气田地层压力系数差异较大，应用不同钻井液密度实现近平衡压力钻井，可最大限度降低油气层的损害。

（2）钻井液中固相颗粒与油气层渗流通道匹配。

钻井液中除保持必需的膨润土、加重剂、暂堵剂等外，应尽可能降低钻井液中无用固相的含量。依据所钻油气层的孔喉直径，选择匹配的固相颗粒尺寸大小、级配和数量，用以控制固相侵入油气层的数量与深度。此外，还可以根据油气层特性选用暂堵剂，在油井投产时进行解堵和反排。对于固相颗粒堵塞会造成油气层严重损害且不易解堵的，钻开油气层时，应尽可能采用无固相或无膨润土相钻井液。

（3）钻井液必须与油气层岩石相配伍。

对于中、强水敏性油气层应采用不引起黏土水化膨胀的强抑制性钻井液，例如氯化钾钻井液、钾铵聚合物钻井液、甲酸盐钻井液、两性离子聚合物钻井液、正电胶钻井液、烷基糖苷钻井液、油基钻井液和油包水钻井液等。对于盐敏性油气层，钻井液的矿化度应控制在两个临界矿化度之间。对于碱敏性油气层，钻井液的 pH 值应尽可能控制在临界范围内。对于非酸敏油气层，可选用酸溶处理剂或暂堵剂。对于速敏性油气层，应尽量降低压差和严防井漏。采用油基或油包水钻井液、水包油钻井液时，最好选用非离子型乳化剂，以免发生润湿反转等。

（4）钻井液滤液组分必须与油气层中流体相配伍。

确定钻井液配方时，应考虑以下因素：滤液中所含的无机离子和处理剂不与地层中流体发生沉淀反应；滤液与地层中流体不发生乳化堵塞作用；滤液表面张力低，以防发生水锁作用；滤液中所含细菌在油气层所处环境中不会繁殖生长。

(5) 钻井液的组分与性能都能满足保护油气层的需要。

所用各种处理剂对油气层渗透率影响小。尽可能降低钻井液处于各种状态下的滤失量及滤饼渗透率，改善流变性，降低钻井液当量密度和起下管柱或开泵时的激动压力。此外，应控制钻井液的组分，以利于降低油气层的损害。

二、钻开油气层的钻井液

为了达到上述对保护油气层的钻井液要求，减少对油气层的损害，现场常用的钻开油气层的钻井液主要有如下几种。

1. 水基钻井液

水基钻井液具有处理剂来源广、可供选择的类型多、性能易控制等特点，并具有较好的保护油气层效果，现场常用的钻井液有：

(1) 清洁盐水钻井液。

此种钻井液不含膨润土和其他人为加入的固相。其密度靠加入不同种类的可溶性盐进行调节（1.0~2.30g/cm^3）；加入对油气层无损害（或低损害）的聚合物来控制其滤失量和黏度；为了防腐，可加入对油气层不发生损害或损害程度低的缓蚀剂。清洁盐水钻井液可以大大降低固相堵塞损害和水敏损害。

(2) 水包油钻井液。

水包油钻井液是以水为分散介质、油为分散相的乳化体系。其密度可通过油水比调节，滤失量和流变性能可通过在油相或水相中加入各种低损害的处理剂调节。适用于低压易漏的油气层。

(3) 无土相暂堵型聚合物钻井液。

该钻井液由水相、聚合物和暂堵剂固相粒子组成。其密度采用不同种类和加量的可溶性盐来调节，流变性能通过加入低损害聚合物调控，滤失量可通过加入各种与油气层孔喉直径相匹配的暂堵剂控制。

暂堵剂在油气层中可形成内滤饼，阻止钻井液中固相或液相继续侵入。现场常用的暂堵剂按其特性分为酸溶性暂堵剂、水溶性暂堵剂、油溶性暂堵剂和单向压力暂堵剂等类型。

(4) 低膨润土聚合物钻井液。

此类钻井液的特点是尽可能降低膨润土的含量，使其既能保持安全钻进所需的性能，又能对油气层不产生较大的损害，通过选用不同种类的聚合物和暂堵剂达到此目的。

(5) 甲酸盐钻井液。

甲酸盐钻井液是指以甲酸钠、甲酸钾或甲酸铯为主所配制的钻井液，其基液的最高密度可达2.00g/cm^{3}以上，高密度条件下，可实现低固相、低黏度。

（6）聚合醇钻井液。

聚合醇的浊点效应使得聚合醇钻井液在一定温度范围内的分散相可作为油溶性可变形粒子，起到封堵作用。由于聚合醇的浊点温度与体系的矿化度、聚合醇的分子量有关，应将其浊点温度调节到低于油气层的温度。

（7）屏蔽暂堵钻井液。

屏蔽暂堵钻井液是现场常用的保护油气层钻井液，其机理是钻开油气层时，在液柱压力与油气层压力之间形成的压差作用下，钻井液中人为加入的各种类型和尺寸的固相粒子进入油气层孔喉，在井壁附近形成渗透率接近于零的屏蔽暂堵带，可有效阻止钻井液、水泥浆继续侵入油气层，其人为加入的屏蔽暂堵材料可通过完井投产时的射孔解堵反排。

2. 油基钻井液

以油为连续相的油基钻井液能有效地避免油层的水敏作用，对油气层损害程度低，并具备钻井工程对钻井液所要求的各项性能。现场应用油基钻井液时，应对其组分进行优化，以减少可能发生的润湿反转、乳状液堵塞、固相颗粒运移等油气层的损害。

3. 气体类流体

气体类流体以气体为主要组分，实现低密度。现场常用的主要有泡沫流体和充气钻井液。

第十一章　废弃钻井液处理

随着石油工业的发展，由钻井带来的污染问题也越来越受到人们的重视，世界各国都建立了相应的法律条文以保护生态环境。钻井液在石油和天然气钻井过程中必不可少。为达到安全快速钻井的目的，使用了各种类型的钻井液添加剂，而且随着钻井深度的增加和难度的加大，钻井液中加入化学添加剂的种类和数量也越来越多，使得其废弃物的成分也变得越来越复杂。

废弃钻井液主要是由黏土、钻屑、加重材料、化学添加剂、无机盐、油等组成的多相稳定悬浮液。应用物理方法、化学方法和微生物法等一系列方法对废弃钻井液进行处理，有利于环境保护。其性质主要受钻井液的组分及所用化学处理剂的种类影响。

废弃水基钻井液主要污染物有：

（1）固体颗粒，主要是黏土、膨润土颗粒等；

（2）石油类，来源为改善钻井液润滑性而添加的油基润滑剂和钻进油层时带入的原油；

（3）有机质及其分解产物，表现为钻井液的 COD_{Cr}值高，色度高；

（4）无机盐，采用盐水钻井液或者地层的矿化度较高时，会使废水中的 Cl^- 含量高。

废弃非水基钻井液主要污染物有：

（1）固体颗粒，主要是改性有机土等；

（2）油基钻井液中矿物油、合成基钻井液中的合成基液；

（3）有机污染物。

第一节　废弃水基钻井液的处理方法

一、直接填埋

直接土地填埋处理花费少且操作简便。填埋前选择坑池将废钻井液沉降分离，将分离出的上部污水澄清处理，达到规定标准后，就地排放。剩下的泥渣让其自然脱水，风干到一定程度后，即可储存在坑池内，待固相干化后就地填埋。

这种方法适用于钻井废液中盐类、有机物质、油含量很低，并且对储存坑周围地下水污染可能性很小，污染物浓度维持在可接受范围以下的条件。

对油类、COD、Cl^-、F^-等含量严重超标的废钻井液不能用这种方法处理。

二、坑内密封

坑内密封法又称安全土地填埋法。当钻井废液中含有有害成分时，为防止渗透而造成地下水和地表土壤的污染，常采用这种方法。即在普通填埋法的基础上改进，在储存坑池内设以衬里，再按普通填埋法操作。这种方法安全性好，是有害固体废物处理的常用方法。

1. 基本操作方法

（1）储存坑池选择：天然坑池或人造坑池，但是要避开地下储水层，避开居民区、风景区，避开动植物和古迹保护区，远离泛洪区。

（2）衬里结构：先在储存池底部和周围铺垫一层有机土，压实作业基础衬垫，然后在上面铺一层加厚塑料膜衬层，最后再盖上一层有机土，压实。

（3）填充废弃钻井液和封场：将废弃钻井液充填在池内待其中的水分基本蒸发完后，再盖一层有机土顶层，填埋处理，最上部封上普通土壤，用于植被生长。

（4）场地监测：场地监测是土地密封填埋场场地设计操作管理规划的一个重要部分，是确保场地正常运营及进行环境营养评价的重要手段。场地监测包括定期巡视、目测场地的侵蚀、渗漏、坍塌及其他有关迹象和取样分析。这里通过各种监测系统进行取样分析是非常重要的，监测系统主要由地下水监测系统和地表水监测系统两部分组成。

最简单的地下水检测系统由4口井组成，即1口标的检测井和3口饱和区检测井。标的监测井设置在土地填埋场地水力上坡区，目的是为了测定未受土地填埋操作影响的地下水质，并以此作为确定有害物质是否从场地释出并影响环境的基准。饱和区检测是指场地水力下坡区的地下水检测，目的是为了检测地下水是否被场地浸出有害物质所污染。

2. 储存池衬垫材料的选择

（1）基础衬垫材料：一种是天然土壤类，如黏土、胶质黏土，它们的渗透性系数分别为2.5×10^{-6}cm/s和2.5×10^{-8}cm/s（15℃），基本可以满足不渗水的要求；另一种是掺和材料，如遇水膨胀的有机聚合物（乳胶）和高活性膨润土的掺和物，具有自行封闭能力强、不易降解、易施工、成本低，且对水、盐水和碳氢化合物液体都有好的封闭能力等特点。

（2）软膜防护衬里：主要是塑料类，如聚氯乙烯、聚乙烯和氯化聚乙烯等，这种材料的防渗透性能优良，但要防止破裂，需要基础衬垫的支撑，成本较高。

（3）掺和材料：主要用于同黏土等的掺和，防渗透。

3. 密封填埋法同其他工艺配套问题

由于废弃钻井液具有很好的胶体稳定性，在储存池自然脱水及蒸发水分需要足够长的时间，一般需要2~3个月，且干化后在风沙的作用下可能引起污染的迁移。因此，要设法使废弃钻井液体积减少和缩短脱水的时间，防止污染物的迁移，且要同其他工艺配合使用。如稳定干化处理、强化固液分离、固化等技术的配套，这些方法将在后面进行论述。

三、固化法

固化法是指通过物理-化学方法将固体废物固定或包容于惰性固化材料中的一种无害化处理过程。其主要是向废弃钻井液中加入固化剂，经凝胶、结胶等作用使其转化为像土壤一样的固体（假性土壤），填埋在原处或用作建筑材料等。这种方法能较大程度地封住钻井废液中的金属离子和有机物，减少其对土壤的侵蚀，从而减少钻井废液对环境的影响，同时又可使废弃钻井液坑池在钻井过程结束后即能还耕。

固化法被认为是一种比较可靠的治理钻井废液的方法。固化法所用的化学固化处理剂，分为有机固化处理剂和无机固化处理剂。有机固化处理剂应用范围广，适合多种类型废物的处理且固化有机废物的效果好，但处理成本高、固化强度低、易降解。无机固化剂使用方便、固结体稳定性好、不降解，具有低水溶性和较低的渗透性且机械强度高，但固化处理剂使用量大，其适应范围较窄。常用的无机固化处理剂主要有油井水泥、高岭土与油井水泥的混合物、低级纤维石棉、水泥窑粉与水泥混合物和高炉矿渣等。

根据固化处理剂的类型及固化过程特点，常用的固化处理法主要包括四种类型。

1. 水泥固化

水泥固化处理方法是以水泥为基体材料，利用水泥的水合和水硬胶凝作用对废物进行固化处理的一种方法，其基本原理是通过水泥的固化包容减少固体废物的表面积同时降低固体废物的可渗透性。固化过程中，由于水泥的高 pH 值作用，废弃钻井液中的重金属离子会生成难溶的氢氧化物，并固定到水泥基中去。水泥是一种无机胶结材料，普通的硅酸盐水泥熟料主要由硅酸二钙、硅酸三钙、铁铝酸四钙及铝酸二钙四种矿物质组成。水泥经过水化反应后，形成坚硬的水泥石块，可把砂、石等填料牢固地黏在一起。

水泥固化处理有害固体废物是一种较为成熟的处理方法，其工艺、设备简单，操作方便，材料易得，固化产物强度高。水泥固化处理方法的缺点是固化后体积增加。

2. 石灰固化

石灰固化处理方法是用石灰作基础材料，以水泥窑灰、粉煤灰作添加剂，常用于处理含有硫酸盐或亚硫酸盐类钻井废液的一种方法。固化过程中，因水泥窑灰和粉煤灰中含有活性氧化铝和二氧化硅，故能同石灰在有水存在的条件下发生反应，生成对硫酸盐、亚硫酸盐等起凝结硬化作用的物质并最终形成具有一定强度的固化体。为了提高固化体的强度，抑制污染物的浸出，固化时一般还需加入其他种类的固化剂。

3. 沥青固化

沥青固化处理方法是将污泥废物同沥青混合，通过加热、蒸发等过程实现固化。沥青固化处理后所产生的固化体，空隙小且致密度高，从而难以被水渗透。但是，由于沥青的导热性不好，沥青固化过程中加热蒸发的效率较低，另外如果污泥中所含水分较大，蒸发时会产生有起泡和雾沫夹带现象，从而容易排出废气，发生污染。

4. 自胶结固化

自胶结固化处理方法是一种利用废物本身的胶结特性来进行固化处理的方法。主要用于处理含有大量硫酸钙或亚硫酸钙的废物。该方法的原理是：亚硫酸钙半水化合物（$CaSO_3 \cdot 1/2H_2O$）经加热到脱水温度后，会转变为具有胶结作用的物质。经自胶结固化处理后形成的固化体可以直接进行填埋处理。

四、脱稳干化场处理法

在干旱地区，可将钻井废液先进行脱稳处理后，直接将其存于人造处理场，待水分蒸发或浸出液回收处理后，在自然条件下干化，使体积减少。化学脱稳处理的目的是破坏胶体稳定性，以利于水分渗出和挥发。

存储池的结构，有条件的可造混凝土池或与密封填埋的储存池同样的结构。这样，待储存池内干化废弃物堆放到一定程度后，可直接封土填埋。同直接密封填埋法相比，这种方法最大的优点是：处理量大，废钻井液脱水迅速。脱稳干化法比直接干化法处理速度明显提高。该方法适用于集中打井或周围井井距近、环境污染控制要求不高的地区。

五、化学强化固液分离法

将废钻井液进行填埋、固化、土地耕作之前，一般先要降低钻井液中的含水量。直接通过固液分离机械（如离心机、压滤机等）进行脱水非常困难，只有对其先进行化学脱稳絮凝处理才能强化机械废液分离能力。使用这种技术可以使废钻井液体积减少50%~70%，分离出的固相含水率一般低于70%，最好的可达30%。另外，在化学脱稳絮凝处理过程中，如果加入合适的药剂，还可以在固液分离的同时把废钻井液中的有害成分转化为危害性小或者无害的物质，或减少其淋滤浸出率。

固液分离设备可装配成组合装置。美国Newpark公司研制的可移动式装置，具有方便、机动、灵活的特点，可适合于不同类型的废物处理，并使处理后的液相达到规定的标准。我国也开发出了适合于国内油田废钻井液处理的化学强化固液分离技术及处理系统，并进行了现场试验。采用两次处理工艺流程处理废钻井液，即第一级初步絮凝处理，强化离心分离，使大部分固相去除，然后对脱出的废液进行第二级絮凝处理后达到排放要求。

六、注入安全地层或环形空间

注入地层法是通过井眼将废弃钻井液注入地层或保留在井眼环空中。注入层一般要求地层渗透性较差，压力梯度较低，且上下盖层必须强度高、致密。为了防止地下水和油层被污染，选择合适的安全地层极为关键。该方法在美国近岸及北海布伦特地区曾广泛应用。注入安全地层对地层条件的选择有严格的要求，且并不能彻底消除废弃钻井液的环境危害，对地下水和油层依然存在污染隐患，同时浪费了大量宝贵的矿物油资源。

第二节 废弃油基钻井液的处理方法

一、热蒸馏法

热蒸馏法是一种比较成熟的、具有普遍适用性的能够大规模处理废弃油基钻井液的方法，在世界很多国家都得到应用，这种方法将废弃油基钻井液加入密闭减压系统中，然后对其加热，使油基钻井液和钻屑中的烃类成分挥发，对挥发的烃类进行冷凝回收，回收的油可以重新用作油基钻井液的基油，也可用作燃料或其他用途，固体残渣固化后可用于铺路、建筑等。废弃油基钻井液经热蒸馏处理后，基油没有被破坏，也没有生成有害副产物，固相残渣中的石油烃含量小于3000mg/kg。热蒸馏法是现阶段唯一能实现规模化、商业化处理废弃油基钻井液的方法，且其油的回收率高，但该方法存在能耗高、不安全、小型处理不经济的问题。

二、溶剂萃取法

溶剂萃取法是以己烷、氯代烃或乙酸乙酯等低沸点有机溶剂作为萃取剂，将废弃油基钻井液中的油类溶解萃取出来，萃取液可经闪蒸蒸出溶剂从而得到回收油，而闪蒸出的有机溶剂则可以循环使用。萃取法简单易行，但溶剂挥发性大，存在安全风险，成本也较高。

三、化学破乳法

化学破乳法是在废弃油基钻井液中加入破乳剂及絮凝剂等化学药剂，从而破坏体系稳定性，使其中的油凝聚并析出，回收利用。经过破乳、絮凝，废弃油基钻井液分为油、水、废渣三相，其中油可以回收作为基油或燃料，水经过处理或排放或循环使用，废渣经过无害化处理后可用作建筑材料。目前，国内对化学破乳法的研究较为广泛。采用加入除油剂的方法，使废弃油基钻井液破乳，自然沉降除油，除油率可达到55.1%。该方法虽然除油率不高，但除油剂可重复使用，降低了处理成本。利用超声波能够强化破乳剂作用的特点，将超声和化学药剂结合使用，其除油率可达到77%以上。

化学破乳法处理废弃油基钻井液设备简单，能耗低，处理后的油、水、固三相均可实现资源化而重新利用，但使用的药剂针对性强，一般不具有普遍适用性。

四、焚烧法

焚烧法是高温分解和深度氧化的综合过程，仅适用于废油基钻井液。利用焚烧法，可使可燃烧固体废物氧化分解，从而减少容积，去除毒性，回收能量及副产品。但费用高，很少使用。

五、超临界流体提取技术

超临界流体在临界点附近时，物质的液相和气相融合，使其既具有气相的扩散能力和黏性又具有液相的密度，这些性质有利于废液中的可溶组分从固相溶解到超临界流体中。当超临界流体与废弃油基钻井液混合时，钻井液中的油被萃取到溶剂中，形成的混合物经过减压又重新分离，溶剂和萃取出的油均可回收利用。超临界流体萃取具有效率高、回收油类能重复利用的优点，但现阶段依然存在着一些问题，如能进一步以更经济和更高效的方法达到高萃取效率，减少设备堵塞和固体携带量，将会得到更广泛的应用。

第三节　其他方法

一、微生物降解法

微生物降解法是利用微生物将废弃钻井液中长链烃类物质或有机高分子降解成为环境可接受的低分子或气体（如 CO_2），影响微生物降解的主要因素包括温度、溶解氧、pH 值、氮及微生物活性等，但关键的因素是碳氢化合物的生物降解能力。微生物降解法对油类的去除率较高，工艺简单，无二次污染，该技术需要根据废钻井液性能，有针对性的进行实验选菌，以缩短处理周期，提高这项技术的现场普适性。

二、闭合回路系统

在环境敏感的地区，要求废物钻井液不外排或减少排放。闭合回路系统是为了防止废钻井液的外排，并循环使用，可以避免把废钻井液运到制定地点集中处理，甚至可以不需要钻井液池，可减少废钻井液和处置成本费用。这种方法可用于陆上、内陆、海上油田，适应于水基和油基钻井液体系。

闭合回路系统主要的组成单元为：絮凝单元、脱水单元、水控单元和固控单元，如图 11-1 所示。

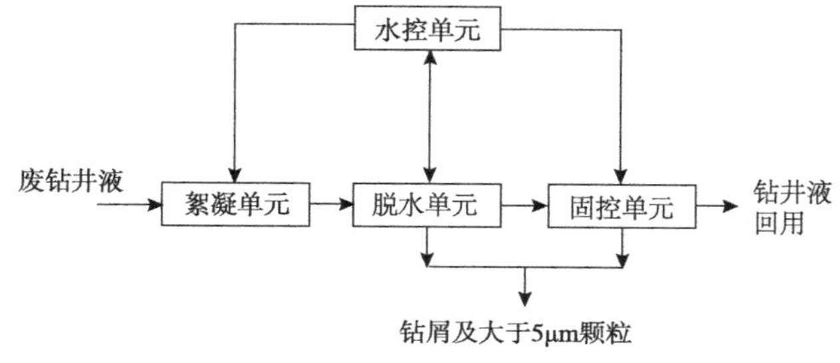

图 11-1　闭合回路系统示意图

闭合回路系统的特点：

（1）充分发挥了固控系统的作用，改善了钻井液的质量，降低了成本；

（2）优良的固液分离脱水单元，提高了固控效率；

（3）在絮凝剂的作用下，5μm左右的颗粒可通过离心分离，提高钻井液净化率；

（4）严格的水管理体系，减少了废物体积。

在高效率的闭合回路系统中，没有液体外排，脱出的固相很干，含水率低，可填埋、土地耕作、铺路。

第十二章 钻井液常用计算

本章给出了与钻井液相关的一些常用计算，包括容积和体积计算、钻井液流量和流速计算、钻井液组分计算以及钻井液配制和维护处理及处理复杂情况的计算等。

第一节 容积、体积计算

一、井眼内钻井液的容量

井眼实际上是个不规则的圆柱体，可近似按规则圆柱体进行计算，计算公式有两种。

1. 理论公式

$$V = \frac{\pi}{4}D^2 H \tag{12-1}$$

式中 V——井眼容积，m^3；

D——井眼直径，m；

H——井深，m；

π——圆周率，3.14。

若井眼较规则，钻头直径即为井眼直径。若井眼很不规则，全井可分成若干段以平均井径进行计算。公式如下：

$$V = \frac{\pi}{4}(D_1^2 H_1 + D_2^2 H_2 + D_3^2 H_3 + \cdots\cdots + D_n^2 H_n) \tag{12-2}$$

2. 井眼公式

$$V = \frac{D^2 H}{2000} \tag{12-3}$$

式中 V——井眼容积，m^3；

H——井深，m；

D——井眼直径（通常用钻头直径，单位是 in，计算时可把钻头直径的零数化为整数，如 $9\frac{3}{4}$in 取 10in，$11\frac{3}{4}$in 取 12in 等）；

2000——换算系数。

在计算井内实际钻井液量时，当钻具在井内，则应减去钻具的体积，各种钻铤钻杆的直径和壁厚不同，每 100m 长度所占的体积也不同。

二、地面罐容量计算

$$长方体容量 = 长 \times 宽 \times 高$$

三、钻井液总量计算

$$钻井液总量 = 井内钻井液量 + 地面循环系统钻井液量$$

四、四棱台体（池）容积计算

$$V = \frac{1}{3}(S_{上} + S_{下} + \sqrt{S_{上} + S_{下}}) \times H \tag{12-4}$$

式中 V——体积，m^3；

$S_{上}$、$S_{下}$——上底面积和下底面积，m^2；

H——高度，m。

第二节 钻井液流量、流速计算

一、钻井液在环空中的上返速度计算

$$钻井液上返速度 = \frac{单位时间内的钻井液排量}{钻井液所通过的横断面积} \tag{12-5}$$

设 v——钻井液在环形空间中的上返速度，m/s；

Q——钻井液的实际排量，L/s；

D——井眼直径，cm；

d——钻具外径，cm。

钻井液所通过的环形空间的横断面积为，

$$A = \frac{\pi}{4}(D^2 - d^2) \tag{12-6}$$

于是，计算公式可写成：

$$v = \frac{Q}{A} = \frac{Q}{\frac{\pi}{4}(D^2 - d^2)} \tag{12-7}$$

但是这个公式里的单位，计算结果不是 m/s，故要换算单位。因为排量（Q）的单位是 L/s，要换成 m^3/s，则需除以 1000；环形空间的面积单位是 cm^2，要换算成 m^2，则需除以 10000，代入上式可写成式（12-8），所得结果是一近似值。

$$v = \frac{Q}{\frac{\pi}{4}(D^2 - d^2)} = \frac{\frac{Q}{1000}}{\frac{\frac{\pi}{4}(D^2 - d^2)}{10000}} = \frac{Q}{1000} \times \frac{4 \times 10000}{\pi(D^2 - d^2)} = \frac{40Q}{3.14(D^2 - d^2)} = \frac{12.7Q}{D^2 - d^2} \tag{12-8}$$

所以，钻井液上返速度（单位：m/s）的计算公式为：

$$v = \frac{12.7Q}{D^2 - d^2} \tag{12-9}$$

二、钻井液循环一周所需时间的计算

1. 计算法

$$T = \frac{V}{60Q} \tag{12-10}$$

式中　T——钻井液循环一周所需要的时间，min；

V——参加循环的钻井液总体积，L；

Q——钻井液的排量，L/s。

计算时井内钻井液体积不包括钻具体积。

2. 实测法

$$T = T_{物} + T_{地} \text{ 或 } T = T_{物} + \frac{V_{地}}{60Q} \tag{12-11}$$

式中　T——钻井液循环一周所需要的时间，min；

$T_{物}$——地质人员测得玻璃纸或塑料片从井口投入到返至振动筛所需要的时间，min；

$T_{地}$——钻井液在地面循环时间，min，可用式（12-12）求出：

$$T_{地} = \frac{V_{地}}{60Q} \tag{12-12}$$

式中　Q——钻井液的排量，L/s。

$V_{地}$——地面循环系统钻井液的体积，L。

三、油气上窜速度的计算

设油气层深度为 H_1，当起钻后油气开始上窜，设上窜的高度为 H_2，静止时间为 T_2。因此，油气上窜速度的计算公式为：

$$v = \frac{H_2}{T_2}$$

由图 12-1 中可以看出，h 是未被油气侵入的井眼深度，则 $H_2 = H_1 - h$。当下钻后开泵循环钻井液，油气开始被带出，经过时间 T_1 后在井口见到油气显示。设此时的排量为 Q，则排出的钻井液总量为 $Q \times T_1$，并且钻具外每米容积为 V_c，则未被油气侵入的深度 h 可用式（12-13）计算：

$$h = \frac{Q \times T_1}{V_c} \tag{12-13}$$

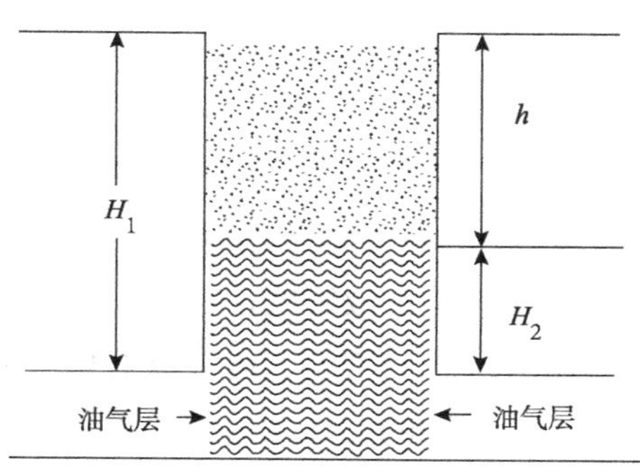

图 12-1　油气上窜示意图

所以，油气上窜速度为：

$$v = \frac{H_2}{T_2} = \frac{H_1 - h}{T_2} = \frac{H_1 - \dfrac{Q \times T_1}{V_C}}{T_2} \tag{12-14}$$

式中 v——油气上窜速度，m/h；

H_1——油气层深度，m；

Q——排量，L/min；

V_C——钻具外每米环形空间的容积，L/m；

T_1——开泵循环至见油气显示的时间，min；

T_2——静止时间，即上次起钻静止至本次下钻开泵的时间，h。

V_C 可通过下式计算求得：

$$V_C = \frac{\pi}{4}(D^2 - d^2) \times 10 \tag{12-15}$$

式中 D——钻头直径，dm；

d——钻具外径，dm；

其中，1m 为 10dm。

第三节 钻井液组分计算

一、淡水钻井液固相含量计算

1. 总固相含量 V_s

$$V_s = 100 - (V_w + V_o) \tag{12-16}$$

式中 V_s——淡水钻井液中总固相体积含量（包括黏土、钻屑等低密度固相和多数情况下为加重材料等高密度固相），%；

V_o——由固相含量测定仪测得的钻井液中油的体积含量，%；

V_w——由固相含量测定仪测得的钻井液中水的体积含量，%。

2. 钻井液中固相的平均密度 ρ_s

$$\rho_s = \frac{100\rho_m - (V_w\rho_w + V_o\rho_o)}{V_s} \tag{12-17}$$

式中 ρ_s——钻井液中固相的平均密度，g/cm³；

ρ_m——钻井液密度，g/cm³；

ρ_w——水的密度，通常取 1.0g/cm³；

ρ_o——油的密度，通常取 0.84g/cm³。

3. 钻井液中低密度固相（包括黏土和钻屑）的体积含量 V_{lg}

$$V_{lg} = V_s \times \frac{\rho_{wm} - \rho_s}{\rho_{wm} - \rho_{lg}} \tag{12-18}$$

式中　V_{lg}——钻井液中低密度固相（包括黏土和钻屑）的体积含量，%；

ρ_{wm}——加重材料的密度，g/cm^3；

ρ_s——钻井液中固相的平均密度，g/cm^3；

ρ_{lg}——低密度固相的密度（可实测求得或设 $\rho_{lg}=2.60g/cm^3$），g/cm^3。

4. 钻井液中加重材料的体积含量 V_{wm}

$$V_{wm} = V_s - V_{lg} \tag{12-19}$$

$$V_{wm} = V_s \times \frac{\rho_s - \rho_{lg}}{\rho_{wm} - \rho_{lg}} \tag{12-20}$$

5. 钻井液中低密度固相的重量含量 W_{lg}（kg/cm^3）

$$W_{lg} = 10(V_{lg} \times \rho_{lg}) \tag{12-21}$$

6. 钻井液中加重材料的重量含量 W_{wm}（kg/cm^3）

$$W_{wm} = 10(V_{wm} \times \rho_{wm}) \tag{12-22}$$

二、盐水钻井液的固相和液相含量的计算

1. 盐水钻井液滤液的密度 ρ_{wc}

$$\rho_{wc} = 1 + 0.00000109 \times C_{Cl} \tag{12-23}$$

式中　ρ_{wc}——盐水钻井液滤液（液相）的密度，g/cm^3；

C_{Cl}——钻井液滤液分析得出的钻井液中 Cl^- 的浓度，mg/L。

2. 盐水钻井液中修正了的总固相体积含量 V_{sc}

$$V_{sc} = V_s - V_w\left(\frac{C_{Cl}}{1680000 - 1.21 \times C_{Cl}}\right) \tag{12-24}$$

式中　V_{sc}——含盐钻井液中修正了的总固相体积含量（减去了盐的体积），%；

V_s——固相含量测定仪测出的总固相体积含量，%；

V_w——固相含量测定仪测出的水的体积含量，%。

3. 盐水钻井液中低密度固相体积含量 V_{LG}

$$V_{lg} = \frac{1}{\rho_{wm} - \rho_{LG}}[100\rho_{wc} + V_{sc}(\rho_{wm} - \rho_{wc}) - 100\rho_m - V_o(\rho_{wc} - \rho_o)] \tag{12-25}$$

式中　V_{lg}——盐水钻井液中低密度固相体积含量，%；

ρ_{wm}——加重材料密度，g/cm^3；

ρ_{LG}——低密度固相密度，g/cm^3；

V_{sc}——盐水钻井液中修正了的总固相体积含量，%；

ρ_m——盐水钻井液的密度，g/cm^3；

V_o——固相含量测定仪测出的油的体积含量,%;

ρ_o——油的密度, g/cm^3。

4. 盐水钻井液中加重材料的体积含量 V_{wm}

$$V_{wm} = V_{sc} - V_{lg} \tag{12-26}$$

式中 V_{wm}——盐水钻井液中加重材料的体积含量,%。

5. 盐水钻井液中低密度固相重量含量 W_{lg} (kg/m^3)

$$W_{lg} = 10(V_{lg} \times \rho_{lg}) \tag{12-27}$$

6. 盐水钻井液中加重材料的重量含量 W_{wm} (kg/m^3)

$$W_{wm} = 10(V_{wm} \times \rho_{wm}) \tag{12-28}$$

第四节 钻井液配制和维护处理的有关计算

一、配制定量定密度的钻井液所需土量的计算

$$W_B = V_M D_B (D_M - D_W)/(D_B - D_W) \tag{12-29}$$

式中 W_B——所需的膨润土量, t;

V_M——欲配钻井液的体积, m^3;

D_B——膨润土密度, g/cm^3;

D_M——欲配钻井液的密度 g/cm^3;

D_W——用水的密度 g/cm^3。

二、配制定量定密度钻井液所需的水量的计算

$$V_W = V_M - V_B = V_M - (W_B/D_B) \tag{12-30}$$

式中 V_W——所需水的体积, m^3;

V_M——欲配钻井液的体积, m^3;

V_B——所需膨润土的体积, m^3;

W_B——所需的膨润土量, t;

D_B——膨润土密度, g/cm^3。

三、钻井液提高密度和降低密度计算

1. 加重剂用量计算

$$W_b = VD_b(D - D_o)/(D_b - D) \tag{12-31}$$

式中 W_b——所需加重材料数量, t;

D_b——加重材料密度, g/cm^3;

V——加重前钻井液体积, m^3;

D——加重后钻井液密度，g/cm³；

D_o——加重前钻井液密度，g/cm³。

2. 降低密度所需水或油的数量计算

$$V = V_M(D_O - D)/(D - D_L) \tag{12-32}$$

式中　V——降低钻井液密度所需水或油的体积，m³；

V_M——降低密度前钻井液体积，m³；

D_O——降低密度前钻井液密度，g/cm³；

D——降低密度后钻井液密度，g/cm³；

D_L——所用水或油的密度，g/cm³。

3. 混浆后钻井液的密度变化计算

$$D = (V_1D_1 + V_2D_2)/(V_1 - V_2) \tag{12-33}$$

式中　V_1——1 号罐钻井液体积，m³；

D_1——1 号罐钻井液密度，g/cm³；

V_2——2 号罐钻井液体积，m³；

D_2——2 号罐钻井液密度，g/cm³；

D——混浆后钻井液 g/cm³。

四、常用处理剂的配制计算

1. 单一溶质溶液

如烧碱水、重铬酸钠溶液、Na-CMC 溶液等。计算公式为：

$$配液浓度 = \frac{溶质质量(g、kg、t)}{配液体积(mL、L、m^3)} \tag{12-34}$$

计算时要注意使溶质质量的单位与配液体积的单位相互对应。

2. 两种溶质溶液

如铁铬盐碱液、单宁碱液、栲胶碱液等。计算公式为：

$$配液浓度 = \frac{两种溶质质量之和(g、kg、t)}{溶液体积(mL、L、m^3)} \tag{12-35}$$

五、钻井液中处理剂加量的计算

钻井液中加入处理剂的数量用液体处理剂的体积或固体处理剂的质量占钻井液总体积的百分数来表示。

$$处理剂的加量 = \frac{液体处理剂体积或固体处理剂质量}{钻井液体积} \times 100\% \tag{12-36}$$

在计算时要注意体积单位和质量单位相对应（mL—g，L—kg，m³—t）。

第五节　处理复杂情况的钻井液计算

一、油气井压力控制

1. 地层覆盖压力

$$p_0 = 0.1 \times H \cdot \rho_r (1 - \phi) + 0.1 H \cdot \rho_f \cdot \phi \tag{12-37}$$

式中　p_0——覆盖压力，kg/cm²；

H——地层垂直深度，m；

ρ_r——上覆岩层岩石密度，g/cm³；

ϕ——上覆岩层流体密度，g/cm³。

不同地区和构造的地层覆盖压力梯度范围是 0.173～0.300kg/（cm²·m），一般情况下在 0.231kg/（cm²·m）左右。

2. 地层孔隙压力

正常压力地层梯度范围为 0.100～0.107kg/（cm²·m）。

异常低压地层的梯度范围为 0.055～0.093kg/（cm²·m）。

异常高压地层的梯度范围为 0.107～0.231kg/（cm²·m）。

从工程的角度看，压力梯度高于 0.143kg/（cm²·m）就被认为是异常高压地层。某些地层其地质构造特点使其具有异常高压，其压力梯度可能超过 0.231kg/（cm²·m）。

3. 地层基岩应力

$$p_0 = \sigma + p_P \tag{12-38}$$

式中　p_0——上覆岩层覆盖压力，kg/cm²；

σ——地层基岩应力或地层岩石的颗粒应力，kg/cm²；

p_P——地层孔隙压力或地层压力，kg/cm²。

一般情况下，如覆盖压力相同的地层，其孔隙度越高，则地层基岩应力越低，地层孔隙压力越高。覆盖压力、地层基岩应力和地层孔隙压力随深度的变化和三者之间的关系见图 12-2。

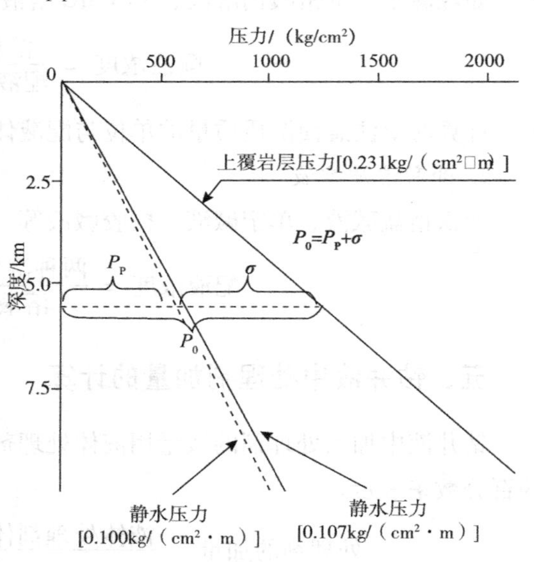

图 12-2　地下各种压力之间的关系

4. 钻井液静液柱压力的计算

$$p_H = \sigma \times H/10 \tag{12-39}$$

式中　p_H——井中钻井液静液柱压力，kg/cm²；

ρ——钻井液密度，g/cm³；

H——垂直井深，m。

5. 关井钻杆压力计算

$$p_P = p_{DS} + \rho \times H/10 \tag{12-40}$$

式中　p_P——地层压力，kg/cm²；

p_{DS}——关井钻杆压力，kg/cm²；

ρ——钻井液密度，g/cm³；

H——垂直井深，m。

6. 关井套管压力

$$p_P = p_{CS} + [\rho(H - h) + \rho_{gc} \times h]/10 \tag{12-41}$$

式中　p_P——地层压力，kg/cm²；

p_{CS}——关井套压，kg/cm²；

H——垂直井深，m；

ρ——钻井液密度，g/cm³；

h——环空中钻井液气侵段垂直长度，m；

ρ_{gc}——气侵段钻井液密度，g/cm³。

如环空中钻井液未受气侵，此时 $h=0$ 时

$$p_P = p_{CS} + \rho \times H/10 \tag{12-42}$$

7. 井底压力及其变化

钻具下放：

$$p_B = p_H + p_{AL} + p_{SG} \tag{12-43}$$

钻具上提：

$$p_B = p_H + p_{AL} - p_{SW} \tag{12-44}$$

各种不同作业条件下作用在井底的压力可表示为：

①钻井液静止未循环，钻具不动时：

$$p_B = p_H \tag{12-45}$$

②钻井液静止未循环，钻具上提时：

$$p_B = p_H - p_{SW} \tag{12-46}$$

③钻井液静止未循环，钻具下放时：

$$p_B = p_H + p_{SG} \tag{12-47}$$

④钻具不动，开泵时：

$$p_B = p_H + p_{SP} \tag{12-48}$$

⑤钻具不动，钻井液循环时：

$$p_B = p_H + p_{AL} \tag{12-49}$$

⑥钻井液循环，钻具上提时：

$$p_B = p_H + p_{AL} - p_{SW} \tag{12-50}$$

⑦钻井液循环，钻具下放时：

$$p_B = p_H + p_{AL} + p_{SG} \tag{12-51}$$

式中 p_B——井底压力；

p_H——钻井液静液柱压力；

p_{AL}——循环压力损失；

p_{SW}——钻具上提造成的抽吸压力激动；

p_{SG}——钻具下放造成的挤压压力激动；

p_{SP}——开泵压力激动。

8. 计算压井钻井液密度

$$\rho_W = \rho + 10 \times p_{DS}/H + \rho_{sf} \tag{12-52}$$

式中 ρ_W——压井用钻井液密度，g/cm³；

ρ——井中钻井液密度，g/cm³；

p_{DS}——关井钻杆压力，kg/cm²；

H——垂直井深，m；

ρ_{sf}——钻井液密度安全系数，g/cm³。

一般油层取0.05～0.10g/cm³，气层取0.07～0.15g/cm³，根据具体情况确定。

9. 判断侵入井中的地层流体的类型

$$\rho_{if} = \rho - \frac{(p_{DS} - p_{CS}) \times 10}{h} + \rho_{sf} \tag{12-53}$$

式中 ρ_{if}——侵入井中的地层流体密度，g/cm³；

ρ——原钻井液密度，g/cm³；

p_{DS}——关井钻杆压力，kg/cm²；

p_{CS}——关井套管压力，kg/cm²；

h——地层流体侵入段长度，m。

根据算出的地层流体密度 ρ_{if} 值，可以判断侵入井中地层流体的类型：ρ_{if} = 1.08～1.20g/cm³ 为盐水；ρ_{if} = 0.12～0.36g/cm³ 为天然气；ρ_{if} 值介于上述二数值范围之间为含气原油。

10. 确定压井初始循环压力

压井时初始循环压力等于平时记录的压耗排量下的循环压力与关井钻杆压力之和，即：

$$p_{IC} = p_C + p_{DS} \tag{12-54}$$

式中 p_{IC}——压井时初始循环压力，kg/cm²；

p_C——平时记录的压井排量下的循环压力，kg/cm²；

p_{DS}——关井钻杆压力，kg/cm²。

11. 计算压井终了循环压力

$$p_{FC} = p_C \times \rho_W / \rho \tag{12-55}$$

式中　p_{FC}——压井时终了循环压力，kg/cm^2；

p_C——平时记录的压井排量下的循环压力，kg/cm^2；

ρ_W——压井用加重后的钻井液密度，g/cm^3；

ρ——原钻井液密度，g/cm^3。

12. 计算气体体积随压力的变化

$$p_1V_1 = p_2V_2 \tag{12-56}$$

式中　p_1——井深某处的井内压力；

V_1——气体在此深度的体积；

p_2——另一井深处的井内压力；

V_2——另一井深处的气体体积。

13. 气侵后井底压力降低值

$$\Delta p_{gc} = 2.3n \times \lg p_i \tag{12-57}$$

$$\Delta p_{gc} = -\frac{\Delta V \cdot \rho}{10 \times S_A} \tag{12-58}$$

式中　Δp_{gc}——钻井液气侵造成的井底压力降低值，kg/cm^2；

p_i——气侵前井底压力，kg/cm^2；

n——气侵钻井液到达井口后气体与钻井液体积比，$n=(\rho-\rho_{gc})/\rho_{gc}$；$\rho$ 为原钻井液密度，ρ_{gc} 为气侵钻井液密度；

ρ——钻井液密度，g/cm^3。

二、井漏

1. 诱发裂缝开始漏失钻井液的密度计算

$$\rho_{fr} = \rho + 10p_L/H \tag{12-59}$$

式中　ρ_{fr}——压裂地层的钻井液密度，g/cm^3；

ρ——井中使用的钻井液密度，g/cm^3；

p_L——地层压裂试验中开始井漏的压力，kg/cm^2；

H——地层的垂直井深，m。

2. 钻井液静液柱压力

$$p = \rho \times H/10 \tag{12-60}$$

式中　p——井中钻井液静液柱压力，kg/cm^2；

ρ——井中使用的钻井液密度，g/cm^3；

H——地层的垂直井深，m。

三、卡钻

1. 钻具与井壁之间的摩擦力

$$F = \mu A(p_h - p_p) \tag{12-61}$$

$$\rho p_h = 0.1\rho H \tag{12-62}$$

$$F = \mu A(0.1\rho H - p_p) \tag{12-63}$$

式中 F——钻具与井壁之间的摩擦力或黏附力，kgf；

μ——钻具与井壁之间的摩擦系数，无因次；

A——钻具与井壁之间的接触面积，cm^2；

p_h——钻井液静液柱压力，kg/cm^2；

ρ——钻井液密度，g/cm^3；

H——卡点深度，m；

p_p——地层压力，kg/cm^2。

2. 卡点深度计算

①同一尺寸钻具卡点深度的计算

$$L = \frac{EA_P\Delta L}{10^3 F} \tag{12-64}$$

式中 L——卡点以上钻杆长度，m

ΔL——钻具多次提升的平均伸长量，cm；

E——钢材弹性摸量，$E = 2.06 \times 10^5$MPa；

F——钻具连续提升时超过钻具原悬重的平均静拉力，kN；

A_P——钻杆管体截面积，cm^2。

②符合钻具卡点深度的计算

$$\Delta L_1 = \frac{10^3 FL_1}{EA_{p1}} \tag{12-65}$$

$$\Delta L_2 = \frac{10^3 FL_2}{EA_{p2}} \tag{12-66}$$

$$\Delta L_3 = \frac{10^3 FL_3}{EA_{p3}} \tag{12-67}$$

位置：a. 计算 ΔL_3，$\Delta L_3 = \Delta L$（$\Delta L_1 + \Delta L_2$）

b. 计算 L_3'，$L_3' = EA_{p3}\Delta L_3/$（$10^3 F$）

c. 计算卡点位置：$L = L_1 + L_2 + L_3'$

式中 L——卡点位置，m；

F——上提拉力，kN；

E——钢材弹性模量，$E = 2.06 \times 10^5$MPa；

L_1、L_2、L_3——自上而下三种钻具的各自长度，m；

ΔL——钻具总伸长，cm；

ΔL_1、ΔL_2、ΔL_3——自上而下三种钻具的各自伸长，m；

A_{p1}、A_{p2}、A_{p3}——自上而下三种钻具的横截面积，cm^2；

L_3'——第三段钻具没卡部分的长度，m。

3. 浸泡液量的计算

$$V_o = K_{hD} \times 0.785(d_b^2 - d_p^2)H_1 + 0.785d_{pi}^2H_2 \tag{12-68}$$

式中　V_o——浸泡液量，m^3；

K_{hD}——井径附加系数，取1.2~1.5；

d_b——钻头直径，m；

d_p——钻杆直径，m；

d_{pi}——钻杆内径，m；

H_1——环空浸泡高度，m；

H_2——钻杆内浸泡液预留高度，m。

4. 钻杆允许扭转圈数计算

①不考虑钻杆轴向拉力作用。

$$N = KH \tag{12-69}$$

$$K = \frac{10^2\sigma_s}{2\pi GSd_p} \tag{12-70}$$

式中　N——允许扭转圈数，圈；

K——扭转系数，圈/m；

H——卡点深度，m；

σ_s——钻杆钢材屈服强度，MPa；

G——钢材剪切弹性模量，7.854×10^4MPa；

S——安全系数，取1.5；

d_p——钻杆外径，cm。

不考虑轴向拉力作用时，API钻杆扭转系数见表12-1。

表12-1　不考虑轴向拉力API钻杆扭转系数K

钻杆外径		扭转系数K/（圈/m）				
in	mm	S-135	G-105	X-95	E-75	D-55
2¾	60.3	0.020869	0.016231	0.014685	0.011594	0.008502
2⅞	73.0	0.017239	0.013408	0.012131	0.009577	0.007023
3⅓	88.9	0.014161	0.011014	0.009965	0.007867	0.005769
4	101.6	0.01239	0.009637	0.008719	0.006884	0.005048
4¼	114.3	0.011014	0.008566	0.007751	0.006119	0.004487
5	127.0	0.009913	0.007710	0.006975	0.005507	0.004038
5½	139.7	0.009011	0.007009	0.006341	0.005006	0.003671
6⅝	168.3	0.007481	0.005819	0.005265	0.004156	0.003048

注：各钢级钻杆钢材屈服强度如下：S-135，σ_s=930.78MPa；G-105，σ_s=723.95MPa；X-95，σ_s=655.00MPa；E-75，σ_s=517.11MPa；D-55，σ_s=379.21MPa。

②考虑钻杆轴向拉力作用（单一钻柱）。

$$N = \frac{Q_t \cdot H}{2\pi G \cdot J} \times 10^5 \qquad (12-71)$$

$$Q_t = 0.01154J[(100\sigma/1.5)^2 - (P/A_p)^2]^{0.5}/d_p \qquad (12-72)$$

$$J = \frac{\pi}{32} \times (d_p^4 - d_{pi}^4) \qquad (12-73)$$

式中 N——钻杆允许扭转圈数，圈；

Q_t——钻杆允许倒扣扭矩，Nm；

J——钻杆极惯性矩，cm^4；

H——卡点深度，m；

d_p——钻杆外径，cm；

d_{pi}——钻杆内径，cm；

σ——钻杆最小屈服强度，MPa；

P——钻杆串浮重，kN；

A_p——钻杆本体横截面积，cm^2；

G——钻杆钢材剪切弹性模量，7.854×10^4MPa。

③考虑轴向拉力作用（复合钻杆）。

$$Q_{ti} = 0.01154J_i[(100\sigma/1.5)^2 - (P_i/A_i)^2]^{0.5}/d_{oi} \qquad (12-74)$$

$$N = \frac{Q_{tmin} \cdot L_i}{2\pi G_i \cdot J_i} \times 10^5 \qquad (12-75)$$

$$J_i = \frac{\pi}{32} \times (d_{oi}^4 - d_{ii}^4) \qquad (12-76)$$

式中 Q_{ti}——第 i 段钻杆允许倒扣扭矩，N·m；

Q_{tmin}——各段钻杆允许倒扣扭矩 Q_{ti}的最小扭矩，Nm；

J_i——第 i 段钻杆极惯性矩，cm^4；

d_{oi}——第 i 段钻杆外径，cm；

d_{ii}——第 i 段钻杆内径，cm；

σ_i——第 i 段钻杆最小屈服强度，MPa；

P_i——第 i 段钻杆顶部所受拉力，kN；

A_i——第 i 段钻杆本体横截面积，cm^2；

N_i——第 i 段钻杆允许扭转圈数，圈；

L_i——第 i 段钻杆长度，m；

G_i——第 i 段钻杆剪切弹性模量，钢材为 7.854×10^4MPa。

5. 钻杆伸长量计算

$$\Delta L = K_c \cdot \frac{10P \cdot L}{E \cdot A} \qquad (12-77)$$

式中　ΔL——钻杆伸长量，m；

K_c——接头拉伸系数，0.85～0.90；

P——作用于钻杆的外拉力，kN；

L——钻杆长度，m；

E——钢材弹性模量，2.1×10^5MPa。

A——钻杆截面积，m^2。

第十三章　国外钻井液技术进展

随着石油钻探向深井、超深井、特殊工艺井，以及海上深水钻探的发展，对钻井液的要求越来越高。针对需要，国外围绕复杂条件的钻探、油气层保护、环境保护，以及提高油气勘探开发综合效益等的需要，在新型钻井液方面开展了大量的研究和应用工作，推广应用了环保型钻井液、抗高温钻井液、高性能防塌钻井液、无黏土相钻井液、抗高温钻井液和微泡钻井液等水基钻井液体系，以及低毒油基钻井液、逆乳化钻井液和具有恒流变性特征的合成基钻井液等新体系。这些体系在很大程度上体现出当今钻井液技术发展的方向，为钻井液技术的进步奠定了良好的基础。为便于了解国外钻井液技术进展，本章就国外典型的钻井液研究与应用情况进行简要介绍。

第一节　水基钻井液

水基钻井液是应用最普遍的钻井液体系，由于配制与维护处理简单，涉及到的环境保护问题较少，与油基和合成基钻井液相比，其成本低廉，出现井漏时处理相对容易，水基钻井液几乎不溶解天然气，对发现气侵、及时井控和发现油气层有利，且水基钻井液对于固井和复杂情况下的注水泥作业兼容性好，因此，能够满足井底温度和压力要求的抗高温钻井液，以及能够满足环保要求的水基钻井液是今后研究应用的重点。

一、环保型水基钻井液

针对环境保护的要求，围绕降低钻井液的毒性，减少钻井液的污染，在环保水基钻井液方面开展了一系列研究。如，由膨润土、纤维素增黏剂、合成聚合物高温降黏剂、高温解絮凝剂、盐（NaCl）或海水（Cl^-）等组成的无毒水基钻井液体系（EHT 体系）（表 13-1）。该体系在起下钻期间经受井底高温后仍能具有足够的悬浮和携屑能力，在整个温度变化过程中保证恒定的钻井液流变性，且钻井液抑制钻屑水化分散能力强。该体系成功应用于陆上和海上钻井，井底温度最高达到 215.5℃，钻井液密度 1.86g/cm^3，钻井液流变性稳定。

表 13-1　EHT 钻井液配方

材料	用量	功能
膨润土、优选 API 未材料膨润土	8.57～34.29kg/m^3	主要：悬浮能力，次要：携带能力
纤维素增黏剂	2.86～8.57kg/m^3	主要：携带能力，次要：悬浮能力
盐（NaCl）或海水	3000～30000mg/L	控制高温诱发的井下分散
合成聚合物高温降黏剂	5.71～17.14kg/m^3	与膨润土一起使用，控制滤失量
纯碱	pH 值在 9.5～11.0	碱度控制
高解絮凝剂（可选用）	按需加入，0～1.43kg/m^3	维持起下钻期间钻井液性能均匀
消泡剂（可选用）	按需加入	消除表面气泡

一种新型环保抗高温水基钻井液，该体系以两种新型的聚合物为主剂，这种新型合成基聚合物是用丙烯酰胺、磺酸盐单体和交联单体共聚合成的一种新型交联聚合物，与非交联直链聚合物相比，它在含水溶液中保留了较为致密的球形结构，交联聚合物的独特结构增大了其内在水解稳定性，且抗剪切能力强，改进了水基钻井液的流动特性和降滤失特性。采用这两种新型的聚合物，辅以 pH 调节剂、加重剂和黏土组成的新型钻井液体系具有良好的抗污染性能，对 Ca^{2+}、Mg^{2+} 和一般的固态污染物均具有极强的抵抗能力，由于该体系不含金属铬以及其他具有环境毒性的物质，对环境友好，其耐温可达 232℃，符合环保要求。

聚合醇钻井液是一种以聚合醇为主抑制剂配制而成的环保型水基钻井液体系，不但具有油基钻井液的优点，而且不存在环境污染和干扰地质录井问题。聚合醇包括聚乙二醇（聚丙烯乙二醇）、聚丙二醇、乙二醇/丙二醇共聚物聚丙三醇或聚乙烯乙二醇等，是一种非离子表面活性剂，溶于水，但其溶解度随温度升高而下降，达到某个温度之后聚合醇溶液就会形成浊状的微乳液（聚合醇部分析出），当温度降低时聚合醇又完全溶解。聚合醇发挥作用的关键是浊点，浊点与聚合醇化学组成有关，并随其加量及钻井液含盐量的增加而下降。因而可以通过选用不同种类的聚合醇、调整聚合醇加量和含盐量来改变浊点。利用聚合醇浊点效应，当钻井液的井底循环温度高于其浊点时，聚合醇发生相分离，不溶解的聚合醇封堵泥页岩的孔喉，阻止钻井液滤液进入地层，从而使钻井液与泥页岩隔离，起到稳定井壁的作用。此外，聚合醇通过在泥页岩表面产生强烈吸附（吸附量随温度升高而增加），形成一层类似油的憎水膜，不仅可以阻止泥页岩水化、膨胀与分散，且能够提高钻井液的润滑性。聚合醇钻井液毒性很低，有利于环保，国外已广泛用于海洋钻井。

二、抑制性钻井液

由水化抑制剂、分散抑制剂、防沉降剂、流变性控制剂和降滤失剂等组成的胺基抑制型钻井液，在墨西哥湾现场试验表明，钻井液的稳定性和流变性良好，没有出现钻头泥包等问题。其中，水化抑制剂（即 APE）是一种水解稳定性强，对海洋生物毒性低的水溶性胺化合物，具有 pH 值缓冲剂的作用；分散抑制剂系低分子质量的水溶性共聚物，具有良好的生物降解性，对海洋生物的毒性低；防沉降剂为可包被钻屑和吸附在金属表面的表面活性剂和润滑剂的复合物，可减少水化钻屑的凝聚及其在金属表面的黏结；流变性控制剂为黄原胶；降滤失剂为低黏的改性多糖聚合物，在高含盐量或高钻屑含量的钻井液中均可保持稳定。采用上述材料形成的典型体系组成为：0.1335m^3 水 +210.9kg/m^3 氯化钠 +29.92kg/m^3 水化抑制剂 +7.12kg/m^3 分散抑制剂 +5.7kg/m^3 降滤失剂 +3.56kg/m^3 增黏剂 +30.21kg/m^3 沉降抑制剂 +66.975kg/m^3 重晶石。

由膨润土、氢氧化钠、氯化钠、聚丙烯酰胺、羧甲基纤维素、改性淀粉、铝化物、封堵剂、胺酸络合物和快速钻井剂等组成的新型的高性能水基泥浆（HPWBM）是典型的防塌钻井液。该体系页岩稳定性好、对黏土和钻屑抑制性强、可减小钻头泥包、减少扭矩和摩阻，从而有利于提高机械钻速，高温稳定性好、可抑制天然气水合物的生成，减少储层伤害，且环境友好和配浆成本较低。现场应用表明，HPWBM 可以满足钻软泥页岩、硬脆性泥页岩、枯竭地层的要求，防塌性能类似于 OBM，都具有广阔的应用前景。

由 KCl、Na_2CO_3、常规 PAC、ULPAC、抗高温聚合物、XC、Na_2SiO_3、改性沥青、胺基高温牺牲剂、重晶石（体系的 pH 值为 11.3）组成的硅酸盐钻井液，也是一种重要的防塌钻井液体系，该体系在 160℃热滚 16h 后高温高压滤失量仅为 5mL，由于体系良好的包被性，在钻井的各个阶段都不会出现抑制性问题。同等条件下，硅酸盐钻井液能明显提高机械钻速。该体系的缺点是因为高固相含量且对钻屑的低容限，高密度硅酸盐钻井液滤失量控制困难。因此寻找廉价的、性能好的硅酸盐钻井液用抗高温降滤失剂、降黏剂，使其能在高密度的条件下有效降低钻井液滤失量、控制流变性非常关键。

三、无黏土相钻井液

采用无黏土盐水钻井液，可以消除人为加入的黏土矿物微粒造成的地层损害问题，有利于提高钻速，以盐类作为加重剂和抑制剂，可提高其防塌能力。由于无黏土相钻井液没有固相，钻井液在环空流动阻力小，且流变性、润滑性和抑制性好，比较适合于小井眼和多分支井的钻井液。由抗温达 200℃乙烯酰胺和磺化乙烯降滤失剂、改性黏土、具有不同颗粒大小分布的碳酸钙颗粒、硫化物抑制剂、水溶的缓蚀剂、亚硫酸钠、氧化镁、乙二醇等组成的无黏土高温钻井液水基钻井液体系，在 180~220℃下保持稳定。在 Kalinovac 和 Molve 气田的应用表明，该钻井液的表皮损害小，应用井的产能高，因此不需要实施额外的增产措施，从而降低了开发成本。由聚合物解絮凝剂、PAC、烧碱、重晶石等组成的高密度高温无黏土水基钻井液，所用处理剂种类少，配制和维护处理简单，在意大利 Po Valler Ticino 河国家公园的 Villafortuna/Trecate 油田成功应用，能够满足井底温度超过 170℃、井底压力超过 100MPa 的要求，也可以满足环保要求。

此外，由密度为 2.20g/m^3 的甲酸铯盐水、密度为 1.57g/m^3 的甲酸钾盐水与丙烯酰胺共聚物、改性淀粉、聚阴离子纤维素、不同粒径的碳酸钙等组成的高密度甲酸铯盐水钻井

液，也是一种性能优异的无黏土相钻井液，不仅可以简化操作过程，减少钻井液的浪费，而且可以消除流体不兼容的问题。应用表明，钻井液性能好，当量循环密度低，机械钻速高，井眼净化能力强，钻井扭矩和摩阻低，电测及完井作业顺利。

四、抗高温钻井液

抗高温水基钻井液的关键是钻井液处理剂，在处理剂研制的基础上，形成了一系列抗高温钻井液体系。由 Thermohumer 降滤失剂和 Huminsol 流变性稳定剂等组成的钙处理水基钻井液，可以用于温度大于 220℃ 的环境下，其密度可以达到 2.10g/cm^3 以上，该体系具有良好的抗污染能力，特别是抗碳酸盐污染能力，已成功的应用于多口井底温度 217～227℃ 的深井钻井中。由乙烯基酰胺-乙烯基磺酸共聚物、改性木质素磺酸盐、褐煤、磺化沥青、低相对分子质量聚合物、石灰、膨润土组成，用重晶石加重至要求密度，烧碱调节 pH 的抗高温石灰钻井液，成功应用于井深 5289m、井底温度 170℃ 的深井中，最高密度 2.22g/cm^3，在美国新奥尔良地区 Texas 海域野马岛 MUA110 ＃1 井应用，没有出现钻头泥包、卡钻等井下复杂情况。

采用合成多糖类聚合物降滤失剂、抗温达 260℃ 的低分子质量 SSMA 和合成聚合物 AT 解絮凝剂，抗温可达 315℃ 的低分子质量 AMPS/AM 共聚物降滤失剂、高分子质量的 AMPS/AAM 降滤失剂、增黏剂，改性褐煤聚合物 CTX 等组成的高温聚合物钻井液体系，在 Mississippi 州作为压井液成功压井，并在后续钻井施工的成功应用，该压井液体系具有良好的剪切稀释性和良好的抗温能力，可以满足 Mississippi 州 Smackover 地区的钻探工作。由耐热温度约 370℃ 无机聚合物增稠剂、耐温 250℃ 腐殖酸/丙烯酸接枝共聚物衍生物 G-500S 为主，与泥饼增强剂、高温降滤失剂、井壁稳定剂和高温润滑剂等组成的水基高温钻井液 G-500S 体系，在 240℃ 的高温下性能稳定。该体系在日本三岛井和新竹野町钻探的两口井应用，两口井的井深和井底温度分别为 6300m、225℃ 和 6310m、205℃，高温下泥浆的性能稳定。

使用一种微细的重晶石钻井体系（MBF）用于北海地区的一口高温、高压斜井的钻井，解决了加重材料的沉降问题，采用该体系在 215.9mm 井眼由 6354m 钻至 7327m，该井井斜达 42°，井底温度达 205℃，钻井液密度高达 2.15g/cm^3，使用 MBF 钻井液体系成功钻达目的层，虽然施工过程中发生两次卡钻事故导致侧钻，但施工处理期间，钻井液没有任何沉降发生，保证了工程的顺利实施。

由热稳定性高达 370℃ 的钠、锂、镁和氧组成的合成多层硅 SIV、聚合物抗絮凝剂、三元共聚物降失水剂、黏土等组成，用氯化钾、纯碱调节 pH，重晶石碳酸钙（细粒）加重的 SIV 钻井液体系，由于 SIV 剪切后黏度恢复快、包被能力强、抗高温能力强、对钻屑和岩心的损害小，故该体系在 233℃ 的温度下仍然保持良好的黏度，不发生高温絮凝等问题。现场应用表明，SIV 体系具有较好的悬浮稳定性、抗污染能力，高温高压流变性稳定，典型配方见表 13-2。

表 13-2 SIV 钻井液配方

材料	用量	材料	用量
淡水	150L	重晶石	281kg
SIV	1.35kg	碳酸钙（超细）	4.5kg
聚合物抗絮凝剂	1.35kg	三元共聚物降滤失剂	3.6kg
氯化钾	9.45kg	消泡剂	0.045kg
纯碱	0.45kg	黏土混杂物	4.5kg
亚硫酸钠（除氧剂）	0.95kg		

由能在固体颗粒表面吸附，与溶液中的聚合物形成微弱的网状结构离子型丙烯酸类聚合物、乙烯基磺酸盐共聚物和非离子型聚乙烯基吡咯烷酮（PVP）等聚合物为主，用粒径0.47～1.0um，表面积为2～4m^2/g四氧化锰作加重剂组成的钻井液，具有良好的剪切稀释性和悬浮稳定性，且流变性稳定。该水基钻井液配方已经用在温度高于180℃的油气田钻井中。

五、Aphrons钻井液

Aphrons钻井液（微泡钻井液）是针对开发枯竭地层的需要而研制的。Aphrons钻井液最主要的特性是流变性以及泡沫的存在，具有很高的剪切稀释性，表现出非常高的低剪切速率黏度以及低触变性。钻井液中的表面活性剂将混入的空气转化为非常稳定的泡沫，即Aphrons，空气混入可使用常规钻井液混和设备完成。与靠表面活性剂单分子层达到稳定效果的普通空气泡沫相比，Aphrons的外壳是由一种非常稳定的表面活性剂三层结构组成，内层为被黏性水层包裹着的表面活性剂薄膜，内层外是表面活性剂双层结构，该双层结构使Aphrons的这种结构具有稳定性和低渗透性，同时还具有一定的亲油性。

在美国南部地区，由于存在地层严重枯竭、井漏以及井壁失稳等问题，使用其他钻井液都未获得成功。改用Aphrons钻井液后，即使钻难度大的泥页岩地层都没有发生漏失，且稳定性良好。在北海等枯竭油层和低压地层应用证明，在易漏失和易发生压差卡钻的低压层和多压力层系中，微泡钻井液是最佳体系。微泡钻井液的特性能减轻钻井液侵入渗透性地层或微裂缝性地层。

第二节　油基和合成基钻井液

因油基钻井液在井眼净化、密度控制、井壁稳定、润滑防卡、抑制地层水敏膨胀及快速钻进等方面具有水基钻井液无法比拟的优势，已成为钻高难度的高温深井、海上钻井、大斜度定向井、水平井、各种复杂井段和储层保护的重要手段。国外油基钻井液体系起步较早，研究深入，应用面广，针对需要，形成了系列化的油基钻井液处理剂及钻井液体系。

一、全油基钻井液

全油基钻井液具有抗钻屑、抗水污染性能强、润滑性能好、抑制钻屑水化分散能力强及储层保护效果好等特点。与油包水乳化钻井液相比，全油基钻井液更有利于提高机械钻速、井壁稳定性和储层保护效果。

以柴油或者低毒矿物油为基油，由用作高温高压滤失调节剂的聚合物、有机土、乳化剂、润湿剂、加重材料等组成的 INTOL™100% 油基钻井液，能在 204℃ 下性能稳定。由于聚合物/有机土颗粒的良好配伍作用，全油基钻井液体系高温高压滤失量非常低，同时体系中采用无毒的润湿剂代替了阴离子乳化剂，提高了基油对有机土颗粒的润湿性，使润湿剂、聚合物和有机土三者产生协同作用，从而有效地提高了体系的黏度。该体系具有类似于水基聚合物钻井液的流变性，有较高的动塑比，剪切稀释性好，因而提高了钻速，减少了井漏，改善了井眼清洗状况及悬浮性。

以气制油作为基础油的气制油钻井液，由于天然气制备的气制油，具有黏度低、无多环芳烃，生物降解能力强、热稳定性好等特点，因而与常规油基钻井液相比，采用气制油为基础油配制的钻井液黏度低，有利于提高钻井速度；当量循环密度低，有利于防止井漏、井喷、井塌等井下复杂情况的发生；毒性低，可直接排放，环境保护性能好。该钻井液具有广阔的发展前景，国外于 1995 年就开始使用气制油钻井液，目前已在多个国家和地区应用。

二、低毒油基钻井液

常规的油基钻井液具有很高的芳香烃含量和生物毒性，因此在许多地区应用受限，尤其是在环境敏感的近海地区。因此，低芳烃低毒的矿物油钻井液逐步受到重视并得到广泛应用。低毒油基钻井液具有环境安全，井眼稳定，润滑性好，抗污染能力强，对油层损害小，抗腐蚀性好等特点。

无芳烃基钻井液是低毒油基钻井液的典型代表，基油中没有可被测量到的芳香烃，或芳烃含量小于 0.01%。无芳烃的钻井液对环境的影响比矿物油基钻井液和合成基钻井液更低。1998 年，在北海的挪威使用了无芳烃基钻井液。2005 年，提出了以植物油作为基油的低毒油基钻井液。植物油可循环利用，具有高降解性，同时具有很高的闪点、燃点，及很好的高温稳定性，直接排放不会对环境造成不利影响。常规的植物油配成的钻井液会有很高的黏度和显著的热降解性，经处理的植物油具有适宜的低剪切流变性，在 150℃ 下老化 16h 后钻井液的流变性无显著变化，因此植物油基钻井液可望应用于较高温度地层的钻井中。以棕榈油为基础油的钻井液，无毒，即使在厌氧的条件下钻井液和岩屑也具有很高的生物降解率，可以达到 80%，对环境影响小，LC50 大于 100000mg/L。采用棕榈油酯衍生物与市售合成矿物油混合作为基油得到的油基钻井液也可以满足环保要求。

以无荧光和低芳香烃矿物油为连续相，25% ~28%（质量分数）氯化钙盐水作为分散相，油水比为70/30~80/20。该钻井液以 VERSAMUL 作主乳化剂，VERSACOAT 作第二乳化剂和油润湿剂，VG-PLUS 作增胶剂，用 VERSAHRP 和 VERSAMOD 提高屈服值和切力，VERSAWET 作油润湿剂，石灰作碱度控制剂，重晶石作加重剂得到的低毒 Versaclean 油基钻井液，具有润滑性好、稳定性强以及抗高温、抗污染和保护油层的特点，在低剪切速率下具有较高黏度。

三、低固相矿物油基钻井液

针对高压储层的水平井段钻井液的需要，以克服常规油基钻井液固相含量高所造成的地层损害，M-I 钻井液公司使用甲酸铯盐水配制了密度为1.66g/cm^3 的低固相油基钻井液体系，该体系与常规的加重钻井液体系相比，由于不含任何固体加重剂且为单离子，故而最大限度地消除了由重晶石引起的井控问题，减少对地层的损害和筛管堵塞。与溴化锌钻井液相比，对环境影响小，更安全，容易回流，故对储层损害也小，钻井液配方和性能如表13-3所示。钻井完井实践证明，甲酸铯盐水油基钻井液的使用不仅可以简化操作过程、减少钻井液的浪费，而且还可以消除流体不兼容的问题。钻井液性能很好，表现出很低的当量循环密度，能达到中或高的机械钻速，具有很好的水力特性，好的井眼净化能力，钻井扭矩和摩阻很低，采用电测井时表现出良好的井壁稳定性。完井作业快速稳定。钻出的井显示了较高的生产效率和较低的表皮系数，创下了北海地区最快的高温高压完井记录，是一种能将高温高压井控问题最小化、井产量最大化的有效钻井液体系。

表13-3　高密度低固相油基钻井液与传统油基钻井液配方和性能对比

组成	高密度低固相油基钻井液	传统油基钻井液
基油	360L/m^3	500L/m^3
氯化钙盐水		158L/m^3
甲酸铯盐水	590L/m^3	
乳化增黏剂	35L/m^3	30L/m^3
石灰	2kg/m^3	15kg/m^3
堵漏材料	3kg/m^3	
碳酸钙	30kg/m^3（体积1%）	
重晶石		940kg/m^3
$\Phi600$①	117	102
$\Phi300$①	68	60
定量滤纸②		1.6mL/30min
20μm 膜②		3.2mL/30min

注：①50℃下的流变性；②115℃下高温高压滤失量。

为了满足挪威中部 Aasgard 油田钻分支井需要，使用高密度的溴化钙盐水作为分散相，用标准矿物油作为连续相，用液态树脂有机物替代天然沥青作为降滤失剂，研发出一种新型低固相矿物油基钻井液（LS OBM）配方见表13-4，与传统的钻井液相比，LS OBM 具有更好的封堵性、热稳定性和更高的渗透率恢复值。应用表明，LS OBM 能有效地缩短井眼净化时间，且润滑性好，有利于提高钻速。LS OBM 钻井液体系对地层的损害程度远小

于其他重晶石加重钻井液体系，减少了井下复杂事故，有效地保护了储层。

表 13-4　LS OBM 钻井液实验配方

材料	用量/（kg/m^3）	材料	用量/（kg/m^3）
低芳香族矿物油	423	密度为 1.7kg/m^3 的溴化钙盐水	364
乳化剂	30	石灰	10
液态降滤失剂	10	白云石	120
优质有机土	10	石墨	20
清水	161		

四、抗高温油基钻井液

随着石油需求的不断增加及已探明储量的逐渐开采，油气勘探开发逐步向深层发展，钻遇高温高压地层逐渐增加。如美国、北海等已开采的地区，地温梯度平均达4.0℃/100m，井底最高压力超过110MPa，井底温度超过200℃，钻井时的钻井液密度达2.22g/cm^3 以上。在这些地区必须采用抗高温的高密度钻井液。含有一种非磺化的聚合物和（或）一种非亲有机物质的黏土的油基钻井液体系在高温下能够保持所需的流变性，且悬浮稳定性好。以柴油或者低毒矿物油为基油，由用作高温高压滤失调节剂的聚合物，以及有机土、乳化剂、润湿剂、加重材料等组成的全油基钻井液，在204℃下性能稳定，由于体系中聚合物/有机土颗粒的良好配伍作用，体系的高温高压滤失量非常低，由于采用无毒的润湿剂代替了传统的阴离子乳化剂，提高了基油对有机土颗粒的润湿性，通过润湿剂、聚合物和有机土三者的协同作用，从而有效地提高了钻井液体系的黏度，实验表明，该体系表现出类似于水基聚合物钻井液的流变性，有较高的动塑比，剪切稀释性好，因而提高了钻速，减少了井漏，改善了井眼清洗状况及悬浮性，目前该体系已经在60多口井应用，密度为0.83～2.04g/cm^3，井底最高温度213℃。

利用抗高温处理剂在油水比为85:15～90:10钻井液中效果显著，在310℃和203MPa下具有很好的稳定性，钻井液密度可达到2.35g/cm^3。针对高温（260℃）高密度（2.10～2.16g/cm^3）钻井液中易出现重晶石沉降问题，采用一种密度为4.8g/cm^3 的亚微米颗粒的四氧化锰代替重晶石已经在北海高温高压无黏土油基钻井液中得到成功应用，这种钻井液可以减小当量循环密度，在钻井、下套管和固井中可降低滤失量，并且不会出现加重材料沉降的问题。

五、可逆乳化钻井液

采用油基钻井液钻井可产生较薄的泥饼、具有优良的润滑性、较快的钻进速度及优异的井眼稳定性，具有水基钻井液无法比拟的优点。其缺点是，完井时残留钻井液和滤饼不易清除、海上钻井时带残留油的钻屑不易处理，固井时残余的钻井液若留在井筒、油润湿地层和套管里，导致水润湿地层和套管之间的水泥胶结强度大大下降，严重影响固井质量。

根据油基钻井液的优点和存在的问题，国外于20世纪90年代末研制出了可逆转乳化钻井液体系。与常规油基钻井液相比，可逆转乳化钻井液除所使用的乳化剂不同之外，在组成和性能方面均十分相似。钻井液在碱性环境中会形成稳定的油包水乳状液，而在酸性环境中则形成稳定的水包油乳化钻井液。通过控制体系的酸碱性，在钻井、完井的不同阶段中可以使钻井液很方便地在油包水和水包油乳化钻井液之间转换。即，在钻井阶段具有油基钻井液的性能，在完井阶段及后续操作中，通过添加水溶性酸，可变成水包油乳状液，将油湿的岩石表面重新转变为水湿，避免油相渗透率降低，对储层起到有效的保护作用。良好的滤饼清洗作用，可改善裸眼完井生产，更好地固井，有效地清除钻屑并使废弃物减至最少。在海上钻井中可简化对钻屑的处理程序，减少处理费用，有利于对环境的保护，目前该钻井液体系已在西非、墨西哥湾和中国海上等地区得到了成功应用，表现出良好的应用前景。

六、合成基钻井液

20世纪80年代，美国、英国、挪威等国的石油公司相继开展了合成基钻井液的研发工作。90年代在北海首次应用并获得成功，此后合成基钻井液的种类和应用不断增加。近期为满足深井、海洋钻井的勘探开发需要，开发具有抗高温和恒流变特征的油基钻井液已受到了广泛的关注。

1. 抗高温合成基钻井液

合成基钻井液具有很强的抗高温能力，在218.3℃的温度下热滚动16h不会发生热降解。若选用抗高温的乳化剂和流变性调节剂，合成基钻井液可用于200℃以上的高温高压深井。由于合成基钻井液热稳定性好，用于超高温钻井取得了好的效果，如美国休斯敦EEX公司采用比例90:10的线性α-烯烃和酯的混合物的合成基，按照70%的合成基和30%的水组成的钻井液，采用该合成基钻井液，在墨西哥湾深水区的Garden Bank Block 386区块钻成了一口8493m超深井，井底温度275℃。采用ISO-TEQ的合成基配成Syn-TEQ合成基钻井液，耐温226.7℃，并且在高温下不水解，密度可以达到2.16g/cm^3，钻井液毒性LC 50 > 1.0×10^6mg/L，可以满足环保要求。

2. CR-SBM钻井液体系

具有恒流变特性的钻井液体系（CR-SBM）是在合成基钻井液的基础上通过处理剂的优化和改性发展起来的一种适合深水钻井的新型钻井液体系。CR-SBM与传统合成基钻井液的组分基本相同，不同之处是使用有机粘土替代特殊乳化剂作为泥浆增黏剂。这样可以让CR-SBM获得比传统合成基钻井液更好的降滤失性。CR-SBM体系的流变性受温度的影响较小，特别是动切力（*YP*）、静切力和低剪切速率下的黏度等参数不随温度的变化而改变，表现出稳定优良的流变特性，从而能够提高机械钻速，保证井眼的稳定性，减少井下钻井液漏失，明显地提高钻井作业效率。目前CR-SBM已成功应用于墨西哥湾海域，以及亚洲某些近海、西非近海和巴西近海等地区。

参考文献

［1］黄汉仁，杨坤鹏，罗平亚．泥浆工艺原理［M］．北京：石油工业出版社，1981．

［2］华东石油学院，胜利油田钻井泥浆编写组编．钻井泥浆［M］．北京：石油化学工业出版社，1977．

［3］付伟．中国石化标准化工作手册［M］．北京：中国石化出版社，2004．

［4］鄢捷年．钻井液工艺学［M］．山东东营：中国石油大学出版社，2012．

［5］中国石油天然气集团公司人事服务中心．钻井泥浆工［M］．山东东营：中国石油大学出版社，2004．

［6］鄢捷年，黄林基，钻井液优化设计与实用技术［M］．山东东营：中国石油大学出版社，1993．

［7］贾铎．钻井液工程师技术手册［M］．北京：石油工业出版社，2015．

［8］林永学，杨小华，蔡利山，等．超高密度钻井液技术［J］．石油钻探技术，2011，39（6）：1-5．

［9］王中华．钻井液及处理剂新论［M］．北京：中国石化出版社，2016．

［10］张洁，李英敏，杨海军，等．植物油全油基钻井液研究［J］．钻井液与完井液，2014，31（6）：24-27．

［11］曾义金，樊洪海译．空气和气体钻井手册［M］．北京：中国石化出版社，2006．

［12］张向宇．元坝地区定向井水平井钻井液施工工艺研究［D］．四川成都：西南石油大学，2013．

［13］陈华，乔国文，段晓东．MEG 仿油基聚磺钻井液在 K124 水平井中的应用［J］．西部探矿工程，2015，12，38-43．

［14］李文明，向刚，王安泰等．苏里格气田大位移水平井钻井液技术［J］．石油钻采工艺，2012，34（3）：33-35．

［15］张志财．强抑制有机胺聚磺钻井液体系的研究及应用［J］．断块油气田，2016，23（1）：109-112．

［16］洪霞，鄢捷年，宋元森．多分支水平井钻井液技术研究与应用［J］．钻井液与完井液，2008，25（2）：31-33．

［17］邹大鹏，郝志强，马少强．州 72-平 54Z 多分支水平井钻井液技术［J］．钻井液与完井液，2011，28（2）：16-23．

［18］任勋．哈 3-H3 鱼翅型分支水平井钻井液技术［J］．钻井液与完井液，2010，27（3）：59-61．

［19］蔺志鹏，陈恩让，胡祖彪等．杏平 1 水平分支井钻井液技术［J］．钻井液与完井液，2007，24（2）：15-18．

［20］王思友，庞永海，王伟．家 H2 分支水平井钻井液技术［J］．钻井液与完井液，2005，22，24-28．

［21］何涛，刘绪全，杨金荣，等．辽河油田马古区块深井长裸眼钻井液技术［J］．钻井液与完井液，2011，28（2）：47-50．

［22］赵江印，陈永奇，马玉鹏．大斜度长裸眼定向井钻井液技术［J］．钻井液与完井液．2012，29（4）：81-83．

[23] 刘爱军，宋彦波，丁海峰，等. 史南油田长裸眼井钻井液技术［C］//黑鲁石油学会钻井新技术研讨会论文集. 2008.

[24] 孙建华，蓝强，史禹，等. 丰深1-斜1井高密度小井眼钻井液技术［J］. 钻井液与完井液，2008，25（4）：39-42.

[25] 邱春阳. 车古208-斜1井四开小井眼钻井液技术［J］. 兰州工业学院学报，2013，20（4）：46-48.

[26] 张新发等. 高温小井眼长水平段钻井液技术［J］. 钻井液与完井液，2012，29（4）：84-86.

[27] 艾贵成，王宝成，李佳军. 深井小井眼钻井液技术［J］. 石油钻采工艺，2007，29（3）：86-88.

[28] 欧阳伟，杨刚，贺海. MEG钻井液技术在剑门1井超长小井眼段的应用［J］. 钻井液与完井液，2009，26（6）：21-23.

[29] 雷祖猛，司西强，赵虎等. 阳离子烷基糖苷钻井液在中原小井眼侧钻井的应用［J］. 山东化工，2016，45（1）：68-70.

[30] 陈庭根，管志川. 钻井工程理论与技术［M］. 东营：中国石油大学出版社，2013.

[31] 中国长城钻井有限责任公司编. 钻井液技术手册［M］. 北京：石油工业出版社. 2005.

[32] 周礼. 废弃水基钻井液无害化处理技术研究及应用［D］. 四川成都：西南石油大学，2014.

[33] 吴明霞. 废弃水基钻井液环境影响及固化处理技术研究［D］. 黑龙江大庆：东北石油大学，2012.

[34] 黄鸣宇. 废弃钻井液固化处理技术研究［D］. 黑龙江大庆：东北石油大学，2011.

[35] 白敏冬. 钻屑、废钻井液无害化处理技术研究［D］. 辽宁大连：大连海事大学，2003.

[36] 王中华. 国内外钻井液技术进展及对钻井液的有关认识［J］. 中外能源，2011，16（1）：48-60.

[37] 张艳娜，孙金声，王倩，等. 国内外钻井液技术新进展［J］. 天然气工业，2011，31（7）：47-54.

[38] 李午辰. 国外新型钻井液的研究与应用［J］. 油田化学，2012，29（3）：362-367.